FRANZ-H. LANGE

Meßstochastik und Störsicherheit

BEITRÄGE ZUR FORSCHUNGSTECHNOLOGIE

Schriftenreihe für Experimentalmethodik, Systemanalyse und Instrumentierung in der naturwissenschaftlichen, medizinischen und technischen Forschung

Begründet von Günther Lotz

Herausgegeben vom 1. Vizepräsidenten
der Akademie der Wissenschaften der DDR Ulrich Hofmann

BAND 17

Franz-H. Lange

Meßstochastik und Störsicherheit

Ein Beitrag zur Methodik der Informationstechnik

Mit 99 Abbildungen

AKADEMIE-VERLAG BERLIN 1988

Anschrift des Autors:
Professor em. Dr. sc. techn. Dr. Ing. h.c. Franz-H. Lange
Wilhelm-Pieck-Universität Rostock
DDR-2500 Rostock

Manuskriptabschluß: Februar 1987

ISBN 3-05-500492-2
ISSN 0323-5130

Erschienen im Akademie-Verlag Berlin, DDR-1086 Berlin, Leipziger Str. 3—4

Lizenznummer: 202 · 100/435/88
Printed in the German Democratic Republic
Gesamtherstellung: VEB Druckerei „Thomas Müntzer", 5820 Bad Langensalza
Einbandgestaltung: Karl Salzbrunn
LSV 3535
Bestellnummer: 763 825 5 (2167/17)
03800

Vorwort

> „Das Wissenschaftliche wird von vielen Seiten zusammengetragen und kann vieler Köpfe nicht entbehren."
>
> J. W. von Goethe

Diese Schrift ist nach Gliederung und Stoffauswahl eine aktuelle Neufassung des Buches „Störfestigkeit in der Nachrichten- und Meßtechnik", das 1983 beim VEB Verlag Technik Berlin in erster Auflage erschien. Das Anliegen ist jedoch geblieben, nämlich einen Überblick über die Methodik der Informationstechnik zu geben.

Der Grundgedanke ist, zu zeigen, daß die *Störsicherheit* überhaupt das wichtigste Optimierungskriterium der Informationstechnik ist. Es stellt die Triebfeder für jede Weiterentwicklung dar, die eine höhere Güte der Informationsübertragung oder eine größere Meßgenauigkeit bei der Informationsverarbeitung trotz vorhandener Störungen anstrebt. Der Begriff *Störfestigkeit* wurde auf Anregung der Herausgeber durch den Begriff *Störsicherheit* ersetzt, um ihn dem Sprachgebrauch der Nachbardisziplinen anzupassen.

Die Schrift gibt einen Überblick über die Begriffe und innere Struktur der Informationstechnik. Sie geht in erster Linie auf die Verwandtschaft und auf die Unterschiede der Methoden ein. In einer Zeit, in der die Informationstechnik in zahlreiche Spezialdisziplinen aufgegliedert ist, benötigt die Forschungstechnologie einen Überblick über die bisher eingeführten und erprobten Verfahren. Hier wird auch die historische Entwicklung angesprochen, ihre innere Logik und die Gründe für technische Veränderungen und Fortschritte.

Das erste Kapitel behandelt das *mathematische* Konzept der Stochastik, da es für die Theorie der Störsicherheit benötigt wird. Seine Wurzeln reichen über drei Jahrhunderte zurück!

Das zweite Kapitel bringt einen Überblick über die *technischen* Begriffe der Störsicherheit und über die hier gegebenen Störsituationen.

Im dritten Kapitel werden jene Beiträge erörtert, die die *Nachrichtentechnik* zur störsicheren Informationsübertragung geliefert hat. Die Weiterentwicklung bestand vor allem in der Einführung der spektralen Betrachtungsweise. Sie stellt eine erhebliche Erweiterung der mathematischen Grundlagen dar und ergänzt das Konzept von C. F. GAUSS und seiner Nachfolger, d. h. die mathematische Statistik.

Im vierten Kapitel wird gezeigt, wie die *Kybernetik* die Entwicklung abermals vorantrieb, vorzugsweise im Rahmen der Meßtechnik zur Informationsverarbeitung. Dazu gehört die Tendenz, zur Zeitbereichdarstellung zurückzukehren, um auch instationäre Prozesse zu beherrschen. Es wird herausgestellt, welch wertvolle Vorarbeit die theoretische Physik geleistet hat. Der Begriff der Korrelationsanalyse wird zu dem der Verbundanalyse erweitert und der Einfluß der Ortungstechnik bei der methodischen Weiterentwicklung gewürdigt.

Das fünfte Kapitel betrifft den Ausbau der Kybernetik zur *Prozeßrechentechnik.* Darin wird die derzeitige Situation geschildert und die Meinung der Experten wiedergegeben, welche Entwicklungsziele in Zukunft erreicht werden können. Dies trifft vor allem auf die Entwicklung der rechnergestützten Meß- und Sensorsysteme zu. Meßsysteme mit künstlicher Intelligenz und Expertensysteme werden die heutige Technik ablösen.

Die Automatisierung, die Informationsspeicherung sowie Adaptionsprogramme werden in Zukunft zunehmend helfen, die Störsicherheit zu gewährleisten, wobei der Mensch in speziellen Fällen durch intelligente Meßsysteme ersetzt wird, ohne dabei seinen primären Rang in der Hierarchie einzubüßen.

Die Schrift setzt die Kenntnis der Grundlagen der Signal- und Systemtheorie voraus. In erster Linie wird ein Überblick über die Methoden der Informationstechnik gegeben, und zwar in engem Zusammenhang mit der Zielstellung, die Störsicherheit zu erhöhen und die Mittel aufzuzeigen, die die Meßstochastik dazu bereitstellt.

Ein tieferes Verständnis der verzweigten Spezialdisziplinen der Informationstechnik ist nur an Hand entsprechender Monographien — auch innerhalb dieser Reihe — möglich.

Bei der Niederschrift des Manuskriptes erhielt ich von Prof. Dr. sc. techn. G. SCHOMMARTZ, Wilhelm-Pieck-Universität Rostock, und Prof. Dr. sc. nat. H. J. FISCHER, Akademie der Wissenschaften der DDR, wertvolle Hinweise und Anregungen, wofür beiden Herren herzlich gedankt sei. Dem Herausgeber- und Redaktionskollegium der „Beiträge zur Forschungstechnologie", insbesonders seinem Vorsitzenden, Herrn Prof. Dr. rer. nat. habil. D. SCHULZE, danke ich für die wertvolle Hilfe bei der Gestaltung dieses Bandes. Gleichfalls bedanke ich mich für die gute Zusammenarbeit beim Akademie-Verlag Berlin.

F. H. Lange

Inhalt

Einleitung

Der Begriff der Stochastik und die Störsicherheit als Optimierungskriterium der Informationstechnik

In den vergangenen drei Jahrzehnten hat die Analyse von Schwankungsvorgängen, besonders in der Meßtechnik, an Bedeutung gewonnen. Sie dient der Erhöhung der Meßgenauigkeit und zur Erweiterung der Anzahl der möglichen Kenngrößen für die Prozeßanalyse. Diese eigenständige Arbeitsrichtung bildet als Querschnittsdisziplin ein wichtiges Teilgebiet der Informationstechnik [L4].

Die Stochastik leitet ihre Bezeichnung vom griechischen Wort *στοχός* ab. Es bedeutet ein angestrebtes, wahrscheinlich erreichbares Ziel. Daher versteht man unter einem stochastischen Vorgang einen Prozeß, der zwar regellos, aber doch in einer gewissen Zielrichtung verläuft.

Die Stochastik beherrscht unser Leben; denn immer wieder versuchen wir, mit mehr oder weniger großem Erfolg ein Ziel zu erreichen. Hierbei werden wir durch alle möglichen inneren und äußeren Einflüsse gestört. Auf die Meßtechnik bezogen, heißt das Gebiet „Meßstochastik". Es entstand unter dem Einfluß der Wahrscheinlichkeitsrechnung und der mathematischen Statistik und ist inhaltlich eng mit diesen mathematischen Disziplinen verknüpft. Diese entstanden einst zu einem bestimmten Zweck und entwickelten sich erst später zu einem logisch abstrakten, rein mathematischen Arbeitsgebiet.

Die methodische Entwicklung der Meßtechnik erfolgte unter dem Einfluß der theoretischen Physik, der Nachrichten- und der Regelungstechnik. Sie findet sowohl bei der Informationsübertragung als auch bei einer Informationsverarbeitung Anwendung. Daher sind manche Methoden typisch für die Nachrichtentechnik, andere für die Meßtechnik. Überraschenderweise haben gerade die neuesten Methoden eine weit zurückliegende Vergangenheit. Wesentliche Grundgedanken wurden schon vor über einem Jahrhundert von Mathematikern und theoretischen Physikern ausgearbeitet und angewendet. Doch erschienen sie zu aufwendig für die technische Praxis, wurden zum Teil vergessen und neu erfunden. Erst die Mikrocomputerentwicklung hat, dank ihres geringen Platz-, Gewicht- und Energiebedarfes, den Bann gebrochen. Die Methoden der Meßstochastik üben beim derzeitigen Ausbau der „intelligenten Meßtechnik" einen wichtigen Einfluß aus.

Bei näherer Betrachtung ergaben sich zwei eng verwandte, aber doch im Anwendungszweck unterschiedliche Aufgabenstellungen und Arbeitsgebiete für die Analyse von Schwankungsvorgängen, je nachdem ob diese Vorgänge als Nutzsignale oder als Störsignale betrachtet und verarbeitet werden. Im ersteren Falle wird das Gebiet als *Rauschdiagnostik* bezeichnet. Sie dient dazu, prozeßrelevante Informationen aus Schwankungsvorgängen zu gewinnen. Sie wurde in der Schriftenreihe „Beiträge zur Forschungstechnologie" von P. LIEWERS ausführlich dargestellt [L9].

Die Rauschdiagnostik ist nach LIEWERS eine Methode der Informationsgewinnung, die den bisher unbeachteten Bereich höherer Frequenzen in Signalen ausnutzt und insbesondere bei umfangreichen, komplizierten Prozessen und Anlagen eine wertvolle Ergänzung der herkömmlichen Methoden darstellt. Sie stammt aus der Prozeß-Meßtechnik, hat ihren Nutzen bisher hauptsächlich in der verbesserten Überwachung industrieller Anlagen sowie der medizinischen Diagnostik erwiesen und ist vielseitig anwendbar. In der Forschungstechnologie hat sie bereits ihren Platz gefunden. Es existiert daneben jedoch noch ein zweiter Fall, nämlich der, daß die Schwankungsprozesse, besonders im Bereich höherer Frequenzen oberhalb der systemeigenen Schwankungen, als Störsignale auftreten, die die Güte der Informationsübertragung und die Genauigkeit der Messung beeinträchtigen. Dies bewirkte den Ausbau eines Arbeitsgebietes, das A. A. CHARKEWITSCH als den „Kampf gegen Störungen" [C2] bezeichnete. Heinrich BARKHAUSEN (1881–1956) hat bereits 1921 in der ersten Ausgabe seiner Bücher über die „Elektronenröhren" [B4] das Kernproblem der Verstärkertechnik formuliert: „Es macht keine Schwierigkeiten, Ströme so winziger Intensität, daß sie nach enormer Verstärkung erst im Telefon eben hörbar sind, noch tausend- oder millionenfach weiter zu verstärken. Praktisch verlieren freilich so hohe Verstärkungen bald ihre Bedeutung dadurch, daß auch alle Störungen mit verstärkt werden und Empfangsströme, die wesentlich schwächer als die Störströme sind, selbst bei beliebig hoher Verstärkung doch nicht wahrnehmbar werden, da sie durch die Störungen überdeckt werden. Während man daher bisher nur danach trachtete, die Intensität der Empfangsströme möglichst hoch zu halten, ist diese Frage an sich jetzt fast nebensächlich geworden, und es kommt praktisch nur noch darauf an, die Störungen geringer als die Empfangsströme zu halten."

Dies war eine Prognose der Weiterentwicklung der Elektronik, die sich voll bestätigt hat. Hieraus bildete sich die Methodik zur *Erhöhung der Störsicherheit*. Die Grundlagen stellen die Signal- und die Systemtheorie der Informationstechnik bereit, die heute allgemein zum Lehrkonzept der Elektronik gehören und die als bekannt vorausgesetzt werden [F6, F7, L3, S12, W8, W9, W11 u. a.].

Es wird nachfolgend gezeigt, wie die vielseitigen Methoden der Informationsübertragung und der Informationsverarbeitung mit dem Bemühen verknüpft sind, die Störsicherheit zu erhöhen. Es wird deutlich werden, daß sich das Problem der Erhöhung der Störsicherheit als „roter Faden" zum Verständnis der historischen Entwicklung der Informationstechnik eignet. Hierbei wird auch auf die zukünftige Entwicklung unter Ausnutzung der enormen Möglichkeiten, die die moderne Technologie der Mikroelektronik eröffnet hat, hingewiesen werden.

Alle Maßnahmen zur Erhöhung der Störsicherheit erfüllen noch eine zweite Aufgabe. Sie tragen zur Erhöhung der Güte jeder Informationsübertragung und zur Steigerung der Genauigkeit bei der Informationsverarbeitung bei, speziell in der Meßtechnik. So ist die Erhöhung der Störsicherheit ein Grundproblem der Informationstechnik. Sie liefert den Schlüssel für das Verständnis der Verfahrensauswahl unter Berücksichtigung der zur Optimierung notwendigen Randbedingungen.

Da die Informationstechnik sich mit der Übertragung und der Verarbeitung stochastischer Prozesse beschäftigt und jede quantitative Fragestellung auf ein meßtechnisches Problem führt, ist die Meßstochastik die Grundlage der Informationstechnik überhaupt. Das Optimierungsproblem bildet das Bindeglied und den gemeinsamen Untersuchungsgegenstand. Dieser Zusammenhang wurde bisher in der Fachliteratur wenig beachtet.

Um einen Überblick über das Gesamtgebiet der Meßstochastik zu gewinnen, sind zwei Fragen zu beantworten:

1. Welche neuen Methoden sind für die verschiedenen Entwicklungsstadien kennzeichnend und
2. welche neuen Effekte wurden damit erreicht? Warum ergaben sich neue Möglichkeiten zur Lösung bisher ungelöster Aufgaben?

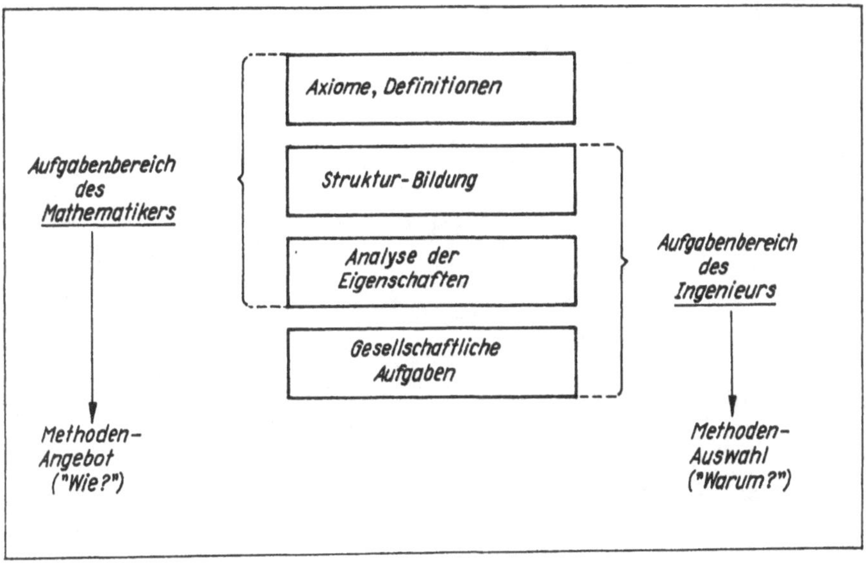

Abb. 0.1. Arbeitsrichtungen zur Modellierung von informationsverarbeitenden Systemen

Zwei Hauptaufgaben sind deutlich zu erkennen: Die Aufstellung von mathematischen Modellen und die Auswahl derartiger Modelle zur Analyse und Synthese stochastischer Prozesse (Abb. 0.1). Dies ergibt eine optimale Arbeitsteilung zwischen dem Mathematiker, der das Angebot an Methoden ausarbeitet, und dem Ingenieur, der die geeignete Methode auswählt. Entscheidend ist hierfür der Charakter der Nutz- und der Störsignale oder, allgemeiner gesagt, der prozeßrelevanten und der prozeßirrelevanten Signalkomponenten. Ohne Unterschiede der Komponenten ist eine Trennung der erwünschten von den unerwünschten Bestandteilen des Informationsflusses nicht möglich.

Bei der Fülle der nachfolgend angeschnittenen Probleme werden die verschiedenartigen Methoden an sich als bekannt vorausgesetzt. Das Anliegen der Schrift liegt darin zu zeigen, daß trotz aller Verschiedenheit ein universelles Optimierungskriterium, die Störsicherheit, einen guten Überblick über die vorhandenen Möglichkeiten gibt und daß die Entwicklungen in eine einheitliche Richtung tendieren. Die Entwicklung ist auf diesem Gebiet bei weitem nicht abgeschlossen und Denkanstöße sind daher nötig.

„Es gibt die erstaunliche Möglichkeit, daß man einen Gegenstand mathematisch beherrschen kann, ohne den Witz der Sache wirklich verstanden zu haben."

Albert Einstein an Max von Laue (1950)

1. Beitrag der Mathematik: Entwicklung der statistischen Grundlagen der Störsicherheit

1.1. Entstehung der „Mathematik des Zufalls" durch die Analyse des Würfelspiels [K9]

Den Anlaß für die Entwicklung dieser Disziplin gab ein Briefwechsel zwischen den Mathematikern PIERRE DE FERMAT (1601 bis 1665) und BLAISE PASCAL (1623 bis 1662). Es handelte sich um ein vom Chevalier DE MÉRÉ aufgeworfenes Problem. Dieser war ein begeisterter Würfelspieler. Das Ziel war es, die Wahrscheinlichkeit des Gewinnes von Wetten in großen Würfelserien zu klären. Es wurde u. a. auf das Würfeln einer bestimmten Zahl, z. B. einer Sechs, in einer Serie von 4 Würfen – einer „Stichprobe" – gewettet. Durch Erfahrung war bekannt, daß die Wahrscheinlichkeit, eine Sechs zu würfeln, bei vier aufeinanderfolgenden Würfen etwas größer als 0,5 ist. Es erschien deshalb plausibel anzunehmen, daß durch Hinzunahme eines 2. Würfels und 4mal6 = 24 Würfen für zwei Sechsen („Pasch") die gleiche Wahrscheinlichkeit von etwas mehr als 0,5 bestehen müßte, indem der 2. Würfel sechs gleichwahrscheinliche Varianten ergeben sollte. Doch zeigte sich bei vielfacher Wiederholung, daß dies nicht der Fall war. Dies bedeutete, daß bei 24 Würfen auf das Nichterscheinen des Sechserpasches gewettet werden mußte. Dies schien im Widerspruch zur Theorie zu sein. Die Theorie wurde von FERMAT analysiert und die experimentelle Tatsache wurde bestätigt, daß eine etwas geringere Wahrscheinlichkeit als 0,5 für den Sechserpasch zu erwarten ist.

Dies ergibt sich folgendermaßen: Die Wahrscheinlichkeit für das Würfeln einer Sechs beträgt für einen Wurf 1/6, für das Nichterscheinen $1-1/6 = 5/6$. Bei vier Würfen beträgt die Wahrscheinlichkeit, daß keine Sechs erscheint, $(5/6)^4$, also tritt dann eine Sechs mit der Wahrscheinlichkeit von $(1-(5/6)^4) = 1-0{,}484 = 0{,}516 > 0{,}5$ auf. Das bedeutet im statistischen Mittel eine sichere Wette. Die gleiche Betrachtung ergibt für das $4 \cdot 6 = 24$malige Würfeln mit zwei Würfeln die Wahrscheinlichkeit von $(1-(35/36)^{24}) = 1-0{,}509 = 0{,}491$ für das gleichzeitige Erscheinen von zwei Sechsen, d. h. für einen Sechserpasch. Eine Wette darauf ist daher nicht zu empfehlen, wie dies auch festgestellt worden war.

Dieses Beispiel ist in mehrfacher Hinsicht interessant: Erstmalig wurde ein Wahrscheinlichkeitsproblem „experimentell" untersucht und das Ergebnis mit der Theorie verglichen. Es bestand die klare Absicht, das Ergebnis materiell auszunutzen, nämlich zum Geldgewinn. Hierbei zeigte sich, daß Wahrscheinlichkeitsaussagen nur für eine sehr große Anzahl von Versuchen als statistische Erwartungswerte signifikant sind, aber niemals für den Einzelfall. Es gilt das Gesetz der großen Zahlen. Es wurde von JAKOB BERNOULLI (1654–1705) aufgestellt. Sein Buch „Ars conjectandis" enthält die Grundlagen der Wahrscheinlichkeitsrechnung. Im Briefwechsel mit GOTTFRIED WILHELM LEIBNIZ (1646–1716) zeigte er bereits die Grundgedanken der Fehlertheorie auf. Das Gesetz der großen Zahlen beinhaltet eine Konvergenzaussage für arithmetische Mittel, ein Problem, das erst fast drei Jahrhunderte später von R. FISHER aufgegriffen und verallgemeinert wurde (vgl. 1.3.2.).

Das Würfeln ist ein Beispiel dafür, daß der lineare Erwartungswert kein Ereignis des betrachteten Ensembles zu sein braucht. Hier beträgt er bei einem Würfel 3,5 und gehört nicht zur Menge der Würfelzahlen 1 bis 6. Ferner ist zum Würfeln zu bemerken, daß das Zeitverhalten – die zeitliche Reihenfolge der geworfenen Zahlen – vom klassischen Wahrscheinlichkeitsbegriff nicht erfaßt wird. Die Weiterentwicklung führte später zum *Begriff der zeitdiskreten Vorgänge.* Es ist interessant, festzustellen, daß schon vor drei Jahrhunderten mit zeitdiskreten und amplitudenquantisierten Ereignissen gerechnet wurde, desgleichen mit dem logischen Begriff der *Negation,* wie das obige Beispiel zeigt.

Ereignisse ungleicher Wahrscheinlichkeit:
Die Theorie des Würfelspiels enthält bereits den Begriff der ungleichen Wahrscheinlichkeit. Sie ist beim Würfeln zu beobachten, wenn ein Ereignis die Summe von zwei oder mehr gleichwahrscheinlichen Ereignissen darstellt. In diesem Falle ist von einer *Summenwahrscheinlichkeit* die Rede. Hierzu folgendes Beispiel: Alle Würfelzahlen haben beim Einzelwurf im Idealfall die gleiche Wahrscheinlichkeit. Beim Würfeln mit 2 Würfeln ergibt die Summe der geworfenen Zahlen jedoch Werte ungleicher Wahrscheinlichkeit. Die Summe 2 (Einserpasch) und die Summe 12 (Sechserpasch) ergibt sich nur durch jeweils eine einzige Kombination mit einer Wahrscheinlichkeit von 1/36. Dagegen kann die Summe 7 aus 6 verschiedenen Kombinationen resultieren, hat also die Wahrscheinlichkeit von 6/36 = 1/6. Wie Abbildung 1.1 zeigt, folgt eine dreieckige diskrete Wahrscheinlichkeitsverteilungsfunktion, die Faltung zweier Gleichwahrscheinlichkeiten. Hier taucht bereits der Begriff der *diskreten Faltung* auf.

Damals wurde aber der Begriff der relativen Häufigkeit noch nicht benutzt. PIERRE SIMON LAPLACE (1749–1827) definierte die Wahrscheinlichkeit vielmehr als das Verhältnis der Anzahl der günstigen Fälle zur Anzahl der möglichen Fälle.

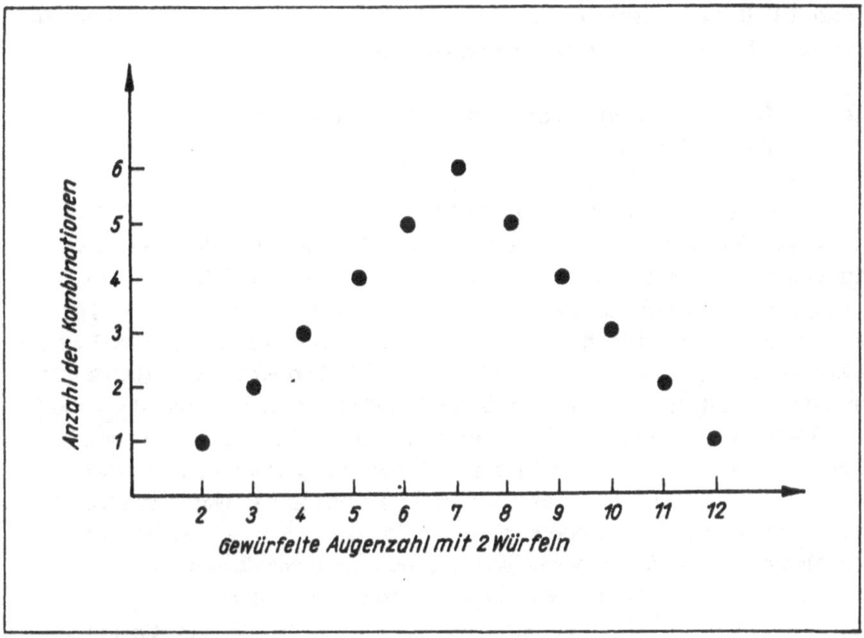

Abb. 1.1. Summenwahrscheinlichkeit als diskretes Faltungsprodukt von zwei Gleichwahrscheinlichkeiten

Dies war die erste *Definition der Wahrscheinlichkeit,* nachzulesen in seinem 1812 erschienenen Buch „Théorie analytique des probalités", dem ersten Lehrbuch der Wahrscheinlichkeitstheorie.

Oft eilt die Praxis der Theorie voraus. So wurde im Mittelalter in England bereits mit Lebenserwartungstafeln gearbeitet. Damals wurde schon erkannt, daß alle statistischen Angaben nur innerhalb eines Ensembles als Häufigkeitsaussagen gelten und nicht für Einzelereignisse, z. B. für die Lebenserwartung einer bestimmten Person.

Die Vertreter der Wahrscheinlichkeitsrechnung mußten lange Zeit um deren Anerkennung als mathematische Disziplin kämpfen. Es war eben die „Mathematik des Zufalls". Zu den Gegnern gehörte u. a. auch der Mathematiker und Physiker JEAN D'ALEMBERT (1717–1783). Seine negative Einstellung geht aus den „Opuscules mathematiques" hervor. Bedeutende Mathematiker hatten im 17. und 18. Jahrhundert den Glauben an die Möglichkeit eines logisch einwandfreien Aufbaues dieser wichtigen und beziehungsreichen Disziplin verloren. DANIEL BERNOULLI (1700–1782) und LEONHARD EULER (1707–1782) gehörten zu den wenigen Mathematikern jener Zeit, die sich nicht irre machen ließen. Die Weiterentwicklung ist CARL FRIEDRICH GAUSS (1777–1855) und dem französischen Mathematiker ADRIEN MARIE LEGENDRE

(1752–1833) zu verdanken. Damit begann die systematische Anwendung auf *praktische Meßprobleme* in der Astronomie und Geodäsie.

1.2. Die Ausgleichsrechnung von C. F. GAUSS als Grundlage der Meßstochastik

Entstehung der Ausgleichsrechnung [A5]:
Erst etwa 150 Jahre später vollzog sich der Übergang von den zeit- und amplitudendiskreten zu den zeitkontinuierlichen Vorgängen. C. F. GAUSS schlug die Brücke von der Wahrscheinlichkeitstheorie zur Meßtechnik. Die heute geläufigen Begriffe des GAUSSschen Rauschens und der GAUSS-Prozesse belegen dies. Im Gedenkband anläßlich des 100. Todestages von GAUSS findet sich folgende Bemerkung von B. W. GNEDENKO, Kiew, über die Arbeiten von GAUSS zur Wahrscheinlichkeitsrechnung: „Carl Friedrich Gauß, dessen Genialität sowohl in der Schaffung und Entwicklung abstrakt mathematischer Theorien als auch in der Lösung konkreter Probleme der Naturwissenschaften ihren Niederschlag fand, konnte nicht umhin, sich auch den Gedankengängen und Methoden der Wahrscheinlichkeitsrechnung zuzuwenden. In der Tat wurde er durch sein ständiges Interesse an der Astronomie und später auch an der Geodäsie gezwungen, die Methoden zur Auswertung der Beobachtungsergebnisse rationeller zu gestalten und dadurch die Theorie der Beobachtungsfehler auszuarbeiten. Dies wiederum führte ihn notwendig zur Beschäftigung mit den Gedankengängen und Begriffen der Wahrscheinlichkeitsrechnung. Alle von ihm noch zu Lebzeiten veröffentlichten Arbeiten, die die Wahrscheinlichkeitsrechnung berühren, waren allerdings nicht dieser Theorie selbst, sondern ihren Anwendungen gewidmet."

Zur damaligen Situation bemerkt GNEDENKO: „Im 18. Jahrhundert wurden die Hilfsmittel, deren sich die Naturwissenschaften bei Beobachtungen und Messungen bedienten, wesentlich vervollkommnet. Die bedeutendsten Erfolge entfallen in jener Zeit wohl auf die Astronomie, was keineswegs verwunderlich ist; denn die Entwicklung der Beobachtungsmittel wurde nicht nur durch die Astronomie selbst, sondern auch, und vielleicht noch stärker, durch die damit verknüpften praktischen Arbeiten, insbesonders durch die Navigation gefördert. Wie sorgfältig man die Messungen und Beobachtungen aber auch anstellen mag, so können sie doch nie völlig gleiche Ergebnisse liefern. Bei wiederholten Messungen werden die Ergebnisse – auch unter gleichen Bedingungen – stets voneinander abweichen. Deshalb entsteht die Frage, wie man die Meßergebnisse am besten auswertet, um möglichst zuverlässige Ergebnisse zu erzielen. Über die Notwendigkeit, die unmittelbaren Beobachtungsergebnisse zu korrigieren, um zufällige Fehler auszuschalten, waren sich die Astronomen seit jeher im klaren. So erkannte bereits Tycho de Brahe (1546–1601), daß nicht nur die systematischen, d. h. durch die Wahl der Beobachtungsmethode oder des Meßgerätes bedingten Fehler aus den Beobachtungen eliminiert werden müssen, sondern daß auch die zufälligen Beobachtungsfehler auszugleichen sind. Zu diesem Zwecke stellte er in besonders wichtigen Fällen mehrere Beobachtungen unter abgeänderten Bedingungen an und war dann bestrebt, auch die zufälligen Fehler durch Kombination der Beobachtungsergebnisse auszuschalten." GNEDENKO weist in diesem Zusammenhang darauf hin, daß bereits im Jahre 1722 R. COTES einen Versuch unternommen hat, die Regeln für die Kombination der Beobachtungsergebnisse, deren sich die Astronomen schon vor ihm bedient hatten, theoretisch zu begründen [s. C4].

Heutzutage wird angenommen, daß die Ausgleichsrechnung von GAUSS stammt. Er hat sich ihrer schon vor 1800 bedient, hielt sie aber für so selbstverständlich, daß er darüber nichts veröffentlichte. Daher schreibt GNEDENKO: „Aber der wesentliche Schritt in der Theorie der Auswertung der Beobachtungsergebnisse wurde 1806 von Legendre in der Abhandlung ,Nouvelles méthodes pour la détermination des orbites des comètes' vollzogen. Im Anhang ,Sur la méthode des moindres carrés' erklärt er die Methode der kleinsten Quadrate in bereits hinreichend entwickelter Form. Die erste Veröffentlichung von Gauß über die Methode der kleinsten Quadrate fällt erst in das Jahr 1809. Sie wird von ihm ausgiebig in seiner großen Untersuchung der Himmelsmechanik benutzt, die den Titel trägt ,Theoria motus corporum coelestium in sectionibus solem ambientum'. Gauß entschloß sich erst 1821, die Methode der kleinsten Quadrate mit dem Titel ,Theoria combinationis observationum errorobus minimis obnoxiae' bekannt zu geben. Da Gauß hierbei Legendre überbot, bezogen sich spätere Bearbeiter dieses Gebietes immer nur auf ihn."

Normalverteilung:
Zu Beginn des 19. Jahrhunderts vollzog sich der Übergang von den zeitdiskreten Zufallsgrößen (Würfelspiel!) zu den zeitkontinuierlichen Zufallsprozessen und damit vom Begriff der Wahrscheinlichkeit zu dem der Wahrscheinlichkeitsdichte. Der Prototyp ist die Normalverteilung:

$$p(x) = \frac{1}{\sqrt{2\pi}\,\sigma} \exp\left(-\frac{(x-\bar{x})^2}{2\sigma^2}\right)$$

mit σ als Standardabweichung, uneinheitlich auch als Streuung bezeichnet, σ^2 als Varianz und $\bar{x}$ als linearer Mittelwert, nachfolgend als Parameter α verallgemeinert, falls offen bleiben soll, ob der von der Störung z_i überlagerte konstante Anteil von x_i der lineare Mittelwert $\bar{x}$ oder ein anderer Schätzwert α ist. Dies hängt im allgemeinen vom Optimierungskriterium ab.

Die Normalverteilung wird oft als GAUSS-Verteilung bezeichnet, da GAUSS die Bedeutung dieser Funktion als Meßstörung erkannt und praktisch angewendet hat. Als mathematische Funktion soll sie schon 1718 von ABRAHAM DE MOIVRE (1667–1754) angegeben worden sein.

Für einen normalverteilten Vorgang ist typisch, daß große Störamplituden selten sind. Werte von $|x| > 3\sigma$ betragen nur 0,3 %. Das Verteilungsgesetz gilt nur, wenn sich die wirksame Gesamtamplitude des Vorganges aus einer sehr großen Menge kleiner Teilamplituden zusammensetzt. Dabei ist die Form des Einzelprozesses unwesentlich. Die Normalverteilung beschreibt deshalb molekulare und atomare Prozesse sehr gut, zumal diese streng stationär sind, d. h. daß ihre statistische Gesetzmäßigkeit zeitinvariant ist. Dies trifft für das elektronische Rauschen hinreichend zu, sofern sich äußere Einwirkungen (wie die Umgebungstemperatur) nicht ändern.

Jede Wahrscheinlichkeitsaussage gilt nur für ein Ensemble und nicht für ein einzelnes Ereignis. Dieses muß einem Ensemble zugeordnet werden, der Menge der Ereignisse, deren Statistik definiert werden muß. Die Verteilungsfunktion gibt nur Hinweise darauf, in welchem Vertrauensintervall das Ereignis mit einer gewissen Wahrscheinlichkeit liegt. Für die Prüfung der Zugehörigkeit eines Ensembles zu einer Verteilungsfunktion, z. B. zur Normalverteilung, hat die mathematische Statistik Testverfahren entwickelt, z. B. den χ^2-Test [M6]. Somit ist eine experimentelle Prüfung möglich. In manchen Fällen werden aus rein theoretischen Überlegungen heraus Normalverteilungen a priori angenommen, was besonders typisch für Störsignale nach dem Vorbild von GAUSS ist.

Die Normalverteilung ist der Grenzfall der BERNOULLI-Verteilung für sehr viele Ereignisse. Dies gibt die Wahrscheinlichkeit von k günstigen, diskreten Ereignissen A aus m möglichen an:

$$P(k) = \binom{m}{k} P(A)^k \, (1-P(A)^{m-k}.$$

Der entgegengesetzte Grenzfall für seltene Ereignisse ergibt die POISSON-Verteilung (s. 1.3.1.).

Methode der kleinsten Fehlerquadrate:

Ebenso wie die Normalverteilung ist auch die Methode der kleinsten Fehlerquadrate (MKQ) allgemein als das von GAUSS gelegte Fundament der Ausgleichsrechnung anzusehen. Diese Methode hat bis heute als technisches Optimierungsprinzip nicht an Bedeutung verloren.

Der Ansatz läuft auf eine Extremwertbestimmung hinaus [L10]. Es sei eine Menge von m Meßwerten x_i eines Parameters α als Stichprobe gegeben:

$$\{x_1, x_2, \ldots x_n; \alpha\}.$$

Die Abweichungen $z_i \doteq x_i - \alpha$ sollen voneinander unabhängige Zufallsgrößen sein. Es wird gefordert, daß der Schätzwert $\hat{\alpha}$ so bestimmt wird, daß der quadratische Mittelwert (Erwartungswert) der Abweichungen ein Minimum wird:

$$\overline{\epsilon^2} = E\,\{(x_i - \alpha)^2\} = \frac{1}{n} \sum_{i=1}^{n} (x_i - \alpha)^2.$$

Dies ist dann der Fall, wenn die Ableitung nach α verschwindet:

$$\frac{d}{d\alpha}\,(\overline{\epsilon^2}) = \frac{2}{n} \sum_{i=1}^{n} (x_i - \hat{\alpha}) = 0.$$

Also gilt:

$$\sum_{i=1}^{n} (x_i) - n\hat{\alpha} = 0.$$

Daraus ergibt sich der Schätzwert zu: $\hat{\alpha} = \frac{1}{n} \sum_{i=1}^{n} x_i$.

Der gesuchte Schätzwert stimmt also mit dem linearen Mittelwert der Stichprobe überein. Dies gilt für das obenerwähnte Optimierungskriterium, für das der Schätzwert gebildet wurde.

Zwei entgegengesetzte Probleme sind zu unterscheiden:

1. Die Bestimmung eines Schätzwertes für ein vorgegebenes Optimierungskriterium. Das Kriterium des kleinsten mittleren quadratischen Fehlers ist durchaus nicht das einzig mögliche!
2. Die Ermittlung des Optimierungskriteriums, das zu einem vorgegebenen Schätzwert gehört. Dies hat GAUSS für den linearen Mittelwert getan, der im Alltag bei vielen Gelegenheiten (Sport!) gebildet wird, ohne daß dabei bekannt ist, welches Optimierungskriterium herangezogen wird. Ein anderes Beispiel ist der *Medianwert* (50%-Wert), der dem Kriterium des kleinsten mittleren Fehlerbetrages entspricht. Dieses Kriterium hat den Vorteil, daß gegenüber der MKQ die größeren Fehler nicht stärker bewertet werden. Es wird die lineare und nicht die quadratische Abweichung als Fehlermaß gewählt.

Zu 1.: Der Vorteil der MKQ besteht gerade darin, daß keine A-priori-Kenntnis der Wahrscheinlichkeitsdichte der Störungen benötigt wird. Anderseits bedeutet die A-priori-Kenntnis der Verteilung eine Möglichkeit, den Schätzwert genauer festzulegen (s. 1.3.4.).

Die MKQ ermittelt die Varianz der Störungen, d. h. die Leistung des Meßrauschens. Dies ist eine physikalische bedingte Größe, ohne die die Meß- und Regelungstechnik nicht auskommt. Die Varianz hat als Leistungsmaß eine sinnvolle Bedeutung. – Auch in den Fällen, in denen eine andere Methode zur Ermittlung des Schätzwertes eines Parameters benutzt wird, ist die MKQ unentbehrlich (s. 1.3.4.), um den Toleranzbereich des Schätzwertes zu bestimmen. Dazu wird wieder der Ansatz des kleinsten quadratischen Fehlers gemacht. In diesem Falle ist er ein Maß für die Leistung des Restrauschens.

Methode der rekursiven Berechnung:
GAUSS zeigte, daß zur Berechnung des linearen Mittelwertes jeweils der nächst folgende Meßwert als weiterer Korrekturwert benutzt werden kann, ohne daß die gesamte Mittelwertbildung nochmals von vorn begonnen werden muß. Dies ist ein wichtiges Grundprinzip der Ausgleichsrechnung von GAUSS, das heutzutage häufig in erweiterter Form angewendet wird (s. 4.1.).

Der tiefere Grundgedanke, der sich als erweiterungsfähig erwies, besteht darin, daß die gesamte Kenntnis der Vergangenheit, hier also der zurückliegenden Meßwertverarbeitung, im jeweils letzten Schätzwert enthalten ist. Ihre Kenntnis ist daher nicht nötig, um eine Voraussage zu treffen. Bei einer modernen Methode, der KALMAN-Filterung (s. 4.4.1.) verbindet man eine Extrapolation mit der nächsten Messung und bildet daraus ein gewichtetes Mittel. So enthält jede Methode Elemente älterer Methoden, die sich oft als überraschend entwicklungsfähig erweisen, hier z. B. zur Theorie der MARKOW-Prozesse. Darin wird nämlich die Kenntnis der Vergangenheit des Prozesses ebenfalls nicht benötigt. Sie gilt dort als einflußlos.

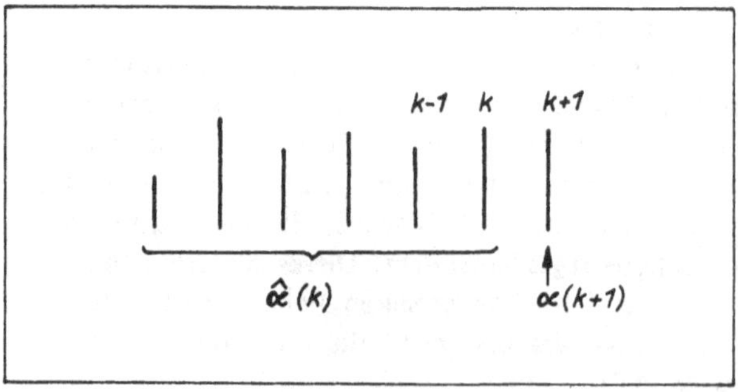

Abb. 1.2. Schema der rekursiven Schätzung

Für eine lineare Mittelwertbildung erfolgt die Korrektur nach Abbildung 1.2 derart, daß zur diskreten Verarbeitung alle Meßwerte für den Parameter α aus den vorangegangenen Messungen mit den Indices $k_{-n} \ldots k_{-3}, k_{-2}, k_{-1}, k$ zu einem Schätzwert $\hat{\alpha}(k)$ zusammengefaßt werden.

Der neu hinzukommende Meßwert α_{k+1} korrigiert nur mit einer gewichteten Abweichung diesen Schätzwert auf den Wert

$$\hat{\alpha}_{k+1} = \hat{\alpha}_k + \frac{1}{n+1} (\hat{\alpha}_{k+1} - \hat{\alpha}_k).$$

Der Dachindex ^ bedeutet stets den Schätzwert einer Meßgröße!

Kriterium der größten Glaubwürdigkeit

GAUSS untersuchte auch die Frage, welcher Schätzwert einer Stichprobe die größte Wahrscheinlichkeit hat. Er zeigte, daß sich für eine normalverteilte Störung nach diesem Kriterium ebenfalls der lineare Mittelwert als optimaler Schätzwert ergibt. Bei nicht normalverteilten Störungen resultiert allerdings ein anderer Schätzwert. Diese Methode, die auch als die Methode der größten Glaubwürdigkeit bezeichnet wird, setzt also die A-priori-Kenntnis der Störverteilungsfunktion voraus. Dann und nur dann leistet die Methode mehr als die Methode der kleinsten Quadrate und liefert einen Schätzwert, der näher am wahren Wert liegt. Nach R. FISHER wird sie auch als *likelihood*-Methode bezeichnet. Sie bildet – in etwas abgeänderter Form – u. a. die Grundlage der Ortungstechnik. So ist zu beachten, daß ein Schätzwert im allgemeinen stets durch ein *Optimierungskriterium* definiert ist und daß sein Wert von diesem abhängt.

Für normalverteilte Störungen verläuft die Berechnung wie folgt: Gegeben sei eine Stichprobe von n Meßwerten, die um einen konstanten Parameter α als den wahren Wert streuen. Gesucht ist der Schätzwert $\hat{\alpha}$ für diesen Parameter. Hierbei wird angenommen, daß die Meßwertschwankungen statistisch voneinander unabhängig erfolgen. Die Wahrscheinlichkeitsdichte L der gesamten Stichprobe ist in diesem Fall gleich dem Produkt der n Einzelwahrscheinlichkeiten:

$$L(x_1, x_2 \ldots x_n; \alpha) = \prod_{i=1}^{n} p(x_i, \alpha).$$

Für Exponentialverteilungen rechnet es sich bequemer mit dem Logarithmus $l = \ln L$, da $\ln L$ monoton mit L ansteigt. Der Extremwert von α ergibt sich aus dem Ansatz:

$$\frac{d(\ln L)}{d\alpha} = 0.$$

Für die Normalverteilung

$$p(x) = \frac{1}{\sqrt{2\pi}\,\sigma} \exp \frac{-(x-\alpha)^2}{2\sigma^2}$$

wird

$$\frac{d(\ln L)}{d\alpha} = \sum_{i=1}^{n} (x_i - \alpha) = 0.$$

Hieraus folgt für den gesuchten Schätzwert

$$\hat{\alpha} = \frac{1}{n} \sum_{i=1}^{n} x_i$$

als linearer Mittelwert der n Meßwerte x_i.

Dieser Wert entspricht demjenigen, der sich aus dem Optimierungskriterium des kleinsten quadratischen Fehlers ergibt.

Der Fall der nichtnormalverteilten Störungen wurde etwa ein Jahrhundert später von verschiedenen Mathematikern analysiert. Bemerkenswert ist, daß GAUSS bereits den heute dominierenden Begriff des Optimierungskriteriums benutzte und die Abhängigkeit des Schätzwertes von diesem erkannte.

Die oben skizzierte Methode wird in der Ortungstechnik meist auf das Verhältnis zweier Wahrscheinlichkeiten angewendet und als „Glaubwürdigkeit" definiert.

Meßtechnische Anwendungen:
Für die Weiterentwicklung der Ausgleichsrechnung war entscheidend, daß GAUSS seine mathematischen Theorien eng mit praktischen Anwendungen verknüpfte. Dies betraf vor allem sein Interesse an der Astronomie. 1801 wurde der erste Planetoid Ceres von dem Astronomen GUISEPPE PIAZI (1746–1826) entdeckt. Nach dem Durchlauf durch den Sonnenstand ging er der Beobachtung wieder verloren. GAUSS erhielt davon Kenntnis und berechnete auf Grund der ersten Beobachtungen mit Hilfe der Ausgleichsrechnung die Bahn. Danach konnte der Planetoid am 1. 1. 1802 wieder aufgefunden werden. Mit gutem Recht kann behauptet werden, daß GAUSS nicht nur der Erfinder der *Meßstatik*, sondern auch der *Meßdynamik* ist, wobei er hier die Reduktion von Meßstörungen durch die Ausgleichsrechnung verfolgte und in der Praxis anwandte.

Zum Begriff der Ergodizität:
Bei meßtechnischen Anwendungen wird meistens der statistische Erwartungswert dem zeitlichen Mittelwert gleichgesetzt. Ein Ensemble kann entweder aus einer Menge von Einzelobjekten bestehen oder aus einer Menge von Meßwerten, die als zeitliche Folge an einem einzigen Meßobjekt gewonnen wurden. Letzteres setzt die Eigenschaft der *Ergodizität* voraus. Dies bedeutet, daß sich die statistischen Eigenschaften (die Erwartungswerte E) des Ensembles durch die Analyse einer einzigen Prozeßrealisierung (Musterfunktion) gewinnen lassen. Auch dies ist – wie die Stationarität – eine meist unbewiesene A-priori-Annahme.

Die Akkumulationsmethode als Standardmodell bei additiven Störungen:
Zur Überleitung zu den nachfolgenden Ausführungen lassen sich die von GAUSS entwickelten Gedanken zu folgendem Modell zusammenfassen: Das Prinzip der *Meßredundanz* bildet die Grundlage der sogenannten Akkumula-

tionsmethode. Sie ist unter den verschiedenartigsten Methoden grundlegend zur Verbesserung der Meßgenauigkeit. Es existieren verschiedene Varianten, dienlich zur Signalverarbeitung bei additiven, vorzugsweise normalverteilten Störungen.

Das *Prinzip* ist folgendes: Ein Meßwert soll als zeitkonstanter Wert α ermittelt werden. Das Signal sei von einer Störamplitude z_i überlagert. Dann sind zwei Fälle zu unterscheiden:

a) Das Signal ist vorhanden, d. h., es tritt mit der Amplitude $x_i = \alpha + z_i$ auf.
b) Das Signal ist nicht vorhanden, also nur die Störamplitude z_i.

Die Methode besteht aus n-facher Beobachtung und der Summation über diese n Empfangsamplituden (Meßwerte).

Hieraus folgt der Wert

$$x = \sum_{i=1}^{n} x_i = n\alpha + \sum_{i=1}^{n} z_i.$$

Die Empfangsqualität wird durch das „Störverhältnis", d. h. das Verhältnis der Nutzleistung zur Störleistung beurteilt, mithin gilt

$$\rho = \frac{(n\alpha)^2}{n \sum\limits_{i=1}^{n} z_i^2} = n \frac{(\alpha)^2}{\sum\limits_{i=1}^{n} z_i^2} = n \cdot \rho_0 \quad \text{mit } \rho_0 = \frac{P_{\text{nutz}}}{P_{\text{stör}}}.$$

Dies gilt nur unter der Voraussetzung, daß die Störung keine Gleichkomponente besitzt

$$E\{z_i\} = 0.$$

Ferner wird hierbei angenommen, daß die einzelnen Störamplituden statistisch voneinander unabhängig sind, d. h., wenn gilt:

$$E\{z_i z_j\} = 0 \quad \text{für} \quad i \neq j.$$

Konstante Werte, wie α, addieren sich in den Amplituden, statistische Größen unter den genannten Voraussetzungen nur in den Leistungen. So ergibt sich eine Verbesserung des Leistungsstörabstandes um den Faktor n. Dies bedeutet, meßtechnisch ausgedrückt, das Verhältnis des Meßrauschens zum Restrauschen (s. Kap. 2.), als ein Ergebnis des Mehraufwandes an Messungen (Meßredundanz). Es bedeutet ferner eine Verringerung des Streubereiches, in dem der wahre Meßwert liegt.

Die statistische Mittelwertbildung wird vielfach als Meßmethode angewendet. Ein konkretes Beispiel ist die Methode des evozierten Potentials in der Medizintechnik, auch als Average-Verfahren bezeichnet.

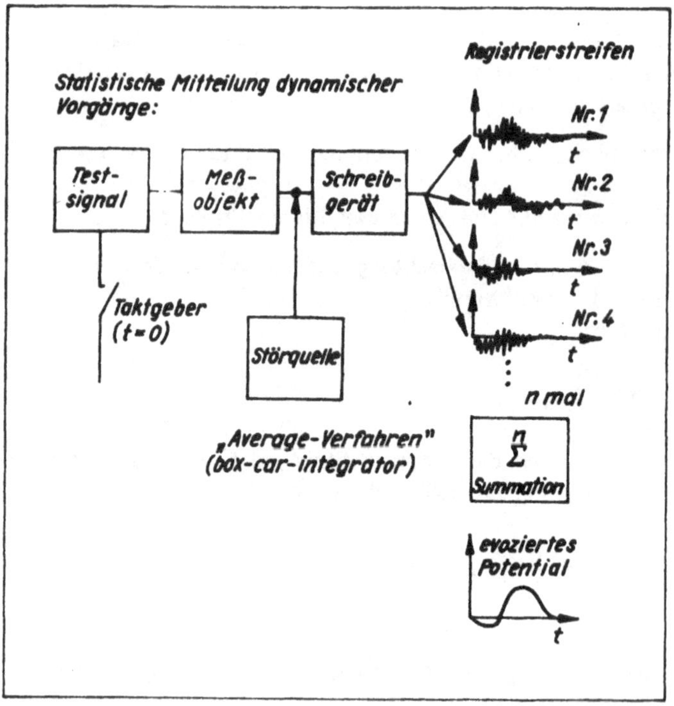

Abb. 1.3. Average-Verfahren mit Ensemble-Mittelwertbildung

Das biologische Grundrauschen der Nervenbahnen wird durch eine Aufsummierung von gleichartig ausgeführten Versuchen unterdrückt. Das diesem Zweck dienende Gerät wird als „box-car-integrator" bezeichnet. Man untersucht damit die Funktionsfähigkeit von Sinnesorganen, wie Auge oder Hörorgan, z. B. von Säuglingen oder Simulanten, und zwar rein objektiv. Der Störabstandsgewinn beträgt bei n Summanden maximal das n-fache. Dieses Meßprinzip entspricht völlig der von GAUSS in der Astronomie verwendeten Ausnutzung einer Meßredundanz.

1.3. Ausbau der mathematischen Statistik

Bis zur Mitte des 19. Jahrhunderts bildete die GAUSSsche Ausgleichsrechnung die Grundlage der meßtechnischen Anwendungen der Stochastik. Die weitere Entwicklung bis heute vollzog sich in zwei Richtungen: Einerseits wurden die theoretischen Grundlagen weiterentwickelt, vorzugsweise in Form der mathematischen Statistik. Dies bedeutete den Ausbau der Modelltheorie zur Beschreibung stochastischer Vorgänge. Anderseits wurden neue Methoden zur Signalwandlung erfunden, und zwar unter dem Einfluß der Physik und der Technik, die über die klassische Ausgleichsrechnung erheblich hinausgingen und nun – rückwirkend – den weiteren Ausbau der mathematischen Grundlagen herbeiführten.

1.3.1. Erweiterung der Prozeßmodelle und ihrer Kenngrößen

Tendenzen dieser Art sind über mehr als ein Jahrhundert festzustellen. Nach GAUSS erfuhr die klassische Mathematik eine lebhafte Weiterentwicklung, insbesondere die Analysis und die Algebra. Die logische Strenge wurde durch KARL WEIERSTRASS (1815–1897) konsequent verfolgt. AUGUSTIN CAUCHY (1789–1857), BERNHARD RIEMANN (1826–1866) u. a. schufen die Theorie der komplexen Funktionen, die später die Grundlage der Theorie der Synthese linearer Netzwerke wurde; es entstand die Matrizentheorie, die u. a. die Theorie der Vierpole beeinflußte und zur Kenngrößenbeschreibung aktiver Vierpole dient. Hingegen ruhte die Weiterentwicklung der Wahrscheinlichkeitsrechnung mehrere Jahrzehnte, zumindestens in rein mathematischer Hinsicht. Neue Anregungen und Begriffsbildungen gingen von der theoretischen Physik aus.

In der ersten Entwicklungsphase der Stochastik wurden zunächst nur skalare Prozesse mit gleich- oder normalverteilten Wahrscheinlichkeitsdichten analysiert. Diese Modelle reichten für die Physik jedoch nicht aus. Dort sind auch vektorielle Größen mit Schwankungserscheinungen behaftet, deren Komponenten normalverteilt sind. Die sinngemäße Erweiterung auf zweidimensionale Größen ergab die RAYLEIGH-Verteilung und auf dreidimensionale Größen die MAXWELL-Verteilung.

Die *RAYLEIGH-Verteilung* mit dem Parameter $\lambda > \sigma$ lautet [M6]:

$$p(x) = \frac{2x}{\lambda} \exp\left(-\frac{x^2}{\lambda}\right)$$

mit der Varianz (Dispersion): $\sigma_x^2 = \lambda(1 - \pi/4) = 0{,}215\,\lambda$

und dem Erwartungswert: $E\{x\} = \frac{\sqrt{2\pi}}{2} = 0{,}886\sqrt{\lambda}.$

x bedeutet den Betrag einer zweidimensionalen Schwankungsgröße, deren Komponenten normalverteilt rauschen, wie z. B. die elektrische Feldstärke. Diese Verteilung wird auch in der Zuverlässigkeitstheorie angewendet. Der Verlauf dieser Dichtefunktion ist bezüglich ihres Maximums unsymmetrisch (Abb. 1.4).

Für große Werte von x/λ überwiegt der exponentielle Faktor, ähnlich wie bei der Normalverteilung.

Die *MAXWELL-Verteilung* mit dem Parameter $\sigma > 0$ lautet:

$$p(x) = \frac{2}{\sigma^3\sqrt{2\pi}}\, x^2 \exp\left(-\frac{x^2}{2\sigma^2}\right) \quad \text{für } x > 0 \quad \text{bzw.} = 0 \text{ für } x \leqslant 0.$$

Die Varianz (Dispersion) beträgt hier: $\sigma_x^2 = (3 - 8/\pi)\,\sigma^2 = 0{,}454\,\sigma^2$

und der Erwartungswert beträgt: $E\{x\} = \dfrac{2\sqrt{2}\,\sigma}{\sqrt{\pi}} = 1{,}596\,\sigma.$

Für große Werte von x/σ überwiegt wieder das Exponentialglied und p(x) fällt stark gegen Null ab. x bedeutet den Betrag einer dreidimensionalen Schwankungsgröße, die in den drei Komponenten normalverteilt rauscht. Die Gleichkomponenten $E\{x\}$ ist proportional zu σ. Ein klassisches Beispiel für x ist die Geschwindigkeit eines Gasmoleküls bei seiner Wärmebewegung.

Der Grundgedanke der späteren Weiterentwicklungen war die Erkenntnis, daß die Exponentialverteilung für viele Störsignale kein geeignetes Modell ist. Relativ große Amplituden sind darin wesentlich häufiger vertreten als in der Normalverteilung. Der Effekt der gegenseitigen Kompensation von positiven und negativen Einzelamplituden ist nur dann möglich, wenn die Anzahl der Einzelereignisse sehr groß ist. Demgegenüber sind auch seltene Ereignisse anzutreffen, z. B. bei Impulsstörungen. Hierfür hat die Wahrscheinlichkeitstheorie die POISSON-Verteilung als Modell parat

$$P(X{=}k) = \frac{\lambda^k}{k\,!}\, e^{-\lambda}.$$

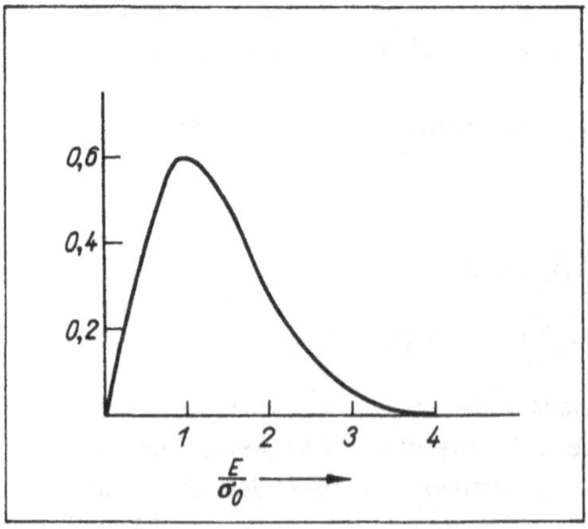

Abb. 1.4. Verlauf der RAYLEIGH-Verteilung

Dies bedeutet, daß die zufällige Veränderliche X die Werte k = 0, 1, 2 ... mit der diskreten Wahrscheinlichkeit P(k) annehmen kann. Der Mittelwert von X beträgt:

$$E\{X\} = \sum_{k=0}^{\infty} k\,P(k) = \sum_{k=0}^{\infty} k\,\frac{\lambda^k}{k!}\,e^{-\lambda} = \lambda \cdot e^{-\lambda} \sum_{k=1}^{\infty} \frac{\lambda^{k-1}}{(k-1)!}$$

$$= \lambda \cdot e^{-\lambda} \sum_{\nu=0}^{\infty} \frac{\lambda^{\nu}}{\nu!} = \lambda \cdot e^{-\lambda} \cdot e^{\lambda} = \lambda.$$

Die Konstante λ stellt also den linearen Mittelwert dar. Das oft zitierte Modell ist nur für positive Werte von k verwendbar. SIMEON DENIS POISSON (1781–1840) leitete dieses Gesetz 1837 als Grenzfall der Binominalverteilung ab. Es beschreibt die Einzelwahrscheinlichkeit seltener diskreter Ereignisse, während der GAUSS-Prozeß durch eine Überlagerung sehr vieler Einzelereignisse beliebiger Einzelwahrscheinlichkeit entsteht.

1.3.2. Ausbau der Schätztheorie

Erwartungstreue, systematischer Fehler

Das Interesse der Mathematiker an der Statistik erwachte im Anfang des 20. Jahrhunderts erneut. Der Amerikaner R. FISHER untersuchte die Voraussetzungen für die Ermittlung der statistischen Erwartungswerte als Grenzwerte der relativen Häufigkeit. Er führte den wichtigen Begriff der Erwartungstreue ein. Diese bedeutet, daß eine Schätzung[1] keinen systematischen Fehler aufweist (Abb. 1.5).

Die Abbildung soll zeigen, daß der mittlere quadratische Fehler – die Fehlervarianz – vom systematischen Fehler abhängt. Je größer dieser ist, desto kleiner kann die Fehlervarianz sein. Das Bild interpretiert schematisch die Abdrift eines Schiffes vom Navigationskurs. Der Sollverlauf des Kurses entspricht der ausgezogenen Linie. Der Istverlauf ist durch die punktierte Linie angedeutet. Die Differenz – hier noch ortsabhängig – entspricht dem systematischen Fehler. Das Schiff führt stochastische Kursschwankungen aus. Deren mittlerer quadratischer Fehler ist erheblich geringer, wenn er auf den mittleren Istkurs bezogen wird statt auf den Sollkurs. Dies ist bereits ein Beispiel für einen dynamischen Prozeß. Der Schiffskurs setzt sich aus einer fortlaufenden Reihe von zeitabhängigen Standorten zusammen. Das läßt sich auch folgendermaßen interpretieren: Asymptotische Erwartungstreue ist dann gegeben, wenn der Mittelwert (Gleichkomponente) der Störungen gleich Null ist. Extrem langsame (tieffrequente) Änderungen werden als Drift bezeichnet. Sie äußert sich darin, daß der Nullpunkt auswandert.

Konsistenz

Sofern ein Schätzwert aus einem Ensemble von n Meßwerten durch Mittelwertbildung bestimmt wird, muß stets die Bedingung der Konsistenz erfüllt sein. Das

1 G. HÄRTLER gibt in [H4] eine vollständige Darstellung der Methoden der Schätztheorie, weshalb darauf hier verzichtet wird. Die Ausführungen in 1.3. ergänzen diese und dienen vor allem als Überleitung zur Methodik der Informationstechnik des 3. und 4. Kapitels.

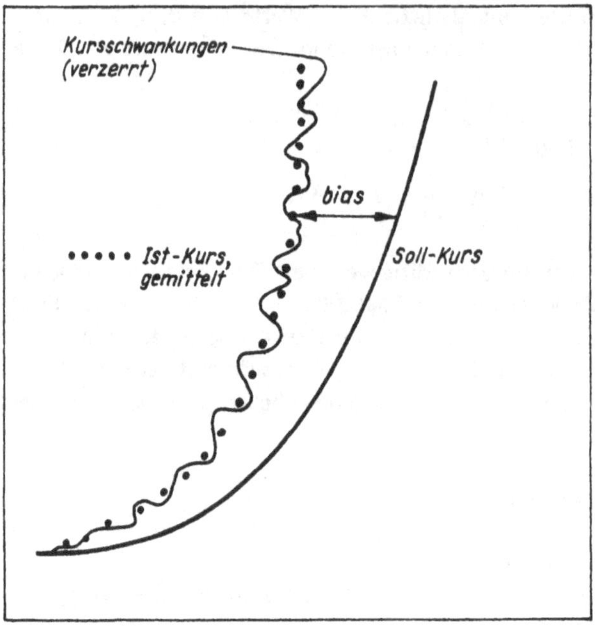

Abb. 1.5. Zur Interpretation des systematischen Fehlers an Hand eines Schiffskurses

heißt, daß der Schätzwert bei einer wachsenden Anzahl n an Meßwerten gegen den wahren Wert konvergiert, so daß sich die Fehlervarianz σ^2 ständig verringert

$$\lim_{n \to \infty} \sigma_{\sim}^2 = 0 .$$

$\sigma_{\sim}^2$ bedeutet hier die Leistung des Restrauschens nach der Mittelwertbildung! Die Bestimmung eines Schätzwertes wird als Punktschätzung bezeichnet.

Effizienz

Es existieren verschiedene Schätzverfahren. Ihre Güte wird auf Grund ihrer Streuungen (Varianzen) verglichen. Damit beurteilt man die *Wirksamkeit* oder *Effizienz* eines Schätzverfahrens.

Eine Schätzfunktion heißt dann effektiv, wenn sie die wirksamste Schätzfunktion ist. Für eine Schätzung existiert ein Grenzwert, der nicht unterboten werden kann, sofern die Anzahl der Meßwerte n konstant gehalten wird (s. 1.3.3.).

1.3.3. Ausbau der Fehleranalyse

Für die Genauigkeit einer Schätzung ist die Fehleranalyse das Grundproblem der Statistik [L5, L6]. GAUSS u. a. erfanden die Methode der kleinsten Fehlerquadrate zur Parameterbestimmung in Form des linearen Mittelwertes. Sie zeigen, daß dieser dem Optimierungskriterium des kleinsten Fehlerquadrates genügt. Da nun eine Stichprobe von n Meßwerten selbst eine Zufallsgröße darstellt, ist auch der so erhaltene Schätzwert des wahren Mittelwertes eine Zufallsgröße, die einen gewissen Fehler enthält. Eine grundlegende Frage der Schätztheorie besteht darin, den Toleranz- oder Fehlerbereich einer Stichprobenschätzung zu bestimmen. Dies ist das Problem der *Varianzanalyse.*

Es gilt, wie gezeigt werden kann, daß, wenn die Varianz, das mittlere Fehlerquadrat des überlagerten Meßrauschens gleich σ^2 ist, dann verringert sich bei der Mittelwertbildung – dank der Meßredundanz – die „Stichprobenvarianz" auf die „Schätzfehlervarianz" σ^2/n.

Meßtechnisch ausgedrückt heißt das: Die Leistung des *Meßrauschens* geht auf die Leistung des *Restrauschens* zurück.

Nun gibt es noch das zweite Optimierungskriterium, das der größten Wahrscheinlichkeit. GAUSS hat bereits gezeigt, daß diese Methode für normalverteilte Störungen als Schätzwert das gleiche Ergebnis liefert wie die Methode des kleinsten Fehlerquadrates (s. 1.2.). Bei anderen Verteilungsfunktionen ergibt sich jedoch ein Unterschied gegenüber der Methode der kleinsten Quadrate. Hier wird die A-priori-Kenntnis der Verteilungsdichte benötigt, und es resultiert dann ein geringerer Wert der Schätzfehlervarianz. Bei n Meßwerten existiert ein Grenzwert des mittleren quadratischen Fehlers des Parameters α:

$$\overline{\epsilon^2} = E\{(\hat{\alpha}-\alpha)^2\} = \frac{1}{n\,I(p)} \leqslant \frac{\sigma^2}{n}.$$

I(p) ist die sogenannte FISHER-Information, eine Funktion der Wahrscheinlichkeitsdichte $p(x_i,\alpha)$ mit α als wahrer oder unverzerrter Schätzwert des Parameters. Näheres ergibt sich aus folgenden Betrachtungen:

RAO-CRAMER-Ungleichung und die FISHER-Information

1. Berechnung des Erwartungswertes des Schätzfehlers $(\hat{\alpha}-\alpha)$ bei Kenntnis der Wahrscheinlichkeitsverteilungsdichte:

   Es soll der quadratische Mittelwert $E\{(\hat{\alpha}-\alpha)^2\}$ des Schätzfehlers bestimmt werden, wobei gezeigt wird, daß er einen gewissen Mindestwert nicht unterschreiten kann. Dazu wird von der Stichprobenwahrscheinlichkeitsdichte, d. h. von der Likelihood-Funktion ausgegangen:

$$L(x_1, x_2 \ldots x_n) = L(\underline{x}, \alpha) = \prod_{i=1}^{n} p(x_i, \alpha). \tag{1}$$

$\hat{\alpha}$ ist der zur vorliegenden Stichprobe gehörige Schätzwert und α als wahrer Parameterwert wird nachfolgend als Variable betrachtet. $\underline{x}$ ist der Meßvektor.

Über den Stichprobenraum integriert ergibt sich:

$$\int_R L(\underline{x})\,d\underline{x} = 1.$$

Daraus folgt nach Differentiation:

$$\int_R \frac{\delta}{\delta\alpha} L(\underline{x})\, d\underline{x} = 0. \qquad (2)$$

Für den wahren Wert gilt: $\int_R \hat{\alpha}\, L(\underline{x})\, d\underline{x} = \alpha$

und nach Differentiation:

$$\int_R \hat{\alpha} \frac{\delta L}{\delta\alpha}\, d\underline{x} = 1. \qquad (3)$$

(2) und (3) zusammengefaßt ergibt:

$$\int_R (\hat{\alpha}-\alpha) \cdot \frac{1}{L}\frac{\delta L}{\delta\alpha}\, L\, d\underline{x} = E\{(\hat{\alpha}-\alpha) \cdot \frac{1}{L}\frac{\delta L}{\delta\alpha}\} = 1. \qquad (4)$$

Dieser Erwartungswert gestattet eine Aussage über die Fehlervarianz, und zwar folgendermaßen:

2. Abschätzung der Fehlervarianz

Aus (3) ergibt sich als SCHWARZsche Ungleichung

$$E_{min}\{(\hat{\alpha}-\alpha)^2\} \cdot E\{(\frac{1}{L}\frac{\delta L}{\delta\alpha})^2\} \geqslant 1. \qquad (5)$$

Somit beträgt der untere Grenzwert des Schätzfehlers

$$E_{min}\{(\hat{\alpha}-\alpha)^2\} = \frac{1}{E\{(\frac{1}{L}\frac{\delta L}{\delta\alpha})^2\}}. \qquad (6)$$

3. Berechnung der FISHER-Information

Nun wird nach (1) in die Likelyhood-Funktion $L(\underline{x})$ die Wahrscheinlichkeitsdichte $p(\underline{x},\alpha)$ eingesetzt. Für $L(\underline{x}) \neq 0$ gilt:

$$(\frac{1}{L}\frac{\delta L}{\delta\alpha})^2 = (\frac{\delta}{\delta\alpha} \ln L(\underline{x}))^2 = (\frac{\delta}{\delta\alpha} \sum_{i=1}^{n} \ln p(x_i))^2$$

$$= (\sum_{i=1}^{n} \frac{1}{p(x_i)} \frac{\delta p(x_i)}{\delta\alpha})^2.$$

Folgende Umformung ergibt den Wert der FISHER-Information:

$$E\{(\frac{1}{L}\frac{\delta L}{\delta\alpha})^2\} = \int_{-\infty}^{\infty} (\sum_{i=1}^{n} \frac{p'(x_i)}{p(x_i)})^2 p(x_i)\, dx = n \int_{-\infty}^{\infty} \frac{p'(x)^2}{p(x)}\, dx = n\, I(p). \qquad (7)$$

Der Erwartungswert ist für alle Meßwerte bei gleicher Verteilungsdichte gleich groß. Daher können die n Werte aufsummiert werden. Alle gemischt quadratischen Glieder im Erwartungswert verschwinden, da angenommen wird, daß sie unkorreliert sind.

Für normalverteiltes Meßrauschen ergibt sich:

$$I(p) = \frac{1}{\sigma^2}, \text{ also } E\{(\hat{\alpha}-\alpha)^2 = \frac{\sigma^2}{n} \text{ wie bekannt.}$$

Für normal verteilte Störungen folgt

$$I(p) = \frac{1}{\sigma^2}, \text{ also } E_{min} \{(\alpha - \hat{\alpha})^2\} = \frac{\sigma^2}{n}$$

wie bekannt!

Diese Betrachtung zeigt, daß die MKQ auch bei der Schätzung nach dem Prinzip der größten Glaubwürdigkeit nicht überflüssig ist. Der Ansatz des kleinsten quadratischen Fehlers wird zwar nicht zur Bestimmung des Schätzwertes herangezogen, jedoch zur Ermittlung des Schätzwertfehlers oder, anders ausgedrückt, zur Bestimmung der Leistung des Restrauschens.

1.3.4. Robuste Schätzung

Das Ausreißerproblem

Bei einer Stichprobe von Meßwerten tritt die Frage auf, ob die gemessenen oder beobachteten Werte der angenommenen Klasse der Störungen von normalverteilten Störungen stammen oder ob andere, stärker wirkende Störgrößen hinzugekommen sind. Dies ist dann der Fall, wenn stark vom Mittelwert abweichende Meßwerte auftreten. Dann ist zu vermuten, daß der Wert in irgendwelcher Weise verfälscht, also keine Realisierung der zugrundeliegenden Zufallsgröße ist. Ein derartiger Wert wird als *Ausreißer* (outliner) bezeichnet. Da jedoch bei einer unbeschränkten Zufallsgröße an sich jeder Wert vorkommen kann, wenn auch mit unterschiedlicher Häufigkeit, darf ein verdächtiger Wert nicht willkürlich verworfen werden. Dies muß stattdessen auf Grund eines „Ausreißertests" geschehen. Das Problem besteht darin, verfälschte bzw. nicht repräsentative Werte als Ausreißer zu erkennen. In der Meßpraxis ist es in einfachen Fällen möglich, solche Ausreißer einfach wegzulassen. So wird es in der Tat bei Sportwettbewerben – beim Ski- und Wasserspringen – durch das Weglassen der schlechtesten und der besten Note auch gehandhabt, um einen ausgeglichenen, wenn auch *subjektiv* beurteilten Mittelwert für die Note zu erhalten. Bei objektiv festgestellten Werten geht dies nicht. Zum Beispiel ist beim Sportschießen ein Fehlschuß („Fahrkarte") sehr wohl in die Mittelwertbildung einzubeziehen. An mehrdimensionalen Meßwerten lassen sich unnormale Abweichungen nur schwer erkennen. Auch bei eindimensionalen Meßwerten ist die binäre Entscheidung „Meßwert ist gut" oder „Meßwert ist schlecht" sehr unbefriedigend.

Verbesserte Schätzverfahren

Es werden verschiedene Methoden angewendet, um das Ausreißerproblem zu lösen [s. F5, H4, H8, M6]. Eine Möglichkeit dazu sind *Bereinigungsverfahren.* Mittels eines Tests werden die als Ausreißer erkannten Stichprobenwerte aus der Stichprobe entfernt oder korrigiert. Die oben geäußerten Bedenken treffen auch hier zu.

Eine dieser Methoden ist die *Zensorisierung* zur Ausschaltung fragwürdiger Stichprobenwerte. Damit wird eine vorher festgelegte Anzahl von größten bzw. kleinsten Werten der Stichprobe entfernt. Die verbliebenen Werte dienen in ihrer Eigenschaft als *Ranggrößen* einer „geordneten Stichprobe", gekennzeichnet mit denselben Rangzahlen wie in der ursprünglichen Stichprobe, zur Lösung der statistischen Aufgabe.

Eine andere Methode ist die *Winsorisation*. Hiermit wird in der geordneten Stichprobe eine vorher festgelegte Anzahl größter bzw. kleinster Werte in der reduzierten Stichprobe durch ihre nächstgelegenen Werte ersetzt. Bei diesen beiden Verfahren wird also die ursprüngliche Stichprobe verändert. Winsorisation bedeutet faktisch eine Abkappung der Extremwerte, ohne daß sie ganz entfernt werden. Dies birgt auch eine gewisse Willkür in sich.

Im Unterschied zu diesen Varianten hat das „robuste" Schätzverfahren von J. W. TUKEY, P. J. HUBER u. a. (ab 1962 vorgeschlagen) ein objektives Konzept [H8]. Es schließt sich unmittelbar an GAUSS an (s. 1.2.).

Die in 1.2. geschilderte Methode der größten Glaubwürdigkeit (Likelihood-Methode) setzt die A-priori-Kenntnis der Wahrscheinlichkeitsverteilung der Störung voraus und ist sehr empfindlich gegenüber Abweichungen von der angenommenen Verteilungsfunktion. Dadurch ergeben sich zu große Fehlervarianzen. Die Abweichungen können verschiedene Ursachen haben: Sie können sich aus Ausreißern bei der Messung oder aus Impulsstörungen ergeben.

Sie können auch durch langgezogene Verteilungen entstehen, bei denen die Wahrscheinlichkeitsdichte mit wachsender Amplitude nicht so stark wie bei der Normalverteilung gegen Null absinkt. Dies ist z. B. der Fall, wenn in einem Störprozeß neben normalverteilten Störungen mit geringer Varianz auch solche mit größerer Varianz als „Verschmutzung" (contamination) enthalten sind. So ergeben 10 % Ausreißer, normalverteilt mit einer Streuung von $3\sigma_0$, den gleichen Beitrag zur Varianz wie die restlichen 90 % mit einer Streuung von σ_0. Daraus resultiert dann eine ungünstige, d. h. zu große Fehlervarianz!

In derartigen Fällen wird eine *robuste* Schätzung vorgenommen. Sie besteht darin, daß als Verteilungsfunktion der Störung eine genügend breite Klasse von Verteilungsfunktionen zugrunde gelegt wird, in die sicherlich die nur unscharf bekannte Störung hineinfällt. Es wird dem Prinzip nach nicht unbedingt eine Normalverteilung vorausgesetzt. Eine gemischte Normalverteilung ist jedoch nach R. FRIEDRICH [F5] ein geeignetes Modell. Für eine derartige ungünstigere Verteilung (worst case) wird nun eine optimale Schätzung der Fehlervarianz vorgenommen. HUBER nennt dies das *Min-Max-Verfahren,* das für die gewählte Verteilungsklasse benutzt wird.

Abbildung 1.6 zeigt als Beispiel einen Einschwingvorgang, dessen Toleranzbereich für ein bestimmtes Parameterintervall ermittelt wurde. Wird für den

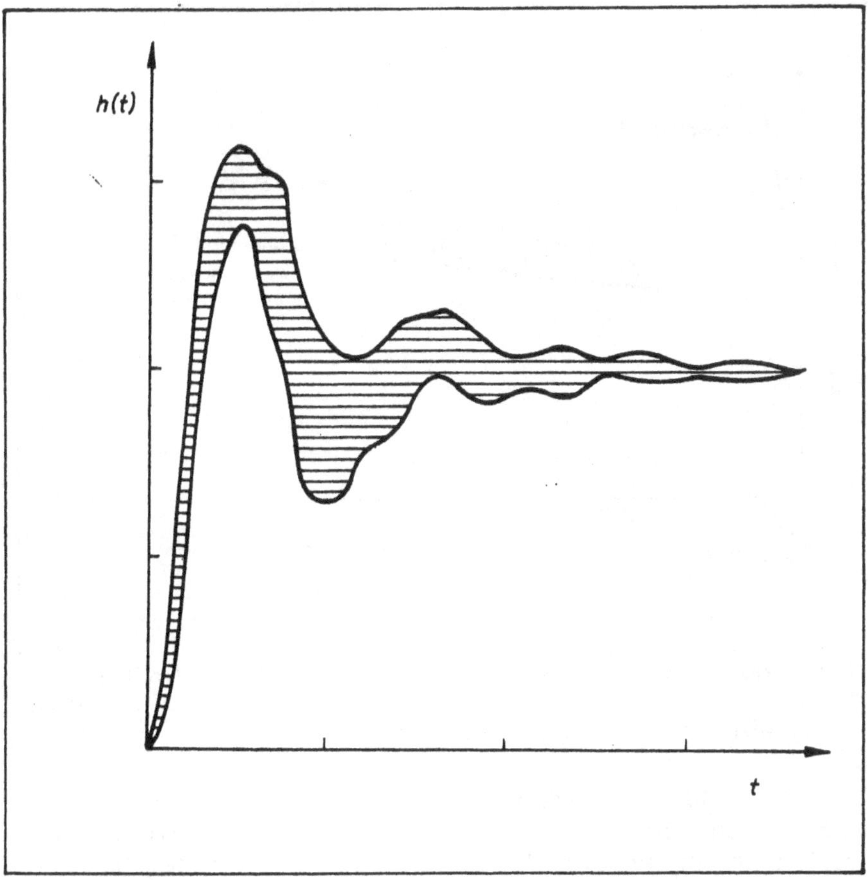

Abb. 1.6. Beispiel eines Einschwingvorganges mit Parametertoleranz („robuste" Schätzung)

Grenzbereich, d. h. für die größte Abweichung, eine Regelung vorgenommen, so spricht man von einer *robusten Regelung.* Die Breite des Toleranzbandes hängt jedoch davon ab, ob dieses nach der Methode der kleinsten Quadrate (MKQ) ohne eine A-priori-Kenntnis der Verteilungsdichte der Störung berechnet wird oder mittels einer A-priori-Annahme über diese Verteilungsdichte. Sofern nur unscharfe Kenntnis von ihr vorliegt, handelt es sich um eine robuste Schätzung. Sie ergibt den garantierten Toleranzbereich.

Der eigentliche Vorteil der robusten Schätzung besteht darin, daß die Schätzfehlertoleranz geringer ausfällt, wenn die Abweichung von der Normalverteilung „robust" geschätzt wird.

Ein derartiges Beispiel zeigt Abbildung 1.7 gemäß R. FRIEDRICH [F5]. Dazu wurde mit dem Ansatz

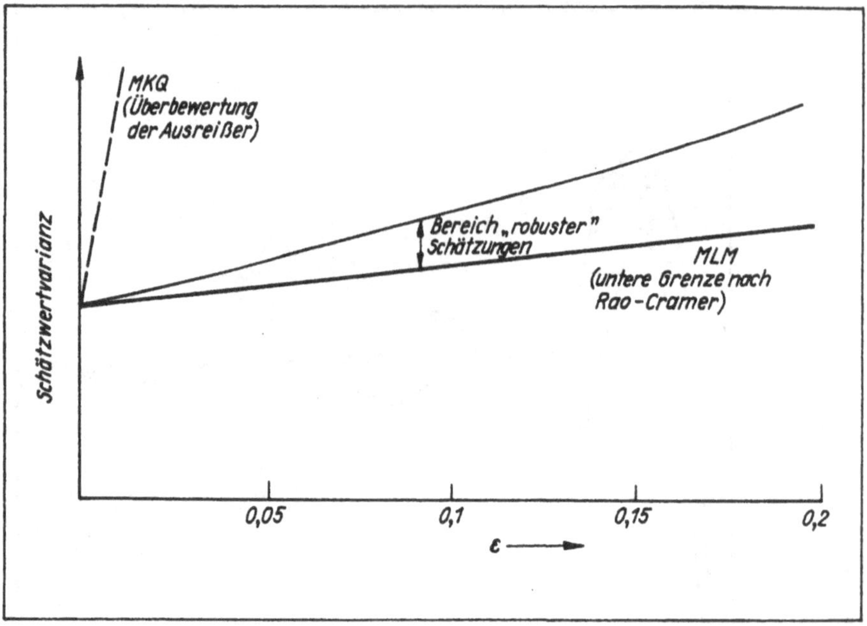

Abb. 1.7. Schätzungsvarianz bei verschmutztem, normalverteiltem Störrauschen [F5]

$$p(\epsilon) = (1-\epsilon)\ N_1(0,1) + \epsilon N_2(0,100),$$

d. h. mit $\sigma_2 = 10\,\sigma_1$ als Standardabweichungen, gearbeitet. N bedeutet eine Normalverteilung. Die Erwartungswerte wurden mit 0 angenommen. Der Störprozeß besteht also aus einer Mischung von zwei normalverteilten Komponenten. In Abbildung 1.7 entspricht die Abszisse dem Verschmutzungsgrad ϵ. Sie zeigt, daß die Methode der kleinsten Fehlerquadrate erheblich größere Schätzwertvarianzen als die robuste Schätzung ergibt, d. h. eine zu ungünstige Schätzung, einen zu großen Toleranzbereich!

Zusammenfassend ist festzustellen, daß mindestens drei Methoden der Schätzfehleranalyse existieren:

1. Die Methode der kleinsten Fehlerquadrate, die keine a-priori-Kenntnis der Verteilungsdichte der Störung voraussetzt.
2. Die Likelihood-Methode, die mit der A-priori-Kenntnis der Verteilungsdichte der Störung arbeitet.
3. Die robuste Schätzung, die für eine gewisse Klasse von Verteilungsdichten vorgenommen wird, worin die auftretende Störung eingebettet ist.

1.3.5. Axiomatisierung der Wahrscheinlichkeitstheorie [K5, M5, M6, P11]

Die Definition des Begriffes Wahrscheinlichkeit wurde mehrfach geändert. P. LAPLACE definierte die Wahrscheinlichkeit als das Verhältnis der Anzahl der günstigen Fälle zur Anzahl der möglichen Fälle. Eine zweite Definition, besonders von R. V. MISES (geb. 1883) seit 1919 verfochten [M5], ist die des Grenzwertes der relativen Häufigkeit. Das Ringen um den Begriff der Wahrscheinlichkeit zog sich über zwei Jahrhunderte hin. Die Mathematiker wandten ein, daß der heuristische Begriff der relativen Häufigkeit keine Basis für eine logisch einwandfreie mathematische Disziplin sei. Darin änderte die Arbeit von R. FISHER (1.3.3.) nichts, wenn sie auch die Voraussetzungen für die Anwendung des Begriffes der relativen Häufigkeit klärte.

Für die Mathematiker der Jahrhundertwende (vgl. [P11]) war die Wahrscheinlichkeitstheorie eng mit der Physik verknüpft. Als DAVID HILBERT (1862–1943) im Jahre 1909 auf dem Internationalen Mathematiker-Kongreß seinen berühmten Vortrag über ungelöste Probleme der Mathematik hielt, formulierte er unter dem Problem Nr. 6 folgendes: „Durch Untersuchungen über die Grundlagen der Geometrie wird uns die Aufgabe nahe gelegt, nach diesem Vorbilde diejenigen physikalischen Disziplinen axiomatisch zu behandeln, in denen schon heute die Mathematik eine hervorragende Rolle spielt; dies sind in erster Linie die Wahrscheinlichkeitsrechnung und die Mechanik. Was die Axiome der Wahrscheinlichkeitsrechnung angeht, so scheint es mir wünschenswert, daß mit der logischen Untersuchung derselben zugleich eine strenge und befriedigende Entwicklung der Methode der mittleren Werte in der mathematischen Physik, speziell in der kinetischen Gastheorie, Hand in Hand gehe."

Nach W. PURKERTS Feststellungen [P11] stammt einer der ersten Versuche einer Axiomatik der Wahrscheinlichkeitsrechnung von dem Versicherungsmathematiker G. BOHLMANN aus dem Jahre 1908. Er war logisch nicht einwandfrei und lieferte keine Einordnung der Wahrscheinlichkeitstheorie in die Mathematik. Ein weiterer Versuch soll von S. N. BERNSTEIN aus dem Jahre 1917 stammen, der die Ereignisse als BOOLsche Algebra auffaßte.

Auch weitere Versuche, so z. B. von BOREL, dem Vater der Maßtheorie, haben die in der Fachwelt herrschenden Unklarheiten und Zweifel an den Definitionen der Wahrscheinlichkeit nicht beseitigt. Den Durchbruch erzielte 1933 ANDREJ KOLMOGOROW (geb. 1903 [K4]). Er führte die von HILBERT geforderte Axiomatik der Wahrscheinlichkeitstheorie zum Erfolg. Dabei definierte er die Wahrscheinlichkeit als Maß in einer Menge von Elementarereignissen mittels der nach ihm benannten Axiome.

Hierbei wird jedem Ereignis E aus einer Ereignismenge $\mathcal{E}$ eine reelle Zahl P(E), eine Maßzahl, zugeordnet. Für die Rechnung mit derartigen Maßzahlen wird eine *Ereignis-Algebra* benutzt. Dafür gelten folgende Regeln:

(1) Für jedes $E \in \mathfrak{E}$ gilt: $0 \leqslant P(E) \leqslant 1$.
(2) Das sichere Ereignis besitzt die Wahrscheinlichkeit 1, d. h. $P(I) = 1$ (Normierungsaxiom).
(3) Für den Fall des *exklusiven Oder* mit $E_1 \in \mathfrak{E}$ und $E_2 \in \mathfrak{E}_2$, d. h. für den Fall $E_1 \cup E_2$ und $E_1 \cap E_2 = 0$ gilt $P(E) = P(E_1) + P(E_2)$ (Axiom der Additivität von P).

Die nachstehenden Aussagen ergeben sich unmittelbar aus den Axiomen:

1. Es gilt $P(\bar{E}) = 1 - P(E)$ für das Nichteintreten von E.
2. Aus $E_1 \subset \mathfrak{E}$, $E_2 \subset \mathfrak{E}$ und $E_1 \subset E_2$ folgt $P(E_1) \leqslant P(E_2)$.
3. Für den Fall des *inklusiven Oder* gilt dagegen
   $P(E_1 \cup E_2) = P(E_1) + P(E_2) - P(E_1 \cap E_2)$.
   $E_1 \cap E_2 \neq 0$ bedeutet, daß beide Ereignisse gleichzeitig auftreten können!

Die Axiomatik gibt leider keinen Hinweis, wie das Maß P(E) als Wahrscheinlichkeit meßtechnisch zu ermitteln ist. Daher verbleiben nur zwei Möglichkeiten: Entweder wird die Wahrscheinlichkeit eines Ereignisses aus theoretischen Modellvorstellungen nach 1.3.1. abgeleitet – als eine unbestätigte A-priori-Festsetzung –, oder man verbleibt beim Begriff des Grenzwertes der relativen Häufigkeit und den Richtlinien von R. FISHER. Nach Möglichkeit sind beide Wege zu beschreiten, um die Übereinstimmung von Theorie und Realität zu überprüfen. Die Axiomatik hat die Kluft zwischen der Theorie und der Meßtechnik vergrößert, zwischen den Auffassungen von R. V. MISES und von A. KOLMOGOROW.

In diesem Zusammenhang ist eine Bemerkung von PURKERT [P11] interessant: „Erst in neuester Zeit sind im Rahmen einer algorithmischen Begründung der Wahrscheinlichkeitstheorie Versuche unternommen worden, den positiven Gehalt der v. Misesschen Arbeiten für die Wahrscheinlichkeitstheorie fruchtbar zu machen."

Es ist das Verdienst von KOLMOGOROW, daß er die Theorie der stochastischen Prozesse vom höheren Standpunkt aus in das axiomatische Gebäude eingeordnet hat. Seine wirkliche Leistung besteht nicht darin, daß er den Zusammenhang von Maß und Wahrscheinlichkeit, von meßbarer Funktion und Zufallsgröße sowie vom LEBESGUEschen Integral und Erwartungswert erkannt, als Axiomensystem formuliert und die entsprechenden Begriffe definiert hat. PURKERT weist darauf hin, daß KOLMOGOROW selbst erwähnt, diese Zusammenhänge seien nicht neu. Als neu hebt er zwei Punkte hervor:

1. Die Theorie der bedingten Erwartung und der bedingten Wahrscheinlichkeit, die entscheidend auf einem Theorem von RADON-NIKODYM beruht.
2. Die Theorie der unendlichdimensionalen Wahrscheinlichkeitsräume, einschließlich der Differentiation und Integration der mathematischen Erwartung von Prozessen, d. h. in moderner Formulierung, die Einordnung der stochastischen Prozesse in das axiomatische Gebäude.

Die Umsetzung dieser Erkenntnisse auf Probleme der Informationstechnik ist erst in jüngster Zeit erfolgt.

1.3.6. Statistische Kenngrößen der Informationstechnik

Bei Kenntnis der Wahrscheinlichkeitsverteilungsfunktion lassen sich statistische Kenngrößen in verschiedener Weise ableiten. Wir betrachten hier diejenigen Kenngrößen, die nur die Wahrscheinlichkeit allein heranziehen, ohne daß ein Amplitudenwert zur Bildung eines Maßes benutzt wird, wie es bei den Erwartungswerten linearer Mittelwert, quadratischer Mittelwert und Varianz der Fall ist. Wie so oft im Laufe der historischen Entwicklung gingen neue Anstöße der mathematischen Weiterentwicklung von der theoretischen Physik aus.

Das Entropie-Maß von BOLTZMANN
Der österreichische Physiker LUDWIG BOLTZMANN (1844–1906) setzte sich für die Anerkennung der kinetischen Gastheorie ein und leistete dazu wesentliche Beiträge. Er fand den entscheidenden Zusammenhang zwischen der thermodynamischen Entropie S und der Wahrscheinlichkeit W des Zustandes des betrachteten Systems. BOLTZMANN gab dazu die berühmte Formel an:

$$S = \int \frac{dQ}{T} = k \cdot \log W.$$

Der Begriff der Entropie war von RUDOLF I. E. CLAUSIUS (1822–1888) eingeführt worden. dQ bedeutet die ausgetauschte Wärmemenge, T die absolute Temperatur und k die BOLTZMANN-Konstante $k = 1{,}3 \cdot 10^{-23}$ J/K; log W ist ein Häufigkeitsmaß! Es ist zu beachten, daß die Entropie proportional zur Zustandswahrscheinlichkeit – in logarithmischem Maßstab gemessen – anwächst.

Anwendung der Ereignisalgebra in der Informationstechnik
In der Thermodynamik wird der Gesamtzustand eines abgeschlossenen Systems durch die Wahrscheinlichkeit als Mittelwert einer extrem großen Menge von Einzelwahrscheinlichkeiten der sich in thermischer Eigenbewegung befindlichen Moleküle bestimmt. Nur der Mittelwert ist meßbar.

Demgegenüber werden in der Ereignisalgebra nur Ereignisse innerhalb eines relativ kleinen Ensembles betrachtet. Hier wird also vorausgesetzt, daß die Wahrscheinlichkeit eines Einzelereignisses bestimmt werden kann. In den zwanziger Jahren dieses Jahrhunderts wurde die Ereignisalgebra erstmalig von NYQUIST in der Informationstechnik angewendet. Die neu entstandene Disziplin wird als Informationstheorie bezeichnet. Es gelang, dafür statistische Maßeinheiten aufzufinden und praktisch anzuwenden. Sie gehören zu den Grundlagen der heutigen Mikroelektronik und Rechentechnik.

Die Informationseinheit: bit

Der Begriff „bit" (binary digit) bedeutet einen Zweierschritt oder eine Auswahl aus zwei Werten, wie z. B. 0 und 1. Es handelt sich also um ein zeitdiskretes Ereignis, z. B. um die Aussendung oder den Empfang dieser Symbole. Das Eintreten dieses Ereignisses bedeutet eine Auswahl aus den zwei Möglichkeiten 0 oder 1. Sie stellt die Einheit, das Bit dar (als Maßangabe klein gedruckt). Hierbei wird zunächst eine Gleichwahrscheinlichkeit der beiden Möglichkeiten angenommen. Wiederholt man die Auswahlschritte N mal, dann bedeutet dies eine Auswahl aus 2^N Ereignissen oder Symbolen, z. B. aus 32 bei N=5. Der dyadische Logarithmus I = lb (N) wird als Entscheidungsgehalt der Auswahl eines der N Symbole bezeichnet. Die Maßeinheit ist das Bit. Bei Verwendung von Logarithmen zur Basis 10 gilt die Umrechnung, d. h. die Beziehung:

$$N = 2^{\mathrm{lb} N} \quad \text{und logarithmiert:}$$

$$\lg N = \mathrm{lb}\, N (\lg 2) = 0{,}30\ \mathrm{lb}\, N, \quad \text{so daß}$$

$$\mathrm{lb}\, N = 3{,}3 \lg N.$$

Bei Gleichwahrscheinlichkeit der Symbole beträgt die Wahrscheinlichkeit eines Symbols P(E) = l/N. Der Entscheidungsgehalt stellt also ein logarithmisches *Seltenheitsmaß* dar

$$I = \mathrm{lb}\, N = \mathrm{lb}\, (l/P).$$

Je seltener ein Symbol auftritt, desto größer ist sein Entscheidungsgehalt und desto mehr Auswahlschritte sind notwendig, um es aus der Menge von N Symbolen herauszufinden.

Die Anzahl dieser lb(N) Auswahlschritte kann nur ganzzahlig sein. Für N = 100 sind wegen

$$2^6 < 100 < 2^7$$

mindestens 7 Auswahlschritte nötig. Mit Hilfe von Dualzahlen läßt sich die Menge der Symbole ordnen. So ist z. B. eines der 100 Symbole durch eine siebenstellige Dualzahl 1011011 vorgegeben. Sie wird auch in der Form LOLLOLL geschrieben. Die technische Realisierung einer derartigen Auswahl ist mit logischen Bauelementen leicht möglich und die Grundlage der Rechenelektronik.

Informationsgehalt und Informationsentropie

Der *Fall ungleicher Wahrscheinlichkeit* der Symbole bedeutet, daß ein Zweierschritt, d. h. eine Ja-Nein-Aussage (0 oder 1), einen geringeren Entscheidungsgehalt als 1 bit hat. In diesem Fall wird die Bezeichnung *Informationsgehalt* benutzt.

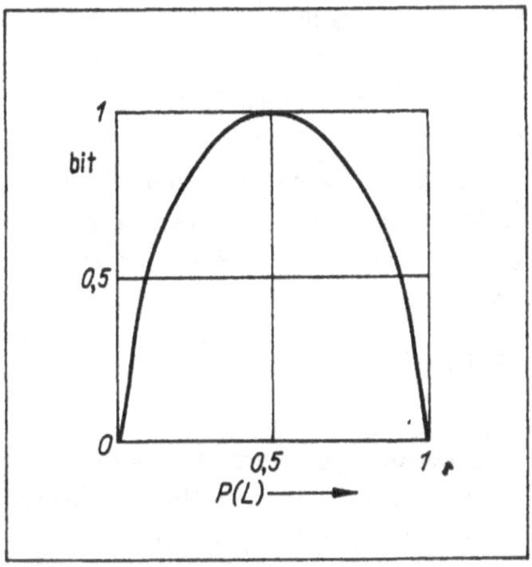

Abb. 1.8. Entropie einer Binärsignalquelle

Abbildung 1.8 zeigt den Informationsgehalt einer binären Informationsquelle im Bereich $0 < I < 1$ bit für eine ungleiche Wahrscheinlichkeit. Der gebildete statistische Mittelwert wird nach CL. E. SHANNON (geb. 1916) als *Informationsentropie* bezeichnet [S7]. Sie ergibt sich zu

$$H = \sum_{i=1}^{N} P_i \cdot \mathrm{lb}(1/P_i) = -\sum_{i=1}^{N} P_i \cdot \mathrm{lb}(P_i) > 0.$$

Für die Binärquelle lautet dies

$$H = -P_1 \cdot \mathrm{lb}(P_1) - P_2 \cdot \mathrm{lb}(P_2) = -P_1 \cdot \mathrm{lb}(P_1) - (1 - P_1)\ \mathrm{lb}\ (1 - P_1).$$

Mit $P_1 = P_2 = 0{,}5$ ergibt sich $H = 1$ bit, und für $P_1 = 0$ oder $P_1 = 1$ folgt $H = 0$. Wenn ein Symbol allein eintrifft, dann ist der Informationsgehalt gleich Null. Es ist keine A-priori-Unsicherheit vorhanden.

Nur bei einer Gleichwahrscheinlichkeit der Symbole ist maximale Entropie zu verzeichnen. Aber dieser Fall ergibt nicht das Maximum der Störsicherheit. Die Differenz von maximaler Entropie und tatsächlicher Entropie wird als Redundanz bezeichnet. Sie wird benutzt, um eine erhöhte Störsicherheit zu erzielen, wie unter 2.2.4. und 3.4. gezeigt werden wird.

Zu beachten bleibt die Einschränkung, daß die Informationsentropie nur eine statistische Kenngröße des Symbol-Ensembles ist. Sie enthält keine Informationen über die quantitativen Eigenschaften der Symbole und auch keine Informationen für ihre Reihenfolge. Hierfür werden weitere Begriffe benötigt.

Informationsfluß

Die Weiterentwicklung der mathematischen Statistik zur Informationstheorie und Informationstechnik bestand darin, von statistischen Zufallsgrößen zu Zufallsprozessen überzugehen. Diese bestehen aus einer zeitlichen Folge von Zufallsgrößen. Der Empfang einer Zufallsgröße ist eine Information, die eine a priori bestehende Unsicherheit beseitigt. Der Empfang eines Zufallsprozesses bedeutet einen *Informationsfluß*, gemessen in bit/s.

Der Informationsfluß besteht aus Binärzeichen. Er wird von einer Kodiereinrichtung geliefert, die von einem eintreffenden Symbolfluß (Buchstaben oder Zeichen) gespeist wird. Wenn jedes Symbol durch die gleiche Anzahl von Binärzeichen (Bits) kodiert wird, gilt die Beziehung

Symbolfluß (Symbole/s) mal Kodierungsfaktor (bit/Symbol) = Informationsfluß (bit/s).

Exakter ist hier die Bezeichnung „Entscheidungsfluß". Es wird angenommen, daß alle Symbole mit gleicher Stellenzahl binär kodiert werden! In der technischen Realisierung ist ein konstanter Kodierungsfaktor für alle Symbole wichtig, wenn die Dekodierung voll automatisch erfolgen soll. Dann, und nur dann, erfolgt der Informationsfluß synchron mit dem Symbolfluß. Andernfalls müßte ein Symbolspeicher vor dem Kodierer angeordnet sein, um die unterschiedlichen Kodewortlängen auszugleichen. Dies wäre an sich optimal, d. h. redundanzfrei, ist aber nur bei einer Zwischenschaltung des Menschen als „Funker" möglich, wie der Gebrauch des Morsealphabets zeigt. Hier dient das Gedächtnis des Telegraphisten zur Zwischenspeicherung vom Ablesen bis zum Tastendruck.

Die Aussagekraft des Informationsflusses hängt selbstverständlich von der jeweiligen Anwendung ab.

Schlußbetrachtung

Die bisher betrachtete Entwicklung der Ausgleichsrechnung zur mathematischen Statistik und zur Informations*theorie* ist dadurch gekennzeichnet, daß folgende für die Informations*technik* charakteristische Gesichtspunkte fehlen:

1. Die zeitliche Zuordnung von Meßwerten in Form von Zeitvorgängen,
2. die spektrale Darstellung von Informationsprozessen (Filterung),
3. die Prozeßdarstellung durch statistische Kenngrößen 2. Ordnung (Verbundwahrscheinlichkeit, Korrelation),
4. die Verwertung der A-priori-Kenntnis der Störleistung,
5. die Zeitabhängigkeit von Wahrscheinlichkeitsverteilungen, d. h. die Einbeziehung von instationären Prozessen,
6. die Erhöhung der Störsicherheit durch zusätzliche Informationen (Prüfbits zur Fehlerkorrektur).

Im 3. und 4. Kapitel wird die Weiterentwicklung verfolgt.

2. Das technische Konzept der Störsicherheit in der Informationstechnik

2.1. Grundbegriffe und Grundlagen der Störsicherheit

2.1.1. Störsicherheit und Zuverlässigkeit

Wenn die Störsicherheit als das *Optimierungskriterium* gewählt wird, dann muß zunächst definiert werden, was darunter zu verstehen und was damit nicht gemeint ist. Es ist vor allem nötig, den Begriff der Störsicherheit gegenüber dem Begriff der *Zuverlässigkeit* abzugrenzen.

In der Informationstechnik ist – wie in anderen Zweigen der Technik – stets zwischen irreversiblen und reversiblen Ausfällen eines Systems zu unterscheiden.

1. *Irreversible Ausfälle* eines Systems sind bleibende, d. h. Ausfälle, die nach dem Verschwinden der Störung weiterhin bestehen. Das System kehrt also nicht wieder in den Arbeitszustand zurück, der vor dem Eintreten der Störung bestand, es bleibt arbeits- und funktionsunfähig.

Die Ursachen dazu können sein: Alterungserscheinungen, Korrosion, mangelhafte mechanische oder elektrische Festigkeit usw. Hierbei entsteht die Frage nach der wahrscheinlichen Lebensdauer des Systems. Diese Problematik behandelt die *Theorie der Zuverlässigkeit.* Sie gibt aber nur eine statistisch begründbare Antwort in Form der Wahrscheinlichkeit der Lebensdauer und des Vertrauensintervalls dieser Aussage (s. dazu [M7, R3]).

Eine Abhilfe gegen die irreversiblen Ausfälle ist mit technologischen, konstruktiven und auch mit schaltungstechnischen Maßnahmen – z. B. durch Reserven – möglich. Dank der physikalischen Grundlagenforschung hat die Mikroelektronik viel zur Erhöhung der Lebensdauer informationsverarbeitender Systeme beigetragen. Dadurch werden die inneren Veränderungen des Systems während seiner „Lebensdauer" erheblich reduziert, sofern zerstörende äußere Einwirkungen ferngehalten werden können, z. B. chemische Einflüsse oder eine elektrische Überlastung.

2. *Reversible Ausfälle* sind solche, die die Funktionsfähigkeit eines Systems nur während der Einwirkung einer Störung beeinträchtigen. Nach dem Verschwinden der Störung ist das System wieder so betriebsfähig wie vor dem Eintreten der Störung.

Mit der Frage, durch welche Maßnahmen die Anfälligkeit gegenüber reversiblen Störungen reduziert werden kann, beschäftigt sich die *Theorie der Störsicherheit.* Eine Abhilfe wird mittels konstruktiver und schaltungstechnischer Vorkehrungen erreicht. Letztere können von signal- oder systemtechnischer Art sein. Die Auswahl geeigneter Signale und Systeme zur Erhöhung der Störsicherheit wird anhand von Vorüberlegungen vorgenommen.

Zusammenfassend sei betont: Eine optimale Gesamtlösung liefert weder die Theorie der Zuverlässigkeit noch die Theorie der Störsicherheit allein. Maximale Zuverlässigkeit und Störsicherheit im oben definierten Sinn ist vielmehr nur durch vielseitige Kombination von technologischen, konstruktiven und schaltungstechnischen Maßnahmen zu erreichen.

Aber eine getrennte Betrachtung der Fragen der Zuverlässigkeit und der Störsicherheit ist durchaus möglich. Wir beschränken uns hier jedoch auf die Frage der Erhöhung der Störsicherheit.

Es wird der Versuch unternommen, die bekannten Prinzipien zur Erhöhung der Störsicherheit miteinander zu vergleichen und zu klassifizieren. Dies ist besonders deswegen nützlich, weil die Anwendungen multivalent, d. h. nicht an ein bestimmtes Fachgebiet gebunden, sind. Sie finden sich auf folgenden Gebieten:

Datenübertragung, Elektromedizin, Entfernungs- und Geschwindigkeitsmeßtechnik (Ortung), Parameteridentifikation und Prozeßkontrolle, Radioastronomie, Richtfunk, Rundfunk, Strömungsmeßtechnik, Seismographie, Verkehrstechnik, Weltraumforschung.

Diese Anwendungen betreffen sowohl die Informationsübertragung als auch die Informationsverarbeitung.

Nachfolgend beschränken wir uns auf die Informationstechnik. Dennoch ist auch in anderen Gebieten der Technik stets das Problem der Störsicherheit vordergründig zu sehen. Es bestimmt maßgebend die technischen Ausführungen und ihre Weiterentwicklung, denn oft gilt das Wort, *„Kleine Ursachen, große Wirkungen!"*

Hierzu ein Beispiel aus dem Maschinenbau: AUREL STODOLA (1859–1942) erwähnt in seinem berühmten Buch über die Dampfturbine die bei ungenügender Auswuchtung drohende Gefahr, „daß bei einem Lavalschen Rade von 760 mm Durchmesser und 420 m/s Umfangsgeschwindigkeit eine am Umfange vorhandene Überwuchtmasse von 0,1 kg eine Fliehkraft von nahezu 5000 kg erzeugt".

Es ist auch eine Aufgabe der Informationstechnik, die Ursachen drohender Gefahren zu erkennen und zu beseitigen. Bei modernen, voll automatischen Auswuchtmaschinen ist das bereits erreicht worden.

2.1.2. Störsicherheit und Meßgenauigkeit

Mit der *Störsicherheit* als *Optimierungskriterium* wird mehr erreicht als nur die Verhütung von Ausfällen eines Systems.

Die oben festgelegte Zuordnung der Methoden zur Erhöhung der Störsicherheit zu den Methoden zur Verhütung reversibler Ausfälle diente dazu, sie gegenüber der Theorie der Zuverlässigkeit abzugrenzen. Dies darf jedoch nicht zu der Auffassung führen, daß die nachfolgend geschilderten Methoden nur dazu dienen, reversible Ausfälle zu verhindern. Vielmehr wird mit der Erhöhung der Störsicherheit auch die *Systemfunktionsweise* verbessert. Sie dient zur *Systemoptimierung.* Dies bedeutet also, daß *die Methoden der Störsicherheit auch solche Fehler des Informationsübertragungssystems reduzieren, die nicht unmittelbar einen reversiblen Systemausfall verursachen können.* Dadurch ergibt sich ein Zusammenhang mit der Fehlertheorie der Übertragungstechnik, allerdings mit einem Unterschied: Diese beschäftigt sich vornehmlich mit determinierten und zeitinvarianten Fehlern und mit den von ihnen verursachten Störungen. Die eigentliche Theorie der Störsicherheit betrachtet dagegen vorzugsweise die nichtdeterminierten und nur zeitweilig auftretenden Störungen. *Es werden also Fehler und Ausfälle reduziert.* Eine eindeutige Abgrenzung beider Disziplinen gegeneinander ist nicht möglich und auch nicht erforderlich. Man gewinnt aber einen tieferen Einblick in die Fehlertheorie. Die stochastische Methode führt in der Meßtechnik zu einer Dreiteilung, d. h. in die der Meßstatik, der Meßdynamik und der Meßstochastik im engeren Sinne. Hierdurch ergeben sich etliche Berührungspunkte. Ferner sind zu unterscheiden: die signalbedingten und die systembedingten Fehler. Beide können entweder Übertragungsfehler oder Ausfälle verursachen.

Signalbedingte Fehler sind meist additive Störungen, *systembedingte Fehler* dagegen meist multiplikative Fehler (s. 3.4.). Ausgeschlossen wird sowohl in der Fehlertheorie als auch in der Theorie der Störsicherheit, wie festgestellt, der irreversible Störungsfall, das Ende der Lebensdauer eines Systems.

Die beiden verwandten Optimierungskriterien werfen drei Fragen auf, die bei der Verfahrensauswahl beantwortet werden müssen:

1. *Welche* Anwendung liegt der Analyse zugrunde? Jede Methode ist zwar, qualitativ betrachtet, multivalent, d. h. vielfach anwendbar, aber ohne Angabe einer bestimmten Anwendung quantitativ nur unzureichend zu erfassen.
2. *Warum* wird eine bestimmte Methode zur Analyse bevorzugt und ausgewählt? Jede Anwendung läßt mehrere Methoden zu. Die günstigste ist auszuwählen, z. B. je nach dem Aufwand an Zeit, Umfang der Apparatur usw.
3. *Wie* erfolgt die Kenngrößenbestimmung, nach welchem Algorithmus? Ohne quantitative Angaben, z. B. der Meßbereiche, ist die Berechnungsmethode nicht eindeutig festlegbar. Danach richtet sich das Software-Programm!

Die Angabe einer mathematischen Berechnungsmethode genügt für die Physik und für die Technik nicht. Vielmehr muß sie unbedingt eine *ausreichende Interpretation* erfahren. Erst dann ist der tiefere Sinn des Verfahrens zu erkennen.

2.1.3. Störsicherheit und Meßstochastik

Der historische Überblick (Kap. 1) über die Entwicklung der Meßstochastik betraf vorzugsweise die Theorie der *Zufallsgrößen.* Wir wenden uns nunmehr der Theorie und Anwendung von *Zufallsvorgängen* zu. Sie werden als *Prozesse* bezeichnet und stellen eine zeitliche Folge von Zufallsgrößen dar. GAUSS hatte diese Erweiterung bereits vollzogen. Es verging ein Jahrhundert, bis dieser Gedankengang systematisch weitergeführt wurde. Im 19. Jahrhundert beschränkte sich die Mathematik vorzugsweise auf determinierte Zeitvorgänge, z. B. für die Lösung physikalischer Probleme mittels Differentialgleichungen. Die Technik folgte dieser Tendenz. Sie arbeitete ebenfalls nach Möglichkeit mit zeitlich determinierten Vorgängen, um Modellvorstellungen zu gewinnen. Inzwischen haben sich hier neue Denkweisen und Vorstellungen durchgesetzt, eng verknüpft mit der technischen Entwicklung der Informationstechnik.

Der Gegenstand der weiteren Betrachtungen ist ein Zeitvorgang, auch Signal oder Prozeß genannt, vorzugsweise eindimensional. Er ist das Modell eines zeitlich veränderlichen Meßwertes, der von einem Meßfühler (Sensor) geliefert und weiter verarbeitet wird. Die Zeitvorgänge müssen in bestimmten Klassen mit jeweils gleichen Eigenschaften eingeteilt werden.

Statik, Dynamik und Stochastik

Die Nachrichten- und Meßtechnik operiert entweder mit determinierten oder nichtdeterminierten Größen. Erstere gliedern sich in zeitkonstante und in zeitvariable Größen. Die zugeordneten Arbeitsgebiete werden als *Statik* und *Dynamik* bezeichnet (Tabelle 1).

Tabelle 1
Zur Zuordnung der Meßstochastik

	Meßobjekt	Meß-Parameter
Meßstatik	zeitkonstant determiniert	meßbar
Meßdynamik	zeitvariabel determiniert	meßbar
Meßstochastik	zeitkonstant oder zeitvariabel nicht determiniert	schätzbar

So stellt die *Meßstatik* die Meßtechnik determinierter und zeitkonstanter Größen dar, die *Meßdynamik* dagegen die Meßtechnik determinierter und zeitvariabler Größen. Letztere werden auch als „Vorgänge" oder als „Signale" bezeichnet. In der Nachrichten- und Meßtechnik werden Gleich- und Wechselgrößen als zeitkonstante und als zeitvariable Komponenten der betrachteten Vorgänge unterschieden. In der Nachrichtentechnik überwiegen die harmonischen Schwingungen als Informationsträger und als Testsignale. Periodische Vorgänge werden als FOURIER-Reihen dargestellt, nichtperiodische als FOURIER-Integrale [F8, P10]. Damit können zwei Bereiche betrachtet werden, der *Zeitbereich* und der *Spektralbereich.* Hieraus resultiert unmittelbar die Reziprozität von Zeitdauer eines Vorganges und seiner Bandbreite als Reziprozitätstheorem der FOURIER-Transformation, eine wichtige Beziehung der Informationstechnik (vgl. Kap. 3). Die *Wahl des Darstellungsbereiches* hängt davon ab, in welchem Bereich eine größere Übersichtlichkeit und Einfachheit der Relationen erreicht wird.

Stochastische Prozesse

Einen Gegensatz zur Statik und zur Dynamik bildet die Stochastik, in der Meßtechnik die *Meßstochastik.* Der Gegenstand der Untersuchung sind nichtdeterminierte, zeitvariable Vorgänge, also Prozesse. Sie sind nicht mit Meßwerten, sondern nur mit Schätzwerten, d. h. mit Wahrscheinlichkeitsaussagen als statistische Gesetzmäßigkeit, zu beschreiben. Derartige Prozesse werden als *stationäre Prozesse im engeren* Sinne bezeichnet, wenn die Verteilungsfunktion, z. B. die der Amplitude, zeitunabhängig ist, sich also bei einer Zeitverschiebung nicht ändert. Dagegen nennt man sie *stationär im weiteren Sinn,* wenn nur gewisse Erwartungswerte (statistische Mittelwerte) zeitunabhängig sind, speziell die Kovarianzfunktion (vgl. Kap. 4).

In realen Prozessen ist der stationäre Zustand meist nur über einen begrenzten Zeitabschnitt anzunehmen. Eine Ausnahme bildet das thermische Rauschen bei konstanter Rauschleistung. Hierbei ist die Eigenschaft der *Stationarität* ausreichend gut erfüllt.

Auf jeden Fall ist zwischen dem Typ (der Klasse) eines stochastischen Prozesses und seiner Realisierung zu unterscheiden, die auch als Musterfunktion bezeichnet wird. Die Realisierung ergibt sich durch die Aufnahme eines einzigen Prozeßablaufes, der Prozeßtyp dagegen durch eine Mittelwertbildung über zahlreiche Realisierungen. Daher liefert die Realisierung nur einen Schätzwert, der bei einem stationären und ergodischen Prozeß um so besser ausfällt, je länger die Beobachtungsdauer ist.

Eine charakteristische Kenngröße eines stochastischen Prozesses ist seine Amplitudenverteilungsdichte. Für eine Normalverteilung lautet die Wahrscheinlichkeitsdichte

$$p(x) = \frac{1}{\sqrt{2\pi}\,\sigma} \exp\left(-\frac{x^2}{2\sigma^2}\right).$$

Dies gilt nur für Vorgänge ohne Gleichkomponente, d. h. bei

$$E\{x\} = \bar{x} = 0.$$

E {x} ist der statistische, lineare Mittelwert, auch als *Erwartungswert* bezeichnet. σ^2, die *Varianz,* ist hier die Wechselleistung des Prozesses, häufig auch als *Dispersion* bezeichnet.

Für die statistischen Mittelwerte gilt:

$$E\{x\} = \int_{-\infty}^{\infty} x p(x) dx \quad \text{und}$$

$$E\{x^2\} = \int_{-\infty}^{\infty} x^2 p(x) dx = \sigma^2, \text{ nur für } E\{x\} = 0.$$

Bei ergodischen Prozessen werden die statistischen Mittelwerte durch die Zeitmittelwerte ausgedrückt

$$\hat{E}\{x\} = M\{x\} = \lim_{T \to \infty} \frac{1}{2T} \int_{-T}^{+T} x(t) dt \text{ als Moment 1. Ordnung}$$

und

$$\hat{E}\{x^2\} = M\{x^2\} = \lim_{T \to \infty} \frac{1}{2T} \int_{-T}^{+T} x^2(t) dt \text{ als Moment 2. Ordnung.}$$

Bei endlicher Beobachtungszeit 2T ergeben sich nur *Schätzwerte* $\hat{E}$. Die Symmetrierung der Zeitdauer von –T bis +T ergibt Unabhängigkeit von der Vergangenheit in der mathematischen Darstellung. Dabei wird *Stationarität,* d. h. Zeitunabhängigkeit der Amplitudenverteilungsdichte angenommen.

In der Meßpraxis wird von t = 0 bis t = +T beobachtet. Daher ist in der Literatur häufig der Schätzwert

$$\frac{1}{T} \int_{0}^{+T} f_x(t) dt$$

zu finden.

Die Ergodizität des Prozesses wird meist stillschweigend angenommen, was sich nur selten beweisen läßt.

Die Stationarität gilt nur für eine begrenzte Beobachtungsdauer. Es ergeben sich daher nur *Kurzzeitmittelwerte* als Schätzwerte der Momente des Prozesses, so z. B.

$$\hat{M}\{x\} = \frac{1}{T} \int_{0}^{T} x(t) dt.$$

In manchen Prozessen verschwindet die Gleichkomponente M {x} nicht und ist von wesentlichem Einfluß, z. B. bei der Bildübertragung als mittlere Helligkeit oder in der Regelungstechnik als Gleichanteil, zugleich auch als systematischer Fehler.

Zwischen Gesamtleistung, Wechselleistung und Gleichleistung ist dann zu unterscheiden.

Für die Gesamtleistung des Prozesses gilt:

$$\overline{x^2(t)} = \sigma_x^2 + \overline{x(t)}^2.$$

Der Querstrich bedeutet den Zeitmittelwert.
σ_x^2-Varianz und σ_x die Standardabweichung. (Der Begriff „Streuung" wird uneinheitlich gehandhabt. Manche Autoren bezeichnen σ als Streuung, andere σ^2.)

Die Amplitudenverteilung und die daraus abgeleiteten Erwartungswerte sind Kenngrößen der Theorie der Zufallsgrößen und nicht der Theorie der Zufallsprozesse! Sie enthalten keinerlei Aussagen über die Zeitabhängigkeit der Amplitudenwerte und über ihre wechselseitige Beziehung. Daher haben sie informationstheoretisch für die Prozeßbeschreibung wenig Aussagewert. Sie stellen lediglich energetische Kenngrößen dar.

Für die Theorie der Störsicherheit ist der Leistungsbegriff dank der Definition des Leistungsstörabstandes als Quotient von Nutz- und Störleistung wesentlich. Er stellt, ebenso wie die anderen energetischen Kenngrößen, einen zeitlichen Mittelwert dar. Dieser Umstand begrenzt die Aussagekraft des Störabstandes. Er enthält keine Information über den zeitlichen Prozeßablauf. Die Methoden der Störsicherheit benötigen zusätzliche Kenngrößen, die mehr als die klassischen Wahrscheinlichkeitsaussagen (vgl. Kap. 1) enthalten.

2.2. Klassifizierung und Bewertung von Stör- und Nutzsignalen

2.2.1. Qualitative Betrachtung von Störsituationen

Welche Arten von Störungen sind in der Informationstechnik zu unterscheiden? Hierzu existieren verschiedene Unterscheidungsmerkmale. Eine Übersicht ergibt sich, wenn die zeitliche Folge von Nutz- und Störsignal als *Einteilungsprinzip* gewählt wird. Hierbei sind vier wichtige Fälle additiver Störungen zu unterscheiden (s. auch Tabelle 2):

1. Nutzsignal und Störsignal verlaufen zeitkontinuierlich, z. B. als stationärer Nachrichten- oder Meßwertfluß mit überlagertem Grundrauschen.
2. Das Nutzsignal ist nur zeitweilig (zeitdiskret) gegeben, das Störsignal wirkt als Grundrauschen ständig ein, z. B. beim Empfang von Impulsen im Verstärkerrauschen.
3. Das Nutzsignal wirkt zeitkontinuierlich, das Störsignal dagegen nur zeitweilig (zeitdiskret), z. B. als industrielle Impulsstörung.
4. Nutzsignal und Störsignal treten zeitdiskret auf, z. B. während einer Datenübertragung bei impulsartigen Störungen.

Der Begriff „zeitdiskret" wird für ein wiederholtes, aber jeweils nur kurz-

Tabelle 2
Störsituationen in der Nachrichten- und Meßtechnik

Störsignal → Nutzsignal ↓	zeitkontinuierlich schmalbandig (Fremdsender)	 breitbandig (Störrauschen)	zeitdiskret breitbandig (Störimpulse)
zeitkontinuierlich und schmalbandig	Rundfunk	Richtfunk	dgl.
zeitkontinuierlich und breitbandig	Fernsehen und Testrauschen		dgl.
zeitdiskret und schmalbandig	Empfang von langsam getasteten Telegrafiesendern		
zeitdiskret und breitbandig		Funkortung	Daten-übertragung

zeitiges Auftreten benutzt und bedeutet deshalb noch nicht den Modellfall einer DIRAC-Impulsfolge.

Zeitdiskrete Nutzsignale werden periodisch als „Pulse" ausgestrahlt. Die Lage innerhalb eines „Pulsrahmens" stellt die Information dar. Bei der Pulsmodulation – als Pulsphasenmodulation – geschieht die Zuordnung schon sendeseitig, bei der Pulsortung erst empfangsseitig nach der Reflexion als Abstandsinformation.

Die Kenntnis und Auswertung der unterschiedlichen Störsituationen sind für die Methodenauswahl entscheidend. Sie liefern die Begründung für viele Verfahren. Derartige Informationen heißen A-priori-Kenntnisse, wie sie vor dem Eintreffen des gestörten Signals bekannt sind (Tabelle 2).

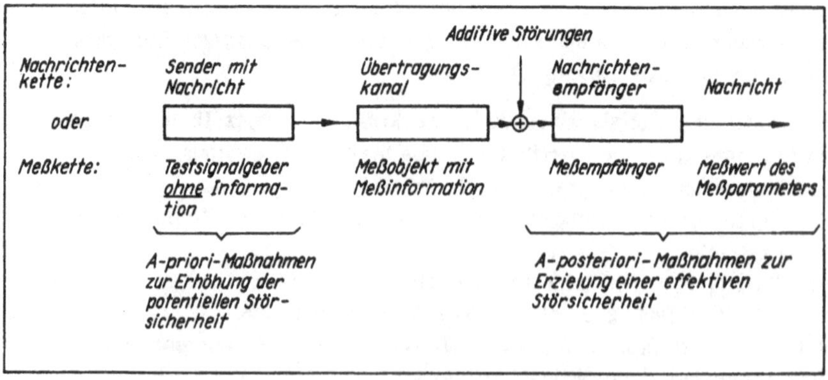

Abb. 2.1. Modell einer Nachrichten- oder Meßkette bei additiven Störungen

Ein weiterer, ebenso wichtiger Einteilungsgesichtspunkt ist das *spektrale Verhalten der Signale* (vgl. 3.1.). Er betrifft Aussagen über das Frequenzgebiet, in dem diese auftreten, und über die Bandbreite des Spektrums. Letztere kann im absoluten Wert angegeben werden (Hz), besser jedoch als relative Größe, als Breite des Spektrums, bezogen auf die Mittenfrequenz. In diesem Sinne sind *schmalbandige* und *breitbandige Signale* zu unterscheiden, und zwar als drei typische Fälle:

1. Breitbandige Störungen in Form von normalverteiltem Rauschen, das sogenannte GAUSS-Rauschen. Meist wird der Einfachheit halber eine konstante Rauschleistungsdichte angenommen, so daß weißes Rauschen, andernfalls farbiges Rauschen zu verzeichnen ist.
2. Breitbandige Störung in Form von zeitdiskreten Impulsen, und zwar nicht normalverteilt. Das bedeutet, daß häufig relativ große Störimpulsamplituden die Nutzsignalamplitude erreichen oder sogar überdecken.
3. Schmalbandige Störungen in Form einer harmonischen oder quasiharmonischen Schwingung. Hierzu gehören u. a. fremde Nutzsignale („Fremdsender"), die ein „Übersprechen" verursachen, das entweder infolge Überlagerung oder durch Kreuzmodulation entsteht.

Analog lassen sich auch die spektralen Eigenschaften der Nutzsignale einteilen. Dann ergeben sich bereits $3^2 = 9$ Kombinationen von Nutz- und Störsignalen.

Die Störquellen können *verschiedenen Ursprungs* sein:

Zu 1. Eigenrauschen passiver und aktiver Bauelemente,
„Grundrauschen" in Nervenbahnen,
Grundrauschen in seismographischen Meßanlagen,
Antennenrauschen (Hintergrundstrahlung des Himmels, Radiosterne).

Zu 2. Impulsartige Störungen infolge atmosphärischer Entladungen,
durch Kollektormotoren, Kfz-Zündungen, Leuchtstofflampen,
durch Phasenschnittsteuerungen mit steilen Stromflanken, elektrostatische Aufladungen bewegter Kunststoffe, Störimpulse durch binäre Nachbarkanäle in Digitalsystemen, Ortungsimpulse (Radar).

Zu 3. Harmonische Störsignale von Fremdsendern (Rundfunk, Richtfunk), von HF-Therapiegeräten oder Mikrowellenherden und -öfen, durch Ortungsanlagen (Radar), starke 50 Hz-Wechselfelder, z. B. in Umspannstationen.

Derartige Störungen können innerhalb von Anlagen als Eigenstörungen fungieren, indem ein Teilsystem auf ein anderes einwirkt. Eine differenzierte *Beschreibung von Störsignalen* ist mit folgenden Parametern möglich:

zeitlich:	Zeitdauer, Häufigkeit;
spektral:	Frequenzbereich, Bandbreite, Oberwellengehalt;
energetisch:	Energie-Inhalt, Leistungs- oder Amplitudenspektrum, Wahrschein-

lichkeitsverteilung der Amplituden, Spitzenspannung, Amplitudenbereich, Flankensteilheit usw.

Zur Semantik des Begriffes Störsignal

Der Begriff Störsignal darf nicht allzu eng gefaßt werden. Darunter sind auch *Komponenten des Nutzsignals* zu verstehen, die nicht benötigt und daher wie die echten Störsignale unterdrückt werden sollen. Es kann sich hierbei entweder um *irrelevante* oder um *redundante Komponenten* handeln. Zum Beispiel ist das Räuspern eines Sprechers ein irrelevanter Anteil des Informationsflusses, die Weitschweifigkeit der Rede ein redundanter Anteil.

Ein weiterer Einteilungsgesichtspunkt ist die *Verknüpfung von Nutz- und Störsignal.* Bei einfacher Überlagerung wird von *additiven* Störungen gesprochen, die von inneren oder äußeren Störquellen herrühren können. Diese sind meistens der Gegenstand der Methoden zur Herstellung einer ausreichenden Störsicherheit. Es gibt jedoch auch *multiplikative* Störungen, z. B. wenn Störquellen die Übertragungseigenschaften eines Teilsystems beeinflussen.

Solche Störungen lassen sich theoretisch schwieriger beschreiben und berücksichtigen. Ihnen wird u. a. mit heuristischen Methoden begegnet. Eine multiplikative Störung tritt beispielsweise dann ein, wenn die Störquelle entsprechend ihrem zeitlichen Verlauf den Arbeitspunkt für das Nutzsignal auf einer nichtlinearen Kennlinie verändert.

Von untergeordneter Bedeutung ist die *Klassifizierung in determinierte und nichtdeterminierte Signale.* Informationshaltige Nutzsignale sowie fast alle Störsignale sind nichtdeterminiert. In der Kybernetik bedeutet Determiniertheit im Gegensatz zur Indeterminiertheit die Charakterisierung eines dynamischen Systems, dessen einzelne Systemzustände bei vorgegebener Einwirkung eindeutig aufeinander folgen. Diese technische Auffassung ist nicht mit dem philosophischen Begriff *Determinismus* identisch, der die universelle kausale Bedingtheit aller Ereignisse der objektiven Realität bedeutet.

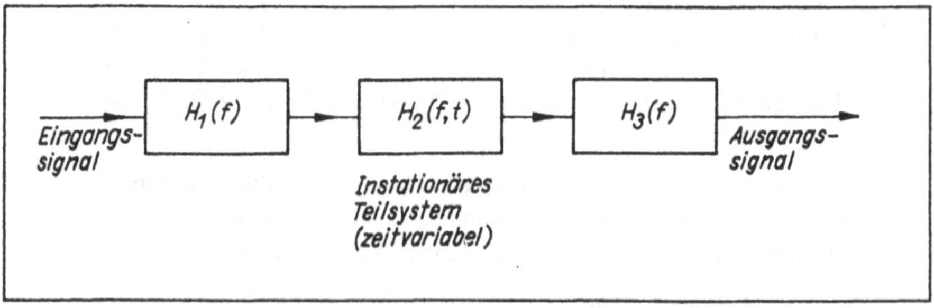

Abb. 2.2. Modell für multiplikative Störungen

Eigenstörungen

Ein Signal ist nicht immer eindeutig als Nutzsignal oder als Störsignal zu identifizieren. Ein Signal kann sowohl Nutzsignal als auch Störsignal sein, und zwar innerhalb eines Gerätes. Das ist stets dann der Fall, wenn durch parasitäre Kopplung ein leistungsstarkes Signal in einen leistungsschwachen Bereich des betreffenden Gerätes eindringt. Ein Beispiel ist bei Empfangsverstärkern die ungewollte Rückkopplung der Ausgangsspannung auf eine Eingangsspannung im gleichen Frequenzbereich. Daher muß stets für eine ausreichende elektromagnetische *Kompatibilität* (Verträglichkeit) gesorgt werden.

2.2.2. Quantitative Betrachtung von Störsituationen

Der Begriff der Störsicherheit bedarf einer quantitativen Festlegung. Hierfür existieren verschiedene Möglichkeiten. Betrachten wir zunächst die *Informationsübertragung.* Dafür sind objektive und subjektive Kenngrößen maßgebend.

Die Störsicherheit wird als die Fähigkeit eines Übertragungssystems definiert, schädlichen Einwirkungen von Störungen zu widerstehen. Um dies zu erfassen, wurde der Begriff des *Störabstandes* geprägt. A. A. CHARKEVIC [C2] schreibt hierzu:

„Der Einfluß von Störungen äußert sich darin, daß sich das empfangene Signal – und damit die Nachricht – von dem zu übertragenden Eingangssignal unterscheidet. Daher kann man die Störsicherheit als Grad der Übereinstimmung des Ausgangssignals des Empfängers mit dem zu übertragenden Eingangssignal – vor der Übertragung – bei Vorhandensein einer bestimmten Störung charakterisieren. Auf diese Weise wird bei einem Vergleich mehrerer Systeme dasjenige als das störfesteste erkannt, in dem bei der gleichen Störung der Unterschied zwischen dem empfangenen und dem zu übertragenden Signal (oder der Nachricht) am kleinsten ist."

Hier wird also die Störsicherheit als Maß der Übereinstimmung zwischen dem empfangenen und dem zu übertragenden Signal definiert. Der Grad der Übereinstimmung wird auch als *Güte der Übertragung* bezeichnet.

Der Kernpunkt der Frage ist nun, welches Gütekriterium auszuwählen ist. Dies hängt von der Aufgabe ab. Bei zeitdiskreten Signalen, bei denen eindeutig zwischen falscher und richtiger Symbolwiedergabe unterschieden werden kann, wird z. B. die reziproke Fehlerwahrscheinlichkeit $1/P_f$ oder die monoton mit P_f fallende Funktion

$$S = \log 1/P_f = -\log P_f$$

nach [C2] gewählt. Dieses Maß eignet sich für Impulsverfahren, z. B. für die Datenübertragung.

In der Fachliteratur überwiegt jedoch eine andere Definition der Störsicherheit, der *Störabstand,* definiert als das Verhältnis der mittleren Nutzleistung zur mittleren Störleistung

$$\frac{P_{nutz}}{P_{stör}} = \frac{P_n}{P_{st}},$$

n – Index für das Nutzsignal, st – Index für das Störsignal.
In dieser Form eignet er sich für zeitkontinuierliche Vorgänge. Sofern der Störabstand logarithmisch gemessen wird, ergibt sich die Differenz:

$$10\log_{10} P_n/P_{st} = 10(\log_{10} P_n - \log_{10} P_{st})\,\mathrm{dB}.$$

Dies setzt voraus, daß ein ständiger Störeinfluß vorliegt, z. B. ein überlagertes elektronisches Rauschen.

Es ergibt sich der gleiche Wert in dB, wenn mit den Effektivwerten als Maß der mittleren Amplituden gerechnet wird

$$20\log_{10} A_n/A_{st} = 20(\log_{10} A_n - \log_{10} A_{st}).$$

Gelegentlich ist auch die Angabe der Nutz- oder Störleistung in dB, bezogen auf eine Normalleistung P_o von 1 mW an einem Normalwiderstand von Z_o = 600 Ω, gebräuchlich. Dies ergibt eine *mittlere Normalspannung* $U_o = 0{,}7745\ V_{eff}$. Der Spannungspegel beträgt dann

$$20\log_{10} U_x/U_o \quad \text{mit } U_x = U_n \text{ bzw. } U_{st}.$$

Es ist zu beachten, daß die Differenz dieser Spannungspegel wieder den oben definierten Störabstand ergibt.

Die Gleichkomponente hat keinen Informationsgehalt. Sie dient lediglich als Vergleichs- oder Pilotsignal. Für den Störabstand sind nur die Wechselleistungen einzusetzen.

Der Störpegel wird, wie der Nutzpegel, auch absolut in dB angegeben, wobei als Bezugspegel über 0 eine Störleistung von 1 mW festgesetzt ist. Man bezeichnet ihn mit dBm. Dann gilt:

$$\text{Störpegel absolut} \mathrel{\hat=} 10\log(P_{st} \text{ in mW})\,\mathrm{dBm}.$$

Anwendungsbeispiel: Das CCIR[1] hat empfohlen, daß bei Trägerfrequenzverbindungen über Kabelstrecken in jedem Fernsprechkanal, der in seinem Aufbau dem CCI-Bezugskreis von 2500 km Länge entspricht und eine Bandbreite von 0,3 bis 3,4 kHz aufweist, während einer beliebigen Stunde eine störende mittlere Gesamtleistung am Ende des Bezugskreises von 10 000 pW noch zulässig ist, wenn man am Ort des relativen Pegels Null mit dem physiologisch bewertenden CCI-Fernsprechfilter mißt. Dabei wird der Pegel weißen Rauschens als Fremdleistung um etwa 0,28 N (≙ 2,5 dB) größer und entspricht etwa 17 500 pW. Die Aufteilung dieses Gesamtgeräusches in Grundgeräusch (reines Rauschen), Intermodulationsgeräusch (Klirren) und Nebensprechen ist

1 CCIR – Comité Consultatif International des Radiocommúnications

dem Hersteller des Übertragungssystems überlassen. Hierbei entspricht die Störleistung von 10 000 pW = 10^{-5} mW einem Störabstand von + 50 dB.

Verzerrungsmaße

Störsignale können auch als multiplikative Störungen aus Nutzsignalen an nichtlinearen Bauelementen in Form von beliebigen Oberwellen entstanden sein. Zur Beschreibung des Verzerrungsgrades dient dann der Begriff des *Klirrfaktors:*

$$k = \sqrt{\frac{\text{Leistung aller Oberwellen}}{\text{Leistung der Grundschwingung}}}.$$

Manche Autoren beziehen die Oberwellenleistung auf die Gesamtleistung:

$$k = \sqrt{\frac{\text{Leistung aller Oberwellen}}{\text{Gesamtleistung}}}.$$

Mit derartigen objektiven, mittels Messungen festlegbaren Kenngrößen kann leider die subjektive Wirkung nicht beurteilt werden, wenn die Information vom Menschen selbst aufgenommen wird, z. B. bei einer Musik- oder Sprachübertragung. Die Oberwellen werden subjektiv nicht immer als Störung empfunden. In der Musik-Elektronik wird ein gewisser Oberwellengehalt als Klirrfaktor sogar künstlich hergestellt, um der Grundschwingung eine bestimmte Klangfarbe zu verleihen.

Der Klirrfaktor ist eine systembedingte Störung. Ist nur die 2. Harmonische, d. h. die 1. Oberwelle vorhanden, so ist von einem quadratischen Klirrfaktor die Rede, hervorgerufen durch unsymmetrische Verzerrungen der Zeitfunktion. Ist vorzugsweise nur die 3. Harmonische vorhanden, dann handelt es sich um kubische Verzerrungen, hervorgerufen durch symmetrische Verzerrungen. Da der Klirrfaktor ein Spannungsverhältnis darstellt, kann man ihn anstatt in Prozenten auch in dB angeben. Die *Klirrdämpfung* beträgt $-20 \log_{10} k$ und bedeutet hier wieder den Störabstand. Nach CCITT-Empfehlungen[1] wird beispielsweise für Rundfunkübertragungsleitungen bei 0 dB absoluter Leistung ein Klirrfaktor von weniger als 3 % gefordert; dies entspricht einem Störabstand von etwa 30 dB.

Die Kenngrößen Störabstand und Klirrfaktor sind wenig geeignet, die Verständlichkeit der Sprache in Telefonverbindungen zu kennzeichnen. Daher wird die *Silbenverständlichkeit* durch Abhören von standardisierten Silbenlisten, „Logatome" genannt, experimentell ermittelt. Als Maß dient der Prozentsatz der richtig verstandenen Silben.

Rauschschwelle

Alle Verfahren zur Erhöhung der Störsicherheit gegenüber additiven Rauschstörungen verfügen über eine wesentliche Eigenschaft, nämlich eine Rausch-

1 Comité Consultatif International Télégraphique et Téléphonique.

schwelle. Darunter ist dasjenige Signal-Rausch-Verhältnis zu verstehen, bei dessen Unterschreiten das Verfahren versagt. Dann geht die geräuschmindernde Eigenschaft des Verfahrens mehr oder weniger sprunghaft verloren. Wachsen die Geräusche weiter an, dann versagen alle Verfahren. Sie liefern auf der Ausgangsseite fast nur noch Störungen. Der Wert dieses kritischen Rauschabstandes des Nutzsignals ist unterschiedlich und muß in den einzelnen Fällen mit einer oft komplizierten Analyse ermittelt oder gemessen werden. Die Rauschschwelle hängt auch wesentlich vom Typ der Störungen ab.

Der mathematische Begriff des Störabstandes
Neben den technischen, oft heuristisch begründeten Maßen des Störabstandes sind auch rein mathematische Maße verfügbar, die auf logisch fundierten Modellvorstellungen beruhen und die multivalent anwendbar sind. Dazu gehört der Begriff des *Störabstandes im Signalraum.*

Jede Aufgabe eines informationsverarbeitenden Systems läßt sich formal folgendermaßen formulieren:
Das ideale System soll durch die *Operation*

$$Y_{ideal} = Op_{ideal} \{X\}$$

das Eingangssignal X in das Ausgangssignal Y überführen.

Ein gestörtes System führt unter der Einwirkung des Störsignals Z folgende Operation aus:

$$Y_{real} = Op \{X,Z\} .$$

Derartige Operationen heißen *Signalwandlungen.* Wir werden ihnen nachfolgend in verschiedenen Formen begegnen. Infolge der Störeinwirkung wird der beabsichtigte Zweck der Signalwandlung nicht vollständig erreicht. Es entsteht eine Abweichung:

$$\Delta Y = Y_{ideal} - Y_{real} .$$

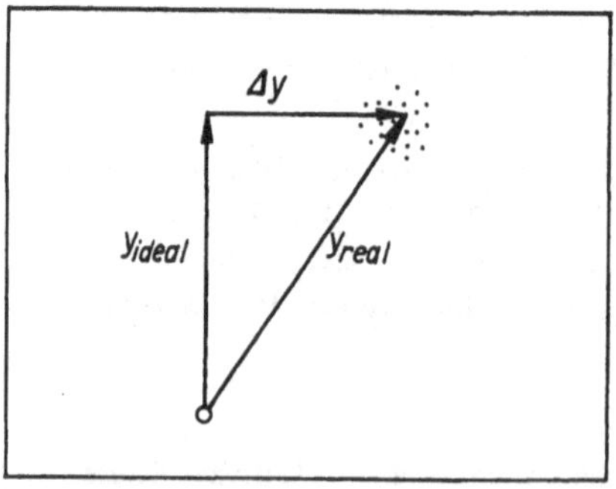

Abb. 2.3. Zeigerdiagramm einer typischen, additiven Störsituation

Diese stellt den Fehler der Operation dar. Damit wird die Systembeschreibung auf eine Signalbeschreibung zurückgeführt.

Die Theorie der Störsicherheit hat dabei folgenden mathematischen Standpunkt übernommen: Man verallgemeinert den Signalbegriff und stellt das Nutz- und das Störsignal als Vektoren in einem abstrakten *Signalraum* dar.

Es sei $\underline{X}$ das Eingangssignal und $\underline{Y}$ das Ausgangssignal. Beide sind von den Störungen beeinflußt worden.

Dann wird der *Signalabstand* $d(\underline{X},\underline{Y})$ folgenden Nebenbedingungen unterworfen. Es muß gelten:

1. $d(\underline{X},\underline{Y}) = 0$ für $\underline{X} = \underline{Y}$,
2. $d(\underline{X},\underline{Y}) = d(\underline{Y},\underline{X})$ als Symmetriebedingung,
3. $d(\underline{X},\underline{Z}) \leq d(\underline{X},\underline{Y}) + d(\underline{Y},\underline{Z})$ als sogenannte Dreiecksbeziehung zwischen $\underline{X},\underline{Y}$ und $\underline{Z}$.

Mit diesen Bedingungen wird der Signalabstand ein Abstand im metrischen Raum mit der Norm $\underline{X} = d(\underline{X},\underline{0})$. Der Signalabstand wird hiermit überdies zu einem Maß der Störamplitude und darf nicht mit dem oben definierten Störabstand als Leistungsmaß verwechselt werden.

Ein Übertragungssystem ist um so besser und es hat eine um so größere Störsicherheit, je geringer der Abstand des Ausgangssignals vom Eingangssignal des Systems im Signalraum ist.

Für ein informationsverarbeitendes System wird diese Bedingung nicht gestellt. Jedoch läßt sich der Begriff des Signalabstandes verwenden, wenn der Unterschied des idealen Ausgangssignals $\underline{Y}_{ideal}$ zum realen Ausgangssignal $\underline{Y}_{real}$ betrachtet wird:

$$d(\underline{Y}_{ideal}, \underline{Y}_{real}).$$

Je nach der Wahl des Signalraumes ändert sich die Definition des Signalabstandes. Im euklidischen Raum gilt:

$$d = \sqrt{\underline{Y}^2 - \underline{X}^2} \qquad \text{für } \underline{d} \perp \underline{x}$$

Diese Abstandsdefinition läßt sich im *Dualraum* nicht sinnvoll verwenden, worin in jeder Koordinatenrichtung (Stellenwert) nur die binären Werte 0 und 1 auftreten. Die Menge der Dualzahlen wird hierbei durch die Ecken eines q-dimensionalen Würfels dargestellt, wobei q die Stellenzahl eines binären Kodewortes ist. In diesem Fall wird als Signalabstand die Anzahl der Würfelkanten gewählt, um die sich die Eckpunkte, d. h. die Binärsignale, mindestens unterscheiden. Das entspricht der Anzahl der Binärstellen, um die zwei Binärwörter differieren. Die minimale Anzahl ergibt den *„Hamming-Abstand"*. Dies ist zugleich ein Beispiel für einen nichteuklidischen Signalraum.

Zusammenfassend ist festzustellen, daß es nicht möglich ist, allen Verfahren eine allgemein gültige Kenngröße der Störsicherheit zuzuordnen, sofern das Störsignal selbst nicht eindeutig in seinen Eigenschaften festgelegt ist. Das ist nur für einfache Typen von Störsignalen möglich. Ferner hängt die quantitative Bewertung auch von der Methodik und von der Aufgabenstellung ab. Die mathematischen Modelle der ausgefeilten Theorien der Störsicherheit sind meist nur auf Rauschstörungen mit Normalverteilung zugeschnitten. Aber es ist gelungen, für eine Reihe von bestimmten Impulsstörungen zugeschnittene Korrekturverfahren auszuarbeiten (s. 3.3.).

Ähnliche Probleme sind bei Untersuchungen über die auftretenden Nutzsignale und die verwerteten Nutzinformationsflüsse, sowohl in ihrer qualitativen Beschreibung als auch in ihrer quantitativen Bewertung zu bedenken. Die Störsicherheit hängt ja auch von der Definition des Nutzsignals und seinen Eigenschaften sowie von den gestellten Bedingungen ab.

2.2.3. Qualitative und quantitative Bewertung von Nutzsignalen

In der Informationstheorie (1.6.) wird der Informationsgehalt eines Ereignisses (Buchstaben, Symbole) statistisch nur durch den Logarithmus der Wahrscheinlichkeit des Eintretens des Ereignisses bewertet. Man verzichtet auf die Bewertung der dem Ereignis zugeordneten Amplitude. Dies reicht für den Zweck der Kodierung völlig aus, wie in Abschnitt 3.3. gezeigt wird. Hierbei wird den häufigen Ereignissen ein geringerer Kodierungsaufwand zugeordnet als den seltenen, so wie es beim Morsealphabet seit langem gehandhabt wird. Mit dem Logarithmus der reziproken Wahrscheinlichkeit eines Ereignisses wurde von SHANNON auch ein quantitatives Maß für dessen Informationswert gefunden. Doch reicht dies für viele Zwecke der Meßtechnik nicht aus. Hier überwiegt die Amplitudenangabe als quantitatives Maß für ein Meßereignis. Die Meßtechnik erforderte eine Erweiterung der Begriffe der Informationstheorie von SHANNON. R. MASSEN [M1] definiert das Messen folgendermaßen:

„*Messen* kann verstanden werden als der Versuch, über einen zumindestens teilweise unbekannten Prozeß Informationen zu gewinnen. *Optimales Messen* bedeutet unter diesem Aspekt, aus einem physikalischen Prozeß mit einem Minimum an technischem Aufwand ein Maximum an Information pro Zeiteinheit über einen möglichst großen Zeitraum abzuleiten."

Die Weiterentwicklung der SHANNONschen Informationstheorie zur Signaltheorie besteht darin, daß erstens quantitative Angaben über den Prozeß in Form von Amplituden- bzw. Leistungsinformationen und daraus abgeleitete Kenngrößen gebildet werden. Zweitens muß die angebotene Information der Informationsquelle von der entnommenen Information am Empfangsort unterschieden werden.

Informationsfluß und Signalfluß

Der statistische Begriff des Informationsflusses (s. 1.3.6.) läßt sich in der Theorie der Störsicherheit nicht immer anwenden. Es ergeben sich begriffliche Schwierigkeiten.

a) *Symbolfluß und Informationsfluß*

Gibt eine diskrete Quelle fortlaufend F Symbole je s ab, so ist ein *Symbolfluß* gegeben. Wird jedes Symbol aus einer Menge von N Symbolen bei gleicher Wahrscheinlichkeit und statistischer Unabhängigkeit ausgewählt, dann beträgt der Informationsfluß bei nachfolgender Kodierung mit gleicher Stellenanzahl n = lb(N):

$$I = F\ \mathrm{lb}(N)\ \mathrm{bit/s}.$$

Dies ist derjenige angebotene Informationsfluß, der vom Empfänger zur vollständigen Textaufnahme auch benötigt wird, also die relevante Information.

b) *Amplituden- oder Meßwertfluß und Informationsfluß*

Gibt eine diskrete Quelle fortlaufend F Amplitudenwerte je s ab, so hängt der Informationsfluß von der Amplitudenquantisierung ab. In der Nachrichtentechnik ist diese von der geforderten Wiedergabegüte abhängig, um das Quantisierungsrauschen in Grenzen zu halten. Werden N = 128 Amplitudenstufen unterschieden, so ist für jede ein siebenstelliges Kodewort notwendig wegen n = lb(N) = 7. Auch dafür gilt die oben angegebene Formel.

Es ist die Aufgabe der Übertragungstechnik sicherzustellen, daß diese „relevante Information" am Ausgang wiedergewonnen werden kann. Die auftretenden Störungen dürfen die Amplitudenquantisierung nicht gefährden. Die Amplitudenquantisierung bestimmt die noch zulässige Störleistung. Andernfalls entsteht ein Informationsverlust, genauer gesagt, ein Informationsflußverlust.

c) *redundanter Informationsfluß*

Eine Redundanz als Mehraufwand entsteht dann, wenn ein Amplitudenwert mit mehr Binärstellen kodiert wird als notwendig wäre, wenn keine Störungen vorlägen. Dies ist der Fall, wenn Prüfbits zur Erhöhung der Störsicherheit eingefügt werden (s. 3.3.4.).

Ein Mehraufwand durch Kodierung ist auch dann vorhanden, wenn ein analoger Prozeß auf der Sendeseite — als A-priori-Maßnahme — quantisiert und dabei die Anzahl der gewählten Amplitudenstufen größer gewählt wird, als es wegen später eindringender Störungen auf dem Übertragungswege notwendig ist. Wird also die Amplitudenquantisierung zu fein gewählt, dann entsteht ein redundanter Informationsfluß der Quelle, der vom Empfänger nicht ausgenutzt werden kann. Der Empfänger muß einen Güteverlust hinnehmen. Es kann ferner ein irrelevanter Anteil entstehen, sofern additive Störungen auftreten, die sich allerdings durch spektrale Selektion (s. 3.1.)

wieder vollständig oder teilweise entfernen lassen. Speziell bei Quellen von kontinuierlichen Prozessen sind a priori überhaupt keine Angaben über den Informationsfluß möglich, weil die Störungen die eventuelle Amplitudenquantisierung bestimmen.

Daher ist festzustellen, daß der Begriff des von der Quelle empfangenen Informationsflusses unscharf und keine Eigenschaft der kontinuierlichen Quelle ist. Dies ist der Grund, weshalb sich die Nachrichten- und Meßtechnik meist nur auf die Bandbreite als Kenngröße des Informationsflusses beschränkt und damit lediglich die Zeitdiskretisierung festlegt. Man macht also keine Angabe über den Informationsfluß einer Quelle in bit/s. Dabei besteht natürlich eine Vorstellung über die notwendige Amplitudenabstufung für eine Übertragungsart, die eine geeignete Störsicherheit aufweist.

Anstelle des Informationsflusses fungiert der Begriff des Signalflusses, dargestellt in Signalflußdiagrammen von Nachrichten- oder Meßsystemen.

Der *Signalfluß* ist also ein Informationsfluß bekannter Bandbreite und nicht festgelegter Amplitudenquantisierung. Ein typischer Fall des Signalflusses ist die Überlagerung von Nutz- und Störsignalen oder von mehreren Nutzsignalen aus verschiedenen Quellen. Bei der Angabe eines Informationsflusses in bit/s muß untersucht werden, ob überlagerte Komponenten jeder Art die endgültige Amplitudenquantisierung bestimmen oder nicht, d. h., es muß Klarheit darüber herrschen, was und wie groß der wirksame Störabstand ist.

Es ist aber noch mehr notwendig: Zu Beginn jeder quantitativen Analyse der Störsicherheit muß überhaupt erst einmal geklärt werden, welche Signalflußkomponenten als Störung anzusprechen sind. Hierbei kann der Signalfluß enthalten (Abb. 2.4):

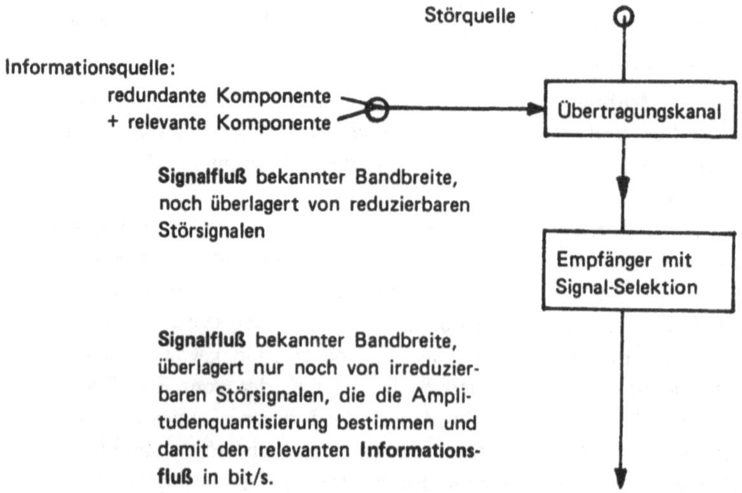

Abb. 2.4. Modell zur Zuordnung der Begriffe Signalfluß und Informationsfluß

a) *reduzierbare Störungen,* die durch irgendwelche Maßnahmen unterdrückt (reduziert) werden können,

b) *irreduzierbare Störungen,* die durch keine Maßnahme (a priori oder a posteriori) entfernbar sind. Diese bestimmen schließlich allein die mögliche Amplitudenquantisierung.

Hierin besteht der semantische Teil des Problems der Störsicherheit. Der Empfänger – die Informationssenke – bestimmt, was als relevanter Informationsfluß, als „Transinformationsfluß", anzusprechen und was als Störsignal zu betrachten ist. Das ist bei mehreren Empfängern der gleichen Quelle (Sender) also eine subjektive Entscheidung! Nur wenn die Störung in Form der Störleistung und des Störspektrums angebbar ist, z. B. als normalverteiltes, farbiges Rauschen, kann auch der relevante Informationsfluß in bit/s angegeben werden. Hierfür existiert eine gut ausgearbeitete Theorie. Sie bietet auch A-posteriori-Maßnahmen auf der Empfangsseite an (vgl. Kapitel 3 und 4).

2.2.4. Erweiterung des Redundanzbegriffes

Bedeutsam für die Methodik der Störsicherheit ist der *Redundanzbegriff,* allerdings nicht derart wie in der SHANNONschen Informationstheorie, sondern in erweiterter Form.

Kodierungsredundanz

Wir betrachten Informationsprozesse in der Nachrichten- und Meßtechnik. Dies geschieht anhand einer Nachrichten- oder Meßkette, wie sie in Abbildung 1.1 dargestellt ist.

Es handelt sich um eine „Partnerschaft" zwischen dem Sender und dem Empfänger mit dem Ziel, mittels Information eine vorhandene Unsicherheit zu beseitigen. Dafür dient das Bit als quantitatives Maß. Das ist die Anzahl der mindestens notwendigen Auswahlschritte aus der Menge der „Elementarereignisse", über die eine Auskunft gewünscht wird. Beträgt die Anzahl N, so sind dazu $n = \mathrm{lb} N$ Auswahlschritte notwendig. Die Anzahl der Ja-Nein-Entscheidungen wird als *binärer Informationsfluß* bezeichnet. Für 32 Buchstaben und Zeichen sind 5 Auswahlschritte nötig: $2^5 = 32$. Bei Gleichwahrscheinlichkeit des Auftretens hat dann ein Zeichen oder Symbol einen *Entscheidungsgehalt* von 5 bit. Werden 10 Symbole je s übertragen, so beträgt der „Entscheidungsfluß", der binäre Informationsfluß, 50 bit/s.

Werden die Symbole binär mit gleicher Stellenanzahl kodiert, erfordert dies $\mathrm{lb}(N) = n$ Binärstellen für die Kodezeichen. In unserem Beispiel ist das eine fünfstellige Binärzahl, mit der jedes der 32 Zeichen kodiert werden kann. Entscheidungsgehalt und Kodierungsaufwand stimmen überein, wenn N eine Potenz von 2 ist. Sonst muß N auf die nächst höhere 2er-Potenz aufgerundet werden. So haben z. B. 25 Zeichen ein Entscheidungsgehalt von je $\mathrm{lb}(25) = 4{,}64$ bit. Die Binärstellenzahl kann nur ganzzahlig sein.

Da jedes Zeichen mit 5 Binärstellen kodiert werden muß, bedeutet dies einen Mehraufwand zur Kodierung von 0,36 bit/Zeichen. Dieser Mehraufwand wird als *Kodierungsredundanz* bezeichnet. Die *relative* Kodierungsredundanz beträgt dann r = 0,36/5 = 7 %. Allgemein gilt die Beziehung

$$r = 1 - H/H_0.$$

H ist die *Quellenentropie,* H_0 die maximale Entropie bei Gleichverteilung. Der Begriff der Entropie nach SHANNON bedeutet den mittleren Kodierungsaufwand je Symbol bei ungleicher Wahrscheinlichkeit des Auftretens und bei ungleicher Kodierung. H stellt also den mittleren Informationsgehalt eines Zeichens dar. H_0 ist der maximal mögliche Informationswert, der bei Gleichverteilung und statistischer Unabhängigkeit erreicht wird. Die relative Redundanz kennzeichnet den Verlust an Informationswert eines Zeichens durch eine ungleiche Wahrscheinlichkeit des Auftretens eines Zeichens im Mittel.

Es gilt: $0 < r < 1$. Sind weniger Zeichen vorhanden, wie im obigen Beispiel 25 statt 32, als bei voller Ausnutzung der Stellenzahl möglich ist, so haben die fehlenden Zeichen die Wahrscheinlichkeit Null, daher liegt keine Gleichverteilung vor, und es ist $H < H_0$.

Man bezeichnet allgemein jeden Mehraufwand bei beliebiger Kommunikation als Redundanz, z. B. in der Sprachwissenschaft, dort auch als Weitschweifigkeit bezeichnet.

Für die nachfolgende Darstellung der Methodik ist der SHANNONsche Redundanzbegriff zu eng. Er charakterisiert letzten Endes nur die Kodierungsredundanz und sollte besser auch klar so bezeichnet werden.

Hier soll jeder Mehraufwand an informationstechnischen Mitteln als *Informationsredundanz* oder einfach als Redundanz bezeichnet werden.

Wird der Mehraufwand mit signaltechnischen Mitteln erzielt, z. B. durch Kodierung, so liegt eine *Signalredundanz* vor. Dieser Mehraufwand kann aber auch durch Modulation erzielt werden, d. h. durch eine „Modulationsredundanz". Wird der Mehraufwand mit systemtechnischen Mitteln erreicht, dann ist eine Systemredundanz gegeben (s. Kapitel 4).

Der Redundanzbegriff ist für alle Methoden zur Erhöhung der Störsicherheit entscheidend und eignet sich gut als Klassifizierungsmerkmal.

Doppeldeutigkeit des Informationsbegriffs

Zum Verständnis der Strategien der Störsicherheit ist es zweckmäßig, festzulegen, was unter einer *Information* unter Berücksichtigung der Prinzipien der Störsicherheit verstanden werden soll. Leider ist die Bezeichnungsweise aufgrund unterschiedlicher Standpunkte nicht eindeutig.

Der Begriff der Information nach SHANNON bezieht sich, wie die Übereinstimmung des Begriffes Informationsgehalt eines Symbols mit dem Begriff des Kodierungsaufwandes als Ensemblemittelwert beweist, auf die von der

Informationsquelle abgegebene Information. Wenn der Empfänger die von Störungen überlagerte Ausgangsinformation der Quelle voll verarbeitet, kann anstelle von Ausgangsinformation der Quelle auch einfach von einer Information als solcher gesprochen werden.

Aber es ist auch ein anderer Standpunkt möglich: In der Informationstechnik muß die angebotene Information von der entnommenen Information unterschieden werden. Auf der Empfangsseite wird oftmals nicht die vollständige Quelleninformation entnommen und ausgewertet. Außerdem existiert eine Vielzahl von Empfängern, z. B. beim Rundfunk im Vergleich zur Richtfunktechnik. Wenn daher, wie es bisweilen geschieht, die vom Empfänger entnommene Information als „Nachricht", ebenfalls mit dem Begriff „Information" bezeichnet wird, ist damit jener Anteil gemeint, der die Kenntnisse erweitert und die Unsicherheit über ein Ereignis beseitigt hat.

Dies hängt aber vom Empfänger ab. Er beurteilt die Information subjektiv. Daher ist die Ausgangsinformation der Quelle, die ausgesendet wird, von der Ausgangsinformation des Empfängers zu unterscheiden. Die erstere ist objektiv, die zweite subjektiv zu werten. Die vom Empfänger ausgenutzte Information liegt a priori nicht eindeutig fest.

Zum Reduktionsbegriff

Dieser Unterschied muß besonders bei der Benutzung des Begriffes „Informationsreduktion" beachtet werden. Es ist sinnvoll, die Reduktion der Quelleninformation als Informationsreduktion zu bezeichnen, oder allgemeiner als Reduktion der empfangenen Information. Dagegen ist es nicht sinnvoll, von einer Reduktion der Empfangsausgangsinformation zu sprechen, da die Reduktion ja bereits im Empfänger vorgenommen worden ist. Die Informationsreduktion kann in der Meßtechnik so weit getrieben werden, daß zum Schluß nur noch eine binäre Kenngröße übrig bleibt, z. B. eine Hypothesenentscheidung, ob eine bestimmte Situation eingetreten ist oder nicht. Praktisch ist dies im einfachsten Fall bei der Prozeßüberwachung durch einen Grenzwertwächter gegeben. Der gleiche Informationsfluß kann aber parallellaufend auch für andere Kontroll- oder Meßzwecke ausgenutzt werden, z. B. für die Messung von Kenngrößen, so in der Radartechnik (s. 4.2.).

In der empfangenen Information sind im allgemeinen drei Komponenten zu unterscheiden und damit verbunden drei verschiedene Reduktionsprozesse:

1. die *irrelevante Information:* Sie besteht in den meisten Fällen aus den additiven Störungen. Sie wird mittels *Irrelevanzreduktion* unterdrückt, die meist mit der Unterdrückung von Störungen identisch ist.

2. die *redundante Information:* Sie dient zur Sicherung der Kommunikation, sofern ein Teil der Information infolge von Störungen verloren geht. Wenn die Redundanz vermindert wird, sprechen wir von einer *Redundanzreduktion.* Dies ist eine wichtige Maßnahme, besonders dann, wenn vorher,

d. h. vor dem Übertragungskanal, die Redundanz erst eingeführt wird, z. B. als eine Textwiederholung, um Störungen in ihren Auswirkungen abzuschwächen.

3. die *interessante Information:* Sie wird auch als relevante Information oder als Transinformation bezeichnet. Die relevante Information ist erheblich von der Aufgabenstellung des Empfängers abhängig. Die Umformung der Quelleninformation in die relevante Information wird nachfolgend als *Informationsreduktion* bezeichnet. Es handelt sich um die Umsetzung der angebotenen Quelleninformation in die entnommene Empfangsinformation, wie sie z. B. zur Prozeßidentifizierung oder zur Prozeßkontrolle benötigt wird. Auf vielen Gebieten der Nachrichtentechnik nimmt der Mensch diese Umsetzung selbst vor. In der Meßtechnik wird versucht, diesen Prozeß zu automatisieren. Deswegen ist diese Aufgabe sehr aktuell.

Aus diesen genannten Gründen gehen wir nachfolgend von der Quellenausgangsinformation als der angebotenen *Information* aus. Diese wird bei Störungen in die empfangene Information, die Empfängerausgangsinformation umgewandelt. Sie stellt den sekundären Informationsfluß dar, der – als Zeitabhängigkeit – vom primären Informationsfluß übermittelt wird.

Im weiteren wird stets eine im Beobachtungs- oder Mittelungszeitintervall *stationäre* Quelle angenommen. Deren Eigenschaften sind innerhalb dieses Zeitintervalls zeitinvariant. Sie liefert bei einer Analyse bestimmte Kenngrößen. Dementsprechend ist das Intervall zu wählen. Es handelt sich de facto stets um Kurzzeitmittelwerte. Nichtstationäre Informationsquellen liefern aus den aufeinanderfolgenden Beobachtungsintervallen eine Folge von Mittelwerten, in technischer Auffassung, eine Folge von Kenngrößen und Meßwerten.

Um Mißverständnisse bei Begriffen der Informationstheorie möglichst zu vermeiden, wird nachfolgend vorzugsweise von den Begriffen der Signaltheorie, wie z. B. Signalwandlung, Signalselektion, Gebrauch gemacht. Denn die Störsicherheit kann heutzutage nicht mehr allein aus der Perspektive der Informationstheorie betrachtet werden, sondern es bedarf der Mittel und Denkweise der Signaltheorie.

2.2.5. Strategien der Störsicherheit

Potentielle und effektive Störsicherheit

Durch eindringende Störungen wird der Informationsübertragungsprozeß gemäß Abbildung 1.1 gestört. Je geringer die Auswirkungen der Störungen in Form von Verfälschungen oder Verlusten sind, desto größer ist die Störsicherheit des Systems. Wird dieses Problem qualitativ und quantitativ betrachtet, so ergeben sich etliche neue Gesichtspunkte und Begriffe. Präzisierende Begriffe sind die potentielle und die effektive Störsicherheit. Der Terminus *potentielle Störsicherheit* wurde von W. A. KOTELNIKOW [K8] 1946, also bereits vor der Entstehung der SHANNONschen Informationstheorie geprägt. Er versteht darunter die an sich mögliche und maximale Störsicherheit, die im wesentlichen in den Eigenschaften des Nutz- und Störsignals sowie in den Bedingungen der technischen Aufgaben vorgegeben ist.

Die *potentielle Störsicherheit* steht in engem Zusammenhang mit der Redundanz des primären Informationsflusses, die natürlich vorgegeben oder künstlich „induziert" wird. Ob die potentielle Störsicherheit tatsächlich erreicht wird, hängt vom Konzept des Systems ab, das zu diesem Zweck als Informationsübertragungssystem oder als Informationsverarbeitungssystem entworfen werden soll.

Unter der *effektiven Störsicherheit* ist demgegenüber die tatsächlich durch die Konstruktion erreichte Störsicherheit zu verstehen. Sie wird vorzugsweise mit der Unterdrückung von irrelevanten oder redundanten Signalkomponenten erreicht.

Die *potentielle* Störsicherheit läßt sich nur anhand von A-priori-Kenntnissen über das Nutz- und das Störsignal beurteilen und abschätzen. Sie läßt sich durch geeignete Signalwandlungen erhöhen. Diese Vorkehrungen werden als A-priori-Maßnahmen bezeichnet und vor der Signalübertragung oder -verarbeitung vorgenommen.

Die Umwandlung der potentiellen Störsicherheit in eine *effektive* Störsicherheit geschieht nach der Signalübertragung und ist eine A-posteriori-Maßnahme. Sie besteht meist aus einer Signalselektion im verallgemeinerten Sinne und wird am gestörten Empfangs- oder Meßsignal vorgenommen.

Die A-priori-Maßnahmen („Senderegel" nach J. SEIDLER [S8]) und die A-posteriori-Maßnahmen („Empfangsregel" nach J. SEIDLER) stehen in engem Zusammenhang und sind gegeneinander abgestimmt. Sie stellen zusammen das Optimierungskonzept des Systementwurfs (design) dar. Einfache Beispiele sind Modulation und Demodulation oder Kodierung und Dekodierung bei einer Informationsübertragung.

Signalselektion

Zahlreiche Methoden zur Erhöhung der Störsicherheit benutzen die „Redundanzstrategie", um die potentielle Störsicherheit in die effektive Störsicherheit umzuwandeln. Der hier benutzte Begriff der *Strategie* lehnt sich an die von JOHN V. NEUMANN (1903–1957) in die Spieltheorie eingeführte Definition an: „Strategie bedeutet Aktionsplan, der für jede konkrete Situation die günstigste aus der Zahl der möglichen Handlungsweisen auswählt."

Das eigentliche Ziel ist die Trennung der Nutzinformation des primären Informationsflusses von den irrelevanten und redundanten Komponenten. Dies geschieht als Handlungsweise mittels einer Signalselektion. Hierfür sind zahlreiche Möglichkeiten verfügbar. Derart wird die Signalselektion zum Kernproblem der Störsicherheit. Hierbei entstand der Bedarf nach einer verallgemeinerten Filtertheorie (s. 3.1.), die mehr Varianten erfaßt als die klassische, spektrale Filtertheorie zur Signalselektion.

Der Begriff *Signalselektion* bedeutet eine Signalauswahl in doppelter Beziehung: Einmal als *A-priori-Maßnahme* durch die Auswahl des optimalen Träger- oder Testsignals für die Information und anderseits als *A-posteriori-Maßnahme* auf der Empfangsseite zur Abtrennung der gewünschten Signalkomponenten und zur Unterdrückung der unerwünschten Signalkomponenten, vor allem der Störsignale.

Hierbei sind zwei Formen der Signalselektion zu unterscheiden:

1. Die Signalselektion ohne einen wesentlichen Informationsverlust, d. h. ohne „Informationsreduktion". Die relevante Information wird voll ausgenutzt. Dies ist der typische Fall der Nachrichtentechnik. Er setzt eine ausreichende A-priori-Redundanz (Weitschweifigkeit) voraus. Die Redundanz wird zwecks Erhöhung der Störsicherheit abgebaut, und zwar als A-posteriori-Maßnahme auf der Empfangsseite. Die hierfür erforderliche Redundanz kann eine natürliche Redundanz der Informationsquelle sein oder sie wird künstlich „induziert", und zwar als A-priori-Maßnahme auf der Sendeseite. Im 3. Kapitel wird diese Strategie ausführlich behandelt.
2. Die Signalselektion wird mit einem *wesentlichen Verzicht* auf die angebotene Nutzinformation durchgeführt. Dies ist der typische Fall der Meßtechnik. Er bildet den Inhalt des 4. Kapitels.

Beide Strategien beruhen auf *unterschiedlichen Optimierungskriterien.* Im ersten Fall – der Nachrichtenübertragung – wird eine möglichst große *Verzerrungsfreiheit* und Güte gefordert, im zweiten Fall – der Meßtechnik – wird dagegen hierauf verzichtet und statt dessen eine möglichst große *Meßgenauigkeit* zur „Parameteridentifikation" gefordert.

Abbildung 2.5 dient zur Veranschaulichung der Unterschiede der Verfahren zur Signalselektion. Die Strategie der Erhöhung der Störsicherheit durch Signalselektion verfügt über mehrere Möglichkeiten.

a) *A-priori-Signalselektion*
Am Ausgang der Informationsquelle wird eine Reduktion des Signalflusses vorgenommen, der einen Teil der natürlich vorgegebenen Redundanz beseitigt, um das Übertragungssignal dem Übertragungskanal anzupassen bzw. um eine geringere Kanalkapazität zu benötigen.

Ein Teil der natürlichen Redundanz bleibt dabei meistens erhalten. Ein typisches Anwendungsbeispiel ist die Reduzierung der Bandbreite einer Telephonverbindung auf weniger als 4 kHz (vgl. 3.1.).

b) bis d) *A-posteriori-Signalselektion*

b) *Verfahren mit natürlicher Redundanz*
In diesem Fall wird die vorgegebene Redundanz *nicht* mittels einer Vorfilterung beseitigt. Die natürliche Redundanz wird also von Anfang an bis zum

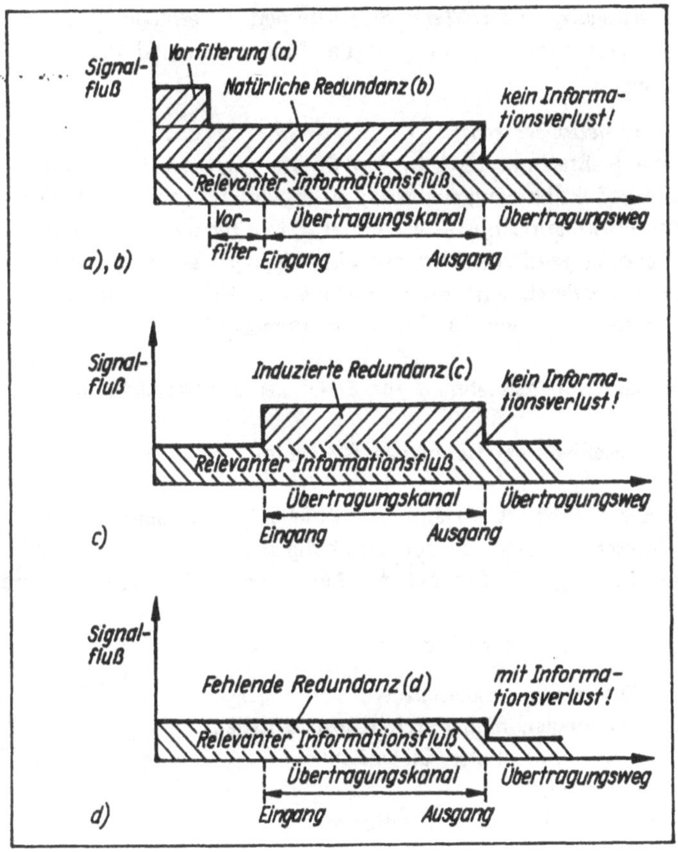

Abb. 2.5. Signalflußmodelle für die Strategie der Erhöhung der Störsicherheit bei der Informationsübertragung

Kanalausgang mitgeführt und dort ohne Verlust an relevanten Anteilen („ohne Informationsverlust") auf der Empfangsseite beseitigt. Der Vorteil besteht darin, daß auf der Empfangsseite über die Art und den Umfang der Signalselektion selbst entschieden werden kann, angepaßt an den Verwendungszweck der Information. So bringt z. B. ein Verzicht an Güte der Übertragung einen Gewinn an Reichweite.

c) *Verfahren mit künstlicher Redundanz*

Wenn keine natürliche Redundanz vorhanden ist – hier Redundanz im Sinne von Mehraufwand –, dann kann sie am Kanaleingang hinzugefügt („induziert") werden, um eine Übertragung mit größerer Störsicherheit zu ermöglichen. Am Kanalausgang entfällt sie wieder, wie im Falle der Modulation und der Kodierung (s. 3.2. und 3.3.).

d) *Verfahren mit Informationsverzicht*
Dieser Fall ist für die Meßtechnik typisch. Am Empfangsort der Information wird eine Informationsreduktion vorgenommen, ja es wird überhaupt auf einen wesentlichen Teil des Informationsflusses verzichtet, da er für die *Informationsverarbeitung* nicht benötigt wird. Es wird nur eine Kenngrößenbildung ausgeführt, mathematisch ausgedrückt, eine Funktionalbildung (Varianz, Korrelation u. a.) (s. 4.2.). Auf diese Weise werden Störungen unterdrückt.

2.3. Einfache technische Maßnahmen zur Erhöhung der Störsicherheit

2.3.1. Konstruktive Maßnahmen (räumliche Selektion)

Das Bestreben in dieser Schrift ist es, eine einheitliche Betrachtung der nachrichten- und meßtechnischen Verfahren zur Erhöhung der Störsicherheit anzustellen. Die additiven Störungen bilden bei der Einwirkung auf lineare Systeme den Schwerpunkt.

E. UNGER [U1] führt folgende *Störer* an:

1. Rundfunksender, Funkgeräte, Radaranlagen;
2. Elektrostatische Aufladungen, u. a. durch Kunststoffbelag;
3. Phasenschnittsteuerungen mit steilen Stromflanken;
4. Leistungsschalter, Lichtbogen;
5. starke 50-Hz-Felder, z. B. in Umspannstationen;
6. Kfz-Zündanlagen;
7. Kollektormotoren;
8. Mikrowellenherde, HF-Therapiegeräte;
9. Leuchtstofflampen und deren Starter;
10. atmosphärische Entladungen.

Er weist daraufhin, daß der durch die verschiedenartigen Störer verursachte *Störnebel* in den letzten Jahrzehnten rapide zugenommen hat, trotz vieler lokaler Entstörmaßnahmen. Dadurch hat das Problem der Störungen erhebliche Bedeutung erlangt. Ferner stellt er fest, daß die Informationsverarbeitungseinrichtungen – die Empfänger – wesentlich empfindlicher geworden sind, und zwar aus folgenden Gründen:

1. Bedeutend höhere Ansprechempfindlichkeit und geringerer Leistungsbedarf im Vergleich mit der Relaistechnik.
2. Viel höhere Verarbeitungsgeschwindigkeit, also größere Sensibilität gegenüber kurzen, hochfrequenten Störspitzen der elektrischen Anlagen.

3. Miniaturisierung, also höhere Packungsdichte und dadurch engere Nachbarschaft zu potentiellen Störern.
4. Häufigere Verwendung von Kunststoffbehältern anstelle abgeschirmter Blechgehäuse.
5. Umfangreichere Systeme, die oft statistisch anfälliger sind.
6. Ausgedehnte Leitungsnetze („Antennenwirkung").
7. Selbststörungen innerhalb einer Anlage.

Zunächst sei auf einige einfach zu realisierende technische Maßnahmen hingewiesen, unabhängig davon, ob zusätzliche Maßnahmen erforderlich sind oder nicht. Das Einfachste ist in der Technik immer das Beste und das Sicherste, vor allem ist es billiger. Meistens handelt es sich bei den Entstörmaßnahmen um Bestandteile einer erprobten Gerätetechnik. Aber auch diese sind einst nach Rückschlägen und Mißerfolgen bei Störeinwirkungen eingeführt worden. Leider stellt sich die unzureichende Störsicherheit oder Zerstörfestigkeit erst am fertig entwickelten oder gar schon im praktischen Einsatz befindlichen Gerät heraus.

Am wirksamsten und einfachsten lassen sich diejenigen Störungen ausschalten, die sich örtlich gegenüber dem Nutzsignal unterscheiden. Hier helfen konstruktive Maßnahmen, um z. B. eine unerwünschte Kopplung von Baustufen einer Anlage zu vermeiden. Dabei kann es sich um eine ohmsche, induktive, kapazitive oder um eine Strahlungskopplung der Teilgeräte handeln. Mit der Berechnung derartiger Kopplungen und Abschirmmaßnahmen beschäftigt sich die *Theorie der elektromagnetischen Kompatibilität* („EMC-Technik"; vgl. hierzu Kapitel 4).

Folgende konstruktive Maßnahmen sind hervorzuheben:

1. *Wahl des Aufstellungsortes einer Anlage*

Zunächst wird versucht, A-priori-Kenntnisse über die Lage der Störquellen und die örtliche Struktur des Störfeldes zu erlangen, um den günstigsten Aufstellungsort zu ermitteln. Hierbei kommt es auf das Verhältnis der Nutzfeldstärke zur Störfeldstärke an. Die Feldstärke elektromagnetischer Störungen nimmt bekanntlich umgekehrt proportional zur Entfernung ab. Deshalb lassen sich die industriellen Störungen, z. B. von Motoren, durch einen hinreichenden Abstand reduzieren. Besonders empfindlich sind Fernsehempfänger gegen Impulsstörungen von Zündanlagen aller Kraftfahrzeuge. Der Aufstellungsort sollte möglichst so gewählt werden, daß ein Gebiet größerer Nutzfeldstärke erreicht wird. Zum Beispiel sollte der Ort der UKW-Empfangsantennen möglichst hoch über dem „Störnebel" der Großstadt liegen, sowie im Bereich größerer Nutzfeldstärke, also möglichst hoch über dem Erdboden. Diese Entstörungsmaßnahme ist nur auf der Empfangsseite sinnvoll, wogegen der Störpegel auf der Sendeseite ohne Belang ist. Hier kommt es jedoch auf eine möglichst hoch gewählte Aufstellung auf Masten oder Türmen an, um die Reichweite zu vergrößern, die bei UKW durch den Horizont begrenzt ist.

2. *Strahlbündelung*

Mittels einer geeigneten Sendeantenne läßt sich der Einfluß von Störungen ebenfalls verringern. Doch hängt dies davon ab, ob es sich um eine Rundumstrahlung oder um eine Richtstrahlung handelt. Beim UKW-Rundstrahler wird die Antennencharakteristik so gewählt, daß möglichst wenig Strahlungsleistung nach oben abgestrahlt wird, dagegen in horizontaler Richtung gleichmäßig in alle Richtungen. Bei Richtstrahlverbindungen wird auch horizontal gebündelt. Die ***Rundstrahlcharakteristik*** wird mittels einer vertikalen Dipolreihe realisiert, die ***Richtstrahlcharakteristik*** mittels einer Parabolantenne. Die Kenngröße der Strahlbündelung ist der *Bündelungsgewinn* G_A (gain), gemessen in dB. Diese Maßzahl hat den Vorteil, daß sich für die Bezugnahme auf die Feldstärke oder auf die Strahlungsleistung derselbe Wert ergibt. Der Bündelungsgewinn bezeichnet das Leistungsverhältnis in der Hauptstrahlrichtung der Richtantenne zu der des idealen Rundstrahlers oder des einfachen Dipols.

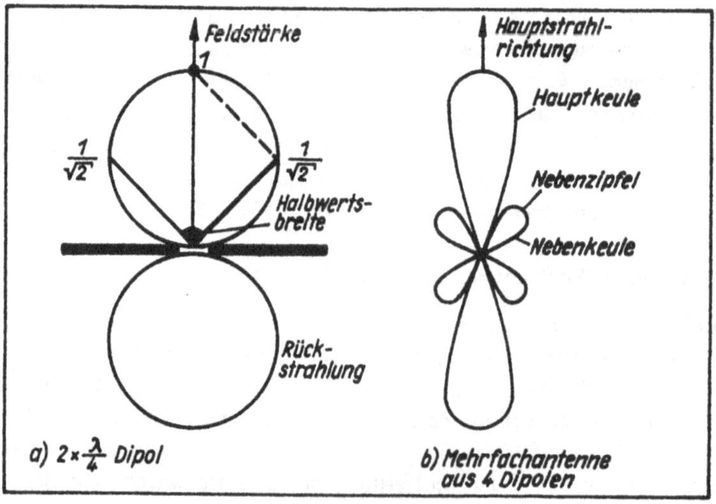

Abb. 2.6. Störsicherheit durch Strahlbündelung
(Richtcharakteristiken von Antennen)

Für den Vergleich mit dem Dipol gilt:

$$G_A = 10 \log F_A/F_D$$

mit der wirksamen Antennenstrahlungsfläche F_A bei einer Dipolfläche von:

$$F_D = \frac{3}{8\pi} \lambda^2$$

mit der Wellenlänge λ.

Störungen werden durch die *Nebenmaxima* der Richtstrahlcharakteristik verursacht. Einerseits entstehen dadurch unerwünschte Abstrahlungen in falsche Richtungen, anderseits ergeben sich bei der Benutzung zu Ortungszwecken (Radar) parasitäre Nebenmaxima und damit falsche Richtungsanzeigen.

Der Rundstrahler bewirkt eine schärfere Bündelung dadurch, daß mehrere Elementardipole zu einer Antennenanordnung kombiniert werden. Diese sind so anzuordnen, daß sich die Empfangsspannungen für die gewünschte Rundstrahlebene addieren. Damit ist der Hauptstrahl azimutal gerichtet. In anderer Richtung (nach oben oder unten) ergibt sich eine geringere Strahlleistung, weil nicht gleichphasig addiert wird. In gewissen Richtungen (Abb. 2.6) kompensieren sich die Strahlungskomponenten vollständig. Das ergibt die Nullstellen des Strahlungsdiagramms. Dies ist dann der Fall, wenn die Dipole im Abstand von $\lambda/2$ angeordnet sind. Abbildung 2.6 zeigt das Richtdiagramm für eine Antennenanordnung, die aus vier Elementardipolen im Abstand von jeweils $\lambda/2$ in Querrichtung besteht.

Der Parabolspiegel, der in der Zentimeterwellentechnik häufig verwendet wird, bewirkt im Brennpunkt eine gleichphasige Addition aller in Hauptstrahlrichtung einfallenden und am Spiegel reflektierten Wellen. Der *Gewinn* gegenüber dem idealen, allerdings nicht realisierbaren Kugelstrahler beträgt beim Parabolspiegel:

$$G = 4\pi F/\lambda^2.$$

Für F ist die effektiv wirksame Antennenfläche einzusetzen, die etwa das 0,5- bis 0,7fache der geometrischen Fläche beträgt. Beim Parabolspiegel beträgt die *Leistungshalbwertbreite* des Strahlungsdiagramms

etwa 50 λ/D (in Grad),

mit D als Antennendurchmesser.

Zur Unterdrückung der Nebenmaxima muß die Strombelegung der Antennenfläche etwa die Gestalt einer $\cos^2$-Funktion haben, mit dem Maximum im Mittelpunkt und einem Nullwert am Rande. Dies ergibt sich aus der Tatsache, daß das Strahlungsdiagramm die FOURIER-Transformierte der Strombelegung ist. Daher ergibt eine konstante Strombelegung ein Strahlungsdiagramm in Form einer Spaltfunktion mit starken Nebenmaxima, die $\cos^2$-Strombelegung hingegen eine ihr ähnliche Strahlungscharakteristik ohne Nebenmaxima. Günstigerweise nimmt die Strombelegung technischer Spiegelantennen zum Rand hin monoton ab, was der gestellten Forderung nahe kommt. Als Kenngröße der Nebenkeule des Diagramms wird das Verhältnis des Hauptmaximums zum Nebenmaximum gewählt. Es wird in dB gemessen und als *Nebenstrahldämpfung* bezeichnet.

Zur Kennzeichnung der Rückstrahldämpfung dient ferner das Verhältnis der Strahlung in Hauptstrahlrichtung zur Strahlung in entgegengesetzter Richtung. Dies ist jedoch ein sehr unerwünschter Effekt. Bei Parabolspiegeln beträgt der Wert etwa 50 dB; der sehr günstige Wert kommt durch die gute Abschirmwirkung der Reflexionsfläche des Spiegels zustande. Es ist zu beachten, daß sich die Dämpfungswerte bei Benutzung einer Richtantenne sowohl auf der Sende- als auch auf der Empfangsseite verdoppeln, z. B. in Richtfunkstrecken, da sie zweifach wirksam sind. Wegen des Reziprozitätsgesetzes der Antennentheorie gelten die Kenngrößen für Sende- und Empfangsantennen. Die Antennentechnik ist eine sehr ausgereifte Disziplin und bietet zahlreiche Varianten in jeweils optimaler Ausführung.

Die Berechnung des elektromagnetischen Strahlungsfeldes ist HEINRICH HERTZ (1857–1894) zu verdanken, sowohl für das Nahfeld als auch für das Fernfeld. Er wies die von J. CLERK MAXWELL (1831–1879) vorausgesagte Existenz der elektromagnetischen Wellen experimentell nach. Dazu benutzte er Dipolstrahler, die durch Funken zur Strahlung von gedämpften Dezimeterwellen angeregt wurden. Gegenstand dieser Untersuchung war die Reflexion, Bündelung und Strahlenbrechung. Diese Experimente fanden bereits 1886/87 statt.

3. *Probleme der Wellenausbreitung*
Bei der Wahl der Sendeleistung sind einige Störmöglichkeiten zu berücksichtigen. Zu vermeiden sind Überreichweiten, die Mehrwegeausbreitung, die Störung anderer Nachrichtenverbindungen im gleichen Frequenzbereich. Solche Probleme betreffen die Eigenschaften des Übertragungsmediums zwischen Sender und Empfänger. Sie erweisen sich als zeitveränderliche, *multiplikative Störungen* (s. 3.4.).

4. *Abschirmung von Störeinflüssen*
Die Bündelung der elektromagnetischen Strahlung durch bestimmte Antennenformen ist ein Sonderfall unter den zahlreichen technischen Entstörungsmaßnahmen in der Informationstechnik. Damit wird stets bezweckt, zu verhindern, daß elektromagnetische Störungen in den Übertragungskanal der Nutzinformation eindringen, bzw. es wird versucht, diese Einflüsse zu reduzieren.

Wenn es sich allgemein darum handelt, zu verhindern, daß Störungen eindringen, z. B. in hochempfindliche Meßapparaturen, dann schirmt eine metallische Umkleidung das Innere vollständig ab. Sie stellt einen „Faraday-Käfig" dar. Das geschieht in der Gerätekonstruktion zur gegenseitigen Abschirmung von Teilsystemen, z. B. von Verstärkerstufen. Da durch einfache Trennwände eine gegenseitige Beeinflussung infolge induzierter Wandströme eintreten kann, z. B. in Hochfrequenzsendern, ist auf eine lückenlose gemeinsame Masseverbindung ohne gegenseitige Kopplung zu achten.

Eines der wichtigsten Mittel zur Abschirmung von Störeinflüssen sind Koaxialkabel. Die Ummantelung (Abschirmung) des den Informationsfluß führenden Innenleiters verhindert sehr wirksam, daß elektromagnetische Störungen durch den Außenleiter hindurchdringen. Im Höchstfrequenzgebiet, z. B. bei Wellenlängen um oder unter 3 cm, werden auch Hohlrohrleitungen ohne Innenleiter verwendet.

In der Nachrichten- und Meßtechnik werden zunehmend optische Leitungen („Lichtwellenleiter") eingeführt (s. 3.3.6.). Dies sind allerdings keine einfachen technischen Maßnahmen zur Erhöhung der Störsicherheit. Sie erfordern vielmehr eine neue Technologie.

5. *Kompensation von Störsignalen*
Eine weitere Methode der räumlich-konstruktiven Selektion ist die sogenannte *Störgrößenaufschaltung.* Hierbei ist zu unterscheiden zwischen a) der Messung und Aufschaltung der Störgröße, wenn sie unabhängig vom Nutzsignal erfaßt und verwertet werden kann. Dieses Prinzip ist in der Regelungstechnik weit verbreitet. Es dient z. B. zur Kompensation von Umwelteinflüssen, indem Luftdruck- oder Temperaturschwankungen der Umgebung eines Arbeitssystems als Störgröße gemessen und als Regelungsgröße verwendet werden. Es wird die „Drift" erfaßt, d. h. die langsame und lang andauernde Veränderung der betreffenden Umweltgröße. Damit lassen sich nicht nur additive, sondern auch multiplikative Störeinflüsse kompensieren.

Dem steht b) die Aufschaltung von Störgrößen gegenüber, die nicht unabhängig vom Nutzsignal erfaßt werden können und sich wie dieses kurzfristig ändern. Dies ist mittels einer sogenannten *Gegentaktschaltung* realisierbar.

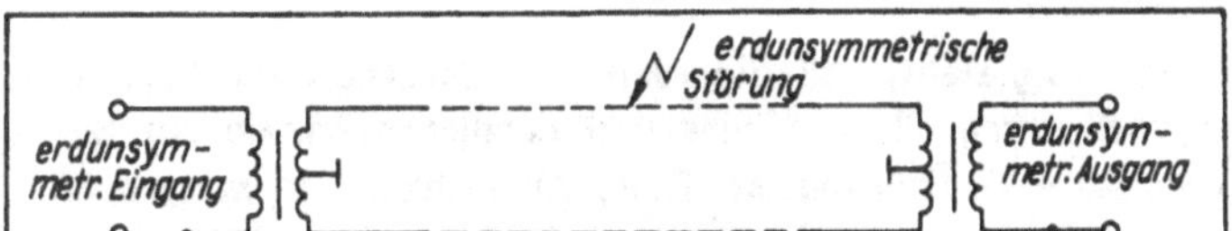

Abb. 2.7. Symmetrieprinzip für Leitungsübertragung

Nach Abbildung 2.7 wird, Wechselstromvorgänge vorausgesetzt, der Nutzsignalfluß mit entgegengesetzten Vorzeichen in zwei Teilstromzweigen übertragen, d. h. symmetrisch zur Masse im Gegentakt. In dieser Anordnung wirkt eine erdunsymmetrische Störung mit dem gleichen Vorzeichen – im „Gleichtakt" –

auf die beiden Teilstromkreise ein. Die Störströme heben sich in der ausgangsseitigen Gegentaktschaltung auf, während die gegenphasigen Nutzsignalströme sich dank der Gegentaktschaltung am Ausgang addieren. Nach dem gleichen Prinzip arbeiten verschiedene Meßbrückenschaltungen.

Das Prinzip der Gegentaktschaltung ist auch verwendbar, um ein zusätzliches Nutzsignal störungsfrei zu übertragen, ohne daß sich die Gesprächskanäle gegenseitig beeinflussen.

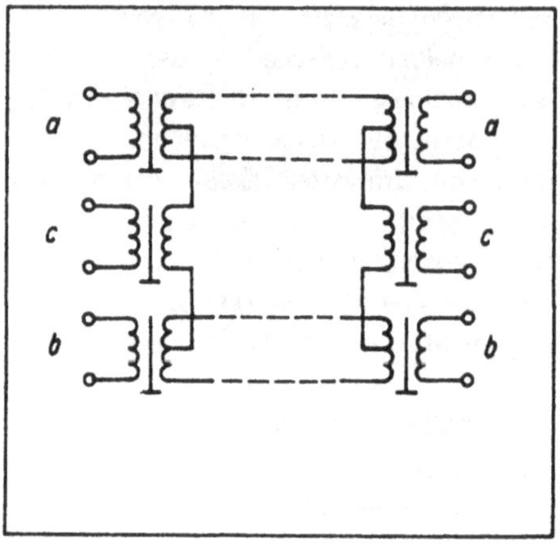

Abb. 2.8. Dreifachübertragung über zwei Leitungspaare

Nach Abbildung 2.8 handelt es sich um eine *Dreifachübertragung.* So können über zwei Fernleitungen drei anstelle von zwei Gesprächskanälen übertragen werden. Das dritte Gespräch wird zusätzlich über die Symmetriemitte eingeschleust. In meßtechnischer Auffassung ist dies wiederum eine Brückenschaltung.

Zusammengefaßt sei festgestellt, daß die räumliche Selektion als Konstruktions- und Schaltungsmaßnahme ein einfaches und nützliches Prinzip zur Signaltrennung und damit zur Entstörung ist. Diese Möglichkeit ist weitgehend auszunutzen, ehe kompliziertere, auch kombinierte Maßnahmen getroffen werden.

2.3.2. Zeitliche Selektion

Eine zweite Möglichkeit, die Störsicherheit ohne Signalwandlung zu erhöhen, besteht in der zeitlichen Selektion. Damit wird der Nutzinformationsfluß von den Störungen zeitlich getrennt. Der Begriff ist weit gefaßt und schließt andere Nutzsignale, z. B. Fremdsender, ein. Das ist dann möglich, wenn die

Störsignale nur zu bestimmten Zeiten anfallen und dies vorher bekannt ist. Die zeitliche Trennung kann auch vereinbart werden.

In der Forschungsmeßtechnik wird gelegentlich nachts gemessen, weil dann der allgemeine Störpegel vergleichsweise geringer ist. Für den Kurzwellen-Weitverkehr sind die Übertragungsbedingungen der Ionosphäre nachts günstiger. Dieser Vorteil wird folglich ausgenutzt.

Eine andere Form der Zeitselektion besteht in der Auswahl und gegenseitigen Abstimmung von Übertragungszeiten, z. B. beim Betrieb von Funkbaken als Navigationshilfen in der Küstenschiffahrt. Es werden die Sendezeiten der Baken (Funkleuchtfeuer) zeitlich nacheinander gestaffelt. Die Zeitselektion wird mit anderen Selektionsverfahren kombiniert, denn etliche Methoden sind miteinander verträglich.

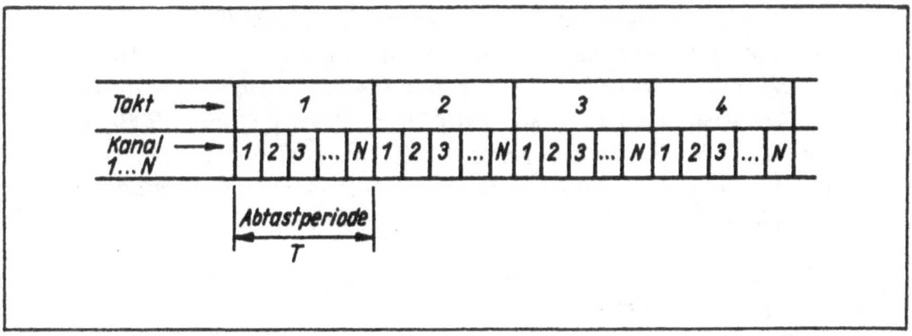

Abb. 2.9. Schema eines Zeitmultiplexsystems

Auch innerhalb eines einzigen Informationskanals wird die Zeitselektion benutzt, d. h. als sogenannte *Zeitmultiplex*-Methode. Hierbei werden auf einer Trägerfrequenz mehrere Nachrichtenkanäle, z. B. Gesprächsverbindungen, zeitlich ineinander geschachtelt (Abb. 2.9). Die verschiedenen Kanäle werden durch eine mit dem Sendetakt synchron laufende zeitliche Austastung getrennt und dadurch gegenseitige Störungen vermieden. Die Gesprächs- oder die Meßwertkanäle werden in einer festgelegten Reihenfolge nacheinander periodisch an die entsprechenden Empfänger angeschlossen. Somit wird jeweils ein Amplitudenwert entnommen. Die Abtastfrequenz muß an die Grenzfrequenz des Kanals angepaßt werden (s. Kapitel 3). Ein Glättungsfilter wandelt die diskrete Amplitudenfolge wieder in einen kontinuierlichen Amplitudenfluß um (s. 3.3.).

Schließlich sei noch die *spektrale Selektion* erwähnt, die jedoch mit Signalwandlung arbeitet, also nicht zu dieser Gruppe der einfachen Verfahren gehört.

3. Beitrag der Nachrichtentechnik: Signalverarbeitung ohne Informationsverlust und Einführung der spektralen Darstellung

„Die schönste Theorie hat erst Wert durch die Werke, in denen sie sich erfüllt."

Romain Rolland (1866–1944)

1887 veröffentlichte HEINRICH HERTZ die bahnbrechende Arbeit „Über sehr schnelle elektrische Schwingungen" [H5] und wies die Existenz der elektromagnetischen Schwingungen experimentell nach. JAMES CLERK MAXWELL hatte sie anhand seiner 1873 aufgestellten Differentialgleichungen des elektromagnetischen Feldes vorausgesagt. Darauf setzte Ende des 19. Jahrhunderts die Entwicklung der drahtlosen Telegraphie, der Funktechnik, ein. Hieran waren der italienische Ingenieur GUGLIELMO MARCONI (1874–1937), der Petrograder Universitätsprofessor ALEXANDER S. POPOW (1859–1906), der deutsche Physiker K. F. BRAUN (1850–1918) und andere beteiligt.

Die Nachrichtentechnik entwickelte im Verlauf dieses Jahrhunderts folgende neue Methoden:

1. die spektrale Darstellung und Filtertechnik,
2. die analoge Informationsübertragung sowie
3. die digitale Informationsübertragung.

Die internationalen Normen der Kommunikationsmittel basieren zum großen Teil auf diesen Leistungen. *Das Problem der Störsicherheit trieb die Entwicklung ständig voran.*

Nachfolgend wird der Frage nachgegangen, welche grundsätzlich neuen Methoden ausgearbeitet wurden, um die Informationsübertragung zu verbessern.

3.1. Spektrale Darstellung und Filterung

3.1.1. Einführung spektraler Kenngrößen

Im 20. Jahrhundert erfolgte als Ergänzung der GAUSSschen Ausgleichsrechnung und der mathematischen Statistik der Ausbau der spektralen Abbildung, vorzugsweise für determinierte Vorgänge. Der Anstoß zu dieser Entwicklungsrichtung gab die Nachrichten- und Regelungstechnik. Die *spektrale Abbildung* ließ sich, wie NORBERT WIENER (1894–1964) zeigte, auch auf nichtdeterminierte Vorgänge übertragen. Die Basis bildet die FOURIER-Transformation

(J. B. FOURIER, 1768–1830). Danach lassen sich zeitabhängige Vorgänge durch trigonometrische Reihen darstellen und partielle Differentialgleichungen, z. B. die der Wärmeleitung, durch solche Ansätze lösen. Die Frage nach den Nebenbedingungen klärte FOURIERS Freund und Nachfolger von GAUSS in Göttingen, P. G. J. DIRICHLET (1805–1859). Die spektrale Abbildung durch die FOURIER-Transformation wurde schon im 19. Jahrhundert in der Wellenlehre der theoretischen Physik angewendet. In der Antennentheorie wird mit ihrer Hilfe der Zusammenhang zwischen der Strombelegung eines Strahlers und seinem zugeordneten Strahlungsdiagramm behandelt. Die Gesetze der Optik konnten unmittelbar auf die elektromagnetische, hochfrequente Strahlung übertragen werden. Ein Beispiel dafür ist der Begriff der Spaltfunktion (s. 4.2.).

Auch in die Wahrscheinlichkeitstheorie spielt die FOURIER-Transformation hinein: Die Verteilungsdichte und die zugehörige charakteristische Funktion bilden jeweils ein Paar von wechselseitigen FOURIER-Transformierten. Hierbei wird die Faltung von Verteilungsdichten (s. 1.1.) in ein algebraisches Produkt der charakteristischen Funktionen umgewandelt.

Folgende Fragen stehen hier im Vordergrund:

1. Welchem Zweck dient die spektrale Darstellung in der Informationstechnik?
2. Wie und zu welchem Zweck ist sie weiterentwickelt worden?

Die Einführung der spektralen Abbildung hat folgende Gründe: Der physikalisch-technische Aspekt besteht darin, daß mechanische oder elektrische Eigenschwingungen durch die *zeitkonstanten Parameter* Frequenz und Phase beschreibbar sind. Es lassen sich auch nichtperiodische Vorgänge spektral durch sogenannte FOURIER-Integrale darstellen. Daher werden vorzugsweise harmonische Schwingungen als System orthogonaler Standardsignale gewählt. Nach dem Vorbild der Schwingungslehre werden für die Aufgaben der Informationsübertragung determinierte Testsignale benutzt, obwohl die Informationsprozesse nicht determiniert sind. Sie sind a priori nicht bekannt, lediglich ihre Zielrichtung steht fest, wie in der Sprachvermittlung, Musik- oder Zeichenübertragung, Bildwiedergabe u. a. Diese Informationen haben stochastischen Charakter. Die geforderte Güte der Wiedergabe am Empfangsort macht den *Kampf gegen Störungen* notwendig und führte zur Einführung zahlreicher neuer Methoden der Informationsübertragung, angepaßt an den Charakter der Störsignale.

FOURIER-Integraldarstellung

Für determinierte, nichtperiodische Signale ergibt sich die *spektrale Amplitudendichte* zu

$$\underline{X}(\omega) = \int_{-\infty}^{+\infty} x(t)\exp(-j\omega t)\, dt$$

als FOURIER-Transformierte des Zeitvorganges $x(t)$.

Das Integral konvergiert für zweiseitig zeitbegrenzte Signale mit endlichen Amplituden. Für einen symmetrischen Zeitbereich der Dauer T ergibt sich der Kurzzeitmittelwert

$$\underline{X}(\omega) = \int_{-T/2}^{T/2} x(t)\exp(-j\omega t)\,dt\,.$$

$\underline{X}(\omega)$ ist im allgemeinen eine komplexe Größe [F8, P10]. Hier entfällt die Zeit als Parameter!

Bei stochastischen Vorgängen wird lediglich mit dem Leistungsspektrum gerechnet

$$S(\omega) = \lim_{T\to\infty} \frac{1}{T}\,[X(\omega)]^2\,.$$

Beim Übergang von der spektralen Amplitudendichte zum Leistungsspektrum wird die Phaseninformation abgestoßen (s. 4.2.). Da die Zeit als Parameter entfällt, eignet sich der Begriff nur für stationäre Prozesse, deren Statistik zeitinvariant ist.

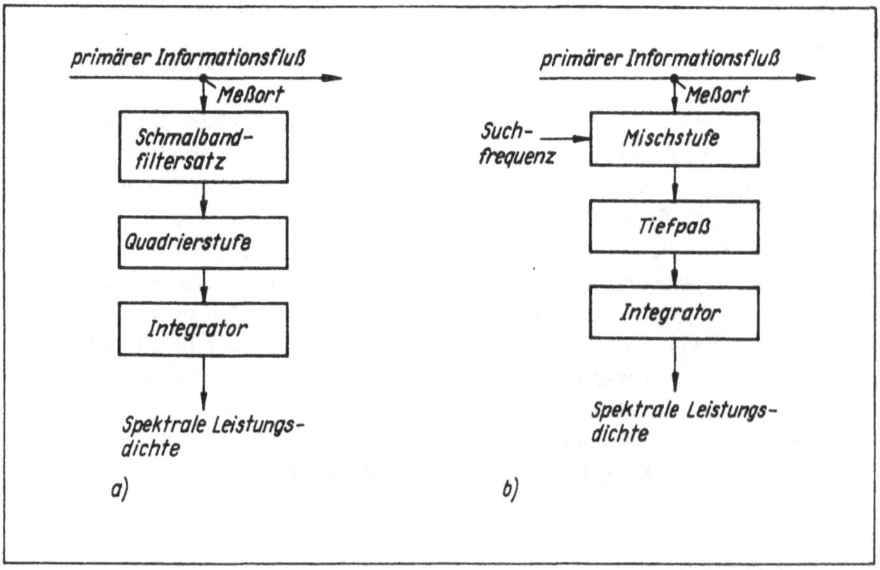

Abb. 3.1. Anordnungen zur Messung der Leistungsdichte

Abbildung 3.1a zeigt das Schema zur Messung des Leistungsspektrums mittels eines Satzes von Schmalbandfiltern. Um die Frequenzabhängigkeit genauer messen zu können, wird nach Abbildung 3.1b eine Suchtonanalyse mit veränderlicher Suchfrequenz und anschließender Tiefpaßfilterung (s. 3.1.2.) vorgenommen.

Begriff der Bandbreite
Ein wichtiger Begriff ist der Frequenzbereich eines Informationsflusses, d. h. der zur Übertragung benötigte *Frequenzbedarf.* Er beträgt z. B. für die Telephonieübertragung max. 4 kHz, für die Rundfunkqualität 15 kHz, für das Fernsehen 5 MHz. Man unterscheidet deshalb *Schmalband-* und *Breitband-Nachrichtensysteme.* Die Bandbreite ist der entscheidende Parameter für den Entwurf von Nachrichtensystemen.

Die spektrale Betrachtungsweise wurde erst in den dreißiger Jahren dieses Jahrhunderts Allgemeingut der Ingenieure und entstand aus der Schwingungslehre der Starkstromtechnik unter Benutzung komplexer Amplituden nach STEINMETZ als „symbolische Methode". Eine tiefer gehende Behandlung entwickelte sich durch KÜPFMÜLLERS Systemtheorie [K13] und durch den Ausbau der mathematischen Theorie der Funktionstransformationen [F8, P10]. Für die Beschreibung von Einschwing- und Ausgleichsvorgängen wurde die Operatorenrechnung geschaffen, angeregt durch Vorarbeiten von O. HEAVISIDE (1850–1925) um die Jahrhundertwende.

3.1.2. Spektrale Signalselektion durch lineare Netzwerke

Die Erfindung der spektralen Signalselektion durch lineare Netzwerke, *Filter* genannt, brachte einen wesentlichen Fortschritt, Störsignale zu unterdrücken und damit die Störsicherheit zu erhöhen. Die Vorbedingung ist dabei, daß sich das Nutzsignal von den Störungen durch spektrale Eigenschaften unterscheidet. Das Nutzsignal muß also in einem anderen Frequenzbereich liegen. Die Selektion geschieht am einfachsten durch einen Resonanzkreis. Dies ist aber nur dann möglich, wenn die relative Bandbreite des Nutzsignals, d. h. das Verhältnis von absoluter Bandbreite zur Bandmitte (oder zur Trägerfrequenz) klein gegenüber der Resonanzbandbreite ist. Andernfalls besteht das Filter aus einer komplizierteren Kombination von Blind- und Wirkwiderständen, aus einem linearen Netzwerk.

Berechnung linearer Netzwerke
Es besteht die Aufgabe, das Ausgangssignal eines linearen Netzwerkes aus dem Eingangssignal und einer das Netzwerk kennzeichnenden Systemfunktion zu berechnen. Im Zeitbereich lautet die Beziehung (vgl. Abb. 3.2):

$$x_a(t) = \int_0^t x_e(t) g(t-\tau) d\tau = x_e(t) * g(t).$$

Das Symbol * kennzeichnet die Verknüpfungsoperation der Faltung als Fal-

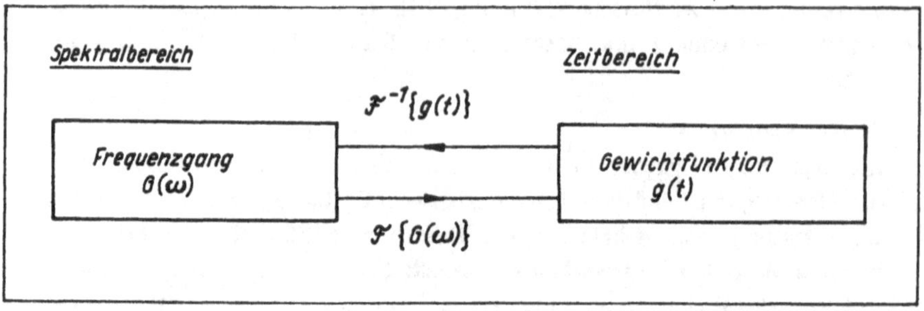

Abb. 3.2. Wechselbeziehungen der Systemkenngrößen im Zeit- und im Spektralbereich durch FOURIER-Analyse

tungsprodukt. g(t) bedeutet die Gewichtsfunktion des linearen Netzwerkes, auch als Impulsreaktion bezeichnet. Vorauszusetzen ist, daß das Netzwerk Blindwiderstände als Energiespeicher enthält, deren Nachwirkung im Zeitabstand τ vom momentanen Zeitpunkt t aufsummiert wird. In rein ohmschen Netzwerken ist keine Nachwirkung zu verzeichnen. Die Berechnung von g(t) mit den vorgegebenen Zeitfunktionen $x_e(t)$ als Eingangs- und $x_a(t)$ als Ausgangssignal erfordert eine Entfaltungsoperation. Diese Schwierigkeit kann umgangen werden, wenn die zugehörigen FOURIER-Transformierten benutzt werden. Dann erscheint im Spektral- oder Bildbereich ein algebraisches Produkt

$$\underline{X}_a(\omega) = \underline{X}_e(\omega)\underline{G}(\omega).$$

Der Vorteil der Bilddarstellung liegt darin, daß die Wirkung des linearen Systems durch zwei komplexe Faktoren beschrieben wird, die die Eigenschaften des Eingangssignals und des Netzwerkes für sich getrennt enthalten und durch eine *einfachere Verknüpfungsrelation* verbunden sind. Die Auflösung nach $\underline{G}(\omega)$ ist formal durch eine Division möglich. Die Eigenschaften des Netzwerkes werden durch die Lage der Pole und Nullstellen von $\underline{G}(\omega)$, d. h. durch den *Pol-Nullstellen-Plan* beschrieben. Voraussetzung ist, daß das Netzwerk aus diskreten Bauelementen (R, L, C) besteht. Es muß untersucht werden, ob das berechnete Netzwerk überhaupt physikalisch realisierbar ist! Diese Methode wurde von W. CAUER [C1] zu hoher Vollkommenheit entwickelt. G. WUNSCH [W11] hat die Voraussetzungen für die Realisierbarkeit anhand der Theorie der komplexen Funktionen dargelegt.

Das Grundbauelement der Filtertechnik ist das *Tiefpaßfilter.* Abbildung 3.3 stellt schematisch die spektralen Eigenschaften dar. Der Durchlaßbereich für tiefe Frequenzen ist von dem Sperrbereich für hohe Frequenzen zu unterscheiden. Der Zusammenhang mit der Ausgleichrechnung besteht darin, daß das Tiefpaßfilter eine *frequenzabhängige Mittelwertbildung* vollführt: Nur die hohen

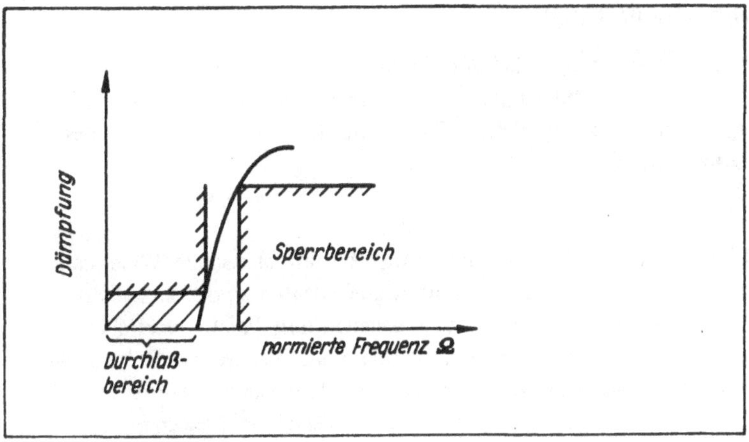

Abb. 3.3. Signalselektion durch ein Tiefpaßfilter

Frequenzen werden durch Integration (Aufsummierung) unterdrückt, die tiefen Frequenzen dagegen nicht. Als Nebenbedingung ist die Forderung zu berücksichtigen, daß die Durchlaßdämpfung einen vorgeschriebenen Maximalwert nicht überschreitet. Daher scheidet bei der Filtersynthese die Methode des kleinsten Fehlerquadrates (MKQ) als Optimierungskriterium aus. Stattdessen ist eine *TSCHEBYSCHEFF-Approximation* anzusetzen. Im Durchlaßbereich darf keine diskrete Frequenz in einem noch so schmalen Bereich völlig unterdrückt werden. Näheres zu dieser Problematik ist in [F6 und F7] behandelt.

Bemerkenswert ist, daß die spektrale Filterung *ohne* Meßredundanz arbeitet. Insofern besteht eine Verwandtschaft zwischen der spektralen Filterung und der mechanischen Abschirmung. Das Filter schirmt die Frequenzanteile des Durchlaßbereiches von den Frequenzanteilen des Sperrbereiches ab. Die anderen drei Filtertypen, das Hochpaßfilter, das Bandpaßfilter und das Sperrpaßfilter lassen sich durch eine *Frequenztransformation* berechnen. Die Synthese wird heutzutage rechnerisch mittels Computer ausgeführt. Die benötigte Software liegt in Bibliotheken ausgearbeitet vor.

Filterung stochastischer Vorgänge

Die Erweiterung der linearen Netzwerktheorie auf stochastische Vorgänge [W12] ist der nächste bedeutsame Schritt. Obwohl die Filtertheorie für harmonische Testsignale ausgearbeitet wurde, gilt sie weitgehend auch für nichtdeterminierte Signale, d. h., für Informationsflüsse als Sprache, Musik u. a. Bei akustischen Übertragungen spielt die Verzerrung der Phaseninformation keine Rolle, wohl aber bei Bildübertragungen. Für die Leistungsspektren des Ausgangs- und des Eingangssignals gilt die Beziehung:

$$S_a(\omega) = |G(\omega)|^2 S_e(\omega).$$

Sie wird für die Übertragung oder Wandlung von Breitbandsignalen benutzt.

Der Prototyp des Breitbandsignals ist das *elektronische Rauschen* mit homogener spektraler Leistungsdichte. Dafür gilt das NYQUIST-Gesetz der mittleren Rauschleistung

$$P_r = 4\ kTRB$$

mit $kT = 4 \cdot 10^{-21}$ Ws bei Zimmertemperatur, R dem ohmschen Widerstand, B der Bandbreite. Blindwiderstände, d. h. Induktivitäten und Kapazitäten, rauschen nicht, eine Tatsache, die in den sogenannten Parameterverstärkern ausgenutzt wird (s. 3.6.1). Breitbandsignale sind vorzugsweise als Störsignale in Verstärkern zu verzeichnen. Anwendungen als Nutzsignale werden in Abschnitt 4.2. besprochen. Störungen durch normalverteiltes Rauschen sind bei Meßproblemen häufig anzutreffen. Wenn ein Zeitvorgang als Fall der Meßdynamik beobachtet wird, der vom Rauschen überlagert ist, so ist eine Reduktion der Rauschstörleistung gemäß dem NYQUISTschen Gesetz möglich, indem die Bandbreite durch ein Tiefpaßfilter vermindert wird. Durch diese Maßnahme wird der durch das Störrauschen hervorgerufene Meßfehler eingeengt, aber mit abnehmender Grenzfrequenz nimmt der dynamische Fehler zu. Dieser entsteht durch den Wegfall der hohen Frequenzanteile des Nutzsignals. Das macht sich dadurch bemerkbar, daß eventuell vorhandene Spitzen und Ecken abgeschliffen werden, z. B. bei der Übertragung von Rechteckimpulsen. Hier ergibt sich das Problem, die optimale Grenzfrequenz aufzufinden, bei der der Gesamtfehler, hervorgerufen durch die beiden Fehleranteile, ein Minimum annimmt. Dieses wird nach [W10] durch das Minimalisieren des kleinsten quadratischen Fehlers bestimmt. Abbildung 3.4 dient zur Erläuterung dieses Prinzips.

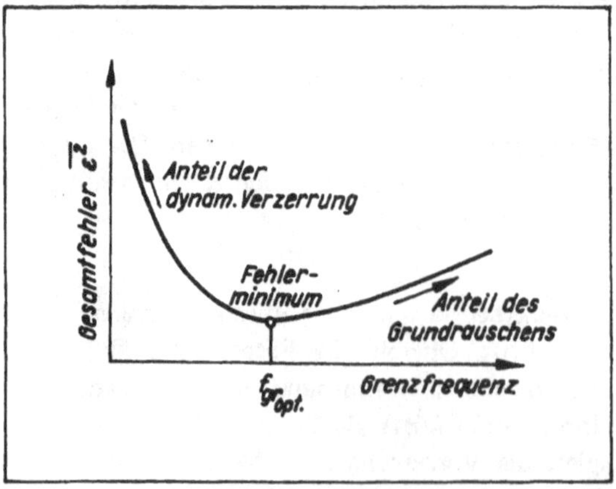

Abb. 3.4. Wahl der optimalen Bandbreite bei additivem Störrauschen

Zur Interpretation des spektralen Filters
Der bemerkenswerte Unterschied zur Meßstatik und zum Prinzip der Mittelwertbildung bei Meßredundanz besteht in der spektralen Filterung darin, daß eine Entstörung in einem *einmaligen* Vorgang eintritt, was mit einem einzigen Meßwert in der Meßstatik nicht möglich ist. Dieser Widerspruch klärt sich dadurch auf, daß ein Zeitvorgang als Folge von Meßwerten im Spektralbereich aus einem Ensemble von frequenzdiskreten Anteilen besteht. Bei der Tiefpaßfilterung werden die hochfrequenten Rauschanteile oberhalb der Grenzfrequenz durch Mittelwertbildung (Integration) unterdrückt, dagegen bleiben die niederfrequenten Anteile erhalten.

3.1.3. Erweiterung der spektralen Abbildung

Immer wieder tauchte der Gedanke auf, andere Funktionstransformationen statt der FOURIER-Transformation zu verwenden. Für die Anwendungen in der Informationstheorie muß gefordert werden, daß eine derartige Transformation das Superpositionsgesetz erfüllt, daß also Summen des Zeitbereichs in Summen des Bildbereiches überführt werden, ohne daß die Verknüpfung der Komponenten eintritt: Die Transformierte einer Summe soll gleich der Summe der transformierten Summanden sein. Ferner wird gefordert, daß die Faltungsoperation in eine einfachere Operation, wie z. B. die Multiplikation, überführt wird, und zwar wieder mit Faktoren, die die Eingangssignal- und Systemeigenschaften getrennt enthalten. Diese Forderungen gelten vorzugsweise für die Analyse und Synthese von linearen Netzwerken.

Es existieren verschiedene Gesichtspunkte für die Anwendung anderer Funktionstransformationen als der klassischen FOURIER-Transformation:

a) Erhöhung der Rechengeschwindigkeit durch Einsparung von Rechenoperationen,
b) verbesserte Erkennbarkeit charakteristischer Eigenschaften der Signale an ihren Bildbereich-Spektren,
c) Erhöhung der Störsicherheit.

zu a): Erhöhung der Rechengeschwindigkeit
Zur Erhöhung der Rechengeschwindigkeit dient die sogenannte *schnelle FOURIER-Transformation* (FFT)[1], die 1965 von J. W. COOLEY und J. W. TUKEY [C7] angegeben wurde. Sie stellt eine Weiterentwicklung der *diskreten FOURIER-Transformation* (DFT)[2] dar, lediglich mit dem Unterschied, daß die Rechnung nach dem Schema von Abbildung 3.5 über Zwischengrößen erfolgt, so daß mit N Werten eine Einsparung an Operationen im Verhältnis $N^2 : N \log_2 N$ eintritt. Dies lohnt sich ab $N > 32$ (vgl. hierzu [F8 und L9]).

1 FFT – fast Fourier transformation
2 DFT – discrete Fourier transformation

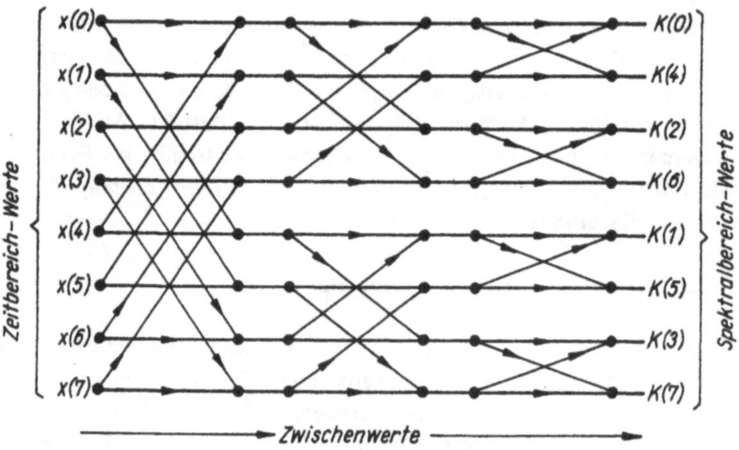

Abb. 3.5. Signalwandlung mittels der schnellen FOURIER-Transformation

Die diskrete FOURIER-Transformation dient zur Umwandlung von zeitdiskreten Abtastwerten (s. 3.3.1.) in frequenzdiskrete Werte. Die Umformung lautet:

$$\underline{X}(j) = \sum_{i=0}^{N-1} x(i)\exp(-2\pi jni/N)$$

mit $i = 0, 1, 2 \ldots N-1$.

Die Rücktransformation (inverse discrete Fourier transformation – IDFT) erfolgt gemäß

$$x(i) = \sum_{j=0}^{j=N-1} \underline{X}(j)\exp(2\pi jn/N).$$

Sowohl die Zeitfolgen x(i) als auch die Frequenzfolgen $\underline{X}(j)$ sind periodisch. Die Transformation hat die zyklische Faltungseigenschaft

$$DFT(x*h) = DFT(x) . DFT(h),$$

worin * das Faltungsprodukt und . das Werteprodukt zweier Folgen (Sequenzen) bedeutet. Die Definition der diskreten, endlichen und zyklischen Faltung ist gegeben durch

$$y(m) = \sum_{n=0}^{n=N-1} x(n)h(m-n) \text{ mit } n = 0, 1, 2 \ldots N-1.$$

Die Berechnung spektraler Kenngrößen, speziell des Leistungsspektrums, aus vorgegebenen Zeitreihen, wurde durch die Software FFT und die Hardware der Mikroprozessoren sehr erleichtert.

Eine weitere Steigerung der Rechengeschwindigkeit gelang durch die Methode der *zahlentheoretischen Transformation* [C5], Kurzbezeichnung NTT (number-theoretic-transfer). Sie beruht auf der Restklassen-Algebra und lautet ähnlich wie die DFT:

$$X(j) = \sum_{i=0}^{N-1} x(i)\alpha^{nj} \bmod m \quad \text{mit } i = 0, 1, 2 \ldots N-1$$

und die inverse Transformation entspricht

$$x(i) = \sum_{j=0}^{N-1} X(j)\alpha^{-nj} \bmod m.$$

Die zyklische Faltungseigenschaft erfordert, daß α eine Einheitswurzel der Ordnung N ist.

Im Gegensatz zur FOURIER-Transformation ist in der NTT die dem Bildbereich zugrundegelegte algebraische Struktur nicht der Körper der komplexen Zahlen. Vielmehr wird der endliche Ring der ganzen Zahlen modulo m zugrunde gelegt. Der Modul m muß danach eine Primzahl oder ein Primzahlprodukt sein. Für möglichst große Transformationslängen N und einen schnellen Algorithmus werden als Modul die Fermat-Zahlen

$$F_t = 2^{2^t} + 1 \quad (t = 0, 1, 2 \ldots) \text{ verwendet.}$$

Mit $m = F_t$ ergibt sich: $F_0 = 3$, $F_1 = 5$, $F_2 = 17$, $F_3 = 257$.

Die Transformationslänge beträgt: $N_{max} = 2^{2^t}$.

Zwecks Computerauswertung werden die ganzen Zahlen mod m binär kodiert, nach NUSSBAUER in der Form:

$$x = \sum_{i=0}^{n-1} x_i 2^i + x_b 2^b + 1 \quad \text{mit } x_i x_b = 0 \text{ und } x_i, x_j \in \{0,1\}.$$

Merkwürdigerweise ergeben sich für die Ringstruktur mod m mit $m = 2^{2^t}$ als Einheitswurzeln $\alpha = 2$ und $\alpha = \sqrt{2}$ (unkodiert). Die NTT findet als schneller Algorithmus in der Bildauswertung praktische Anwendung.

zu b): Verbesserte Erkennbarkeit von Signaleigenschaften an den Bildspektren
Die NTT bietet ein noch ungelöstes Problem, nämlich die Bildsignalspektren zu deuten und eine Beziehung zu den Signaleigenschaften aufzufinden.

Die gleiche Frage ergab sich bei der *WALSH-Funktionstransformation.* Um die Theorie und Anwendung der WALSH-Funktionen haben sich besonders H. F. HARMUTH und F. PICHLER [H3, P9] verdient gemacht. Die WALSH-Funktionen bilden, ähnlich wie die harmonischen Schwingungen, ein orthogonales System von Standardsignalen.

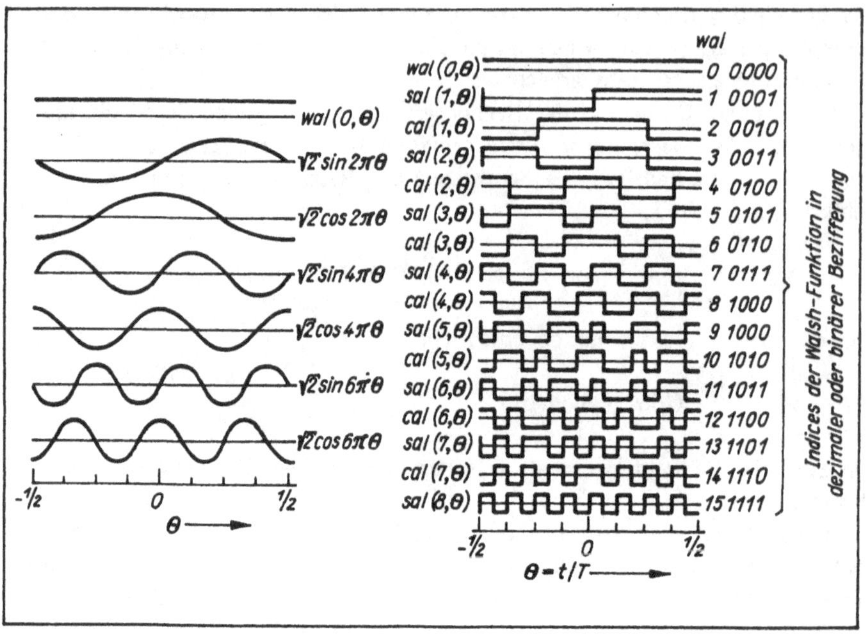

Abb. 3.6. Verlauf der WALSH-Funktionen

Abbildung 3.6 zeigt den Verlauf der beiden Typen von WALSH-Funktionen, der cal- und der sal-Funktionen, die in der Signalstruktur den Cosinus- und den Sinusfunktionen entsprechen. Die Werte des Bildbereiches ergeben sich durch Produktmittelwertbildung, analog den FOURIER-Koeffizienten. Sie bilden das sequenzdiskrete Spektrum. Unter der Sequenz ist die mittlere Anzahl der Nulldurchgänge je s zu verstehen. Die Hoffnung, daß das WALSH-Spektrum wesentlich andere Signaleigenschaften als das FOURIER-Spektrum erkennen läßt, hat sich nach zahlreichen Untersuchungen von stochastischen Vorgängen nicht bestätigt. Die Analyse von linearen Systemen mittels WALSH-Funktionen scheitert an der Tatsache, daß Rechteckschwingungen durch lineare Netzwerke verzerrt werden. Das Sequenzspektrum wird auch qualitativ verändert. Zur Signalrückgewinnung (Filterung) dienen vielmehr sogenannte Sequenzfilter. Das sind von WALSH-Funktionsgeneratoren gesteuerte Tastschaltungen.

zu c): Erhöhung der Störsicherheit

Die WALSH-Funktionen werden zur Erhöhung der Störsicherheit in Gestalt von Fehlerkorrektur-Kodes angewendet (s. 3.3.). Sie eignen sich gut für die binäre Schaltungstechnik, da sie keine Induktivitäten zur Schwingungserzeugung und -wandlung benötigen. Sie finden aber in der derzeit üblichen Technik, entgegen ursprünglicher Erwartungen, keine wesentlichen Anwendungen.

Zwischen dem Problem der Störsicherheit und dem der Erweiterung der spektralen Darstellung, die hier betrachtet wird, besteht jedoch ein enger Zusammenhang auf dem Gebiete der *Einschwing- und Ausgleichsvorgänge.* Dies sind instationäre Prozesse, die sich in linearen Netzwerken bei Schaltvorgängen abspielen und die zu Störungen durch Überschwingen führen können.

In der Regelungstechnik wird die Ansprechzeit eines Systems durch die sogenannte D-Regelung verkürzt, wobei das Überschwingen eine Grenze für diese Maßnahme bildet (vgl. Abb. 1.6).

Zur Analyse dieser Störerscheinung dient die LAPLACE-Transformation. Sie erweitert die FOURIER-Transformation folgendermaßen [F8, P10]:

$$L\{f(t)\} = F(p) = \int_0^{\infty} f(t)\exp(-pt)dt$$

und

$$L\{F(p)\} = f(t) = \int_{-\infty}^{\infty} F(p)\exp(pt)dt \quad \text{mit } p = \sigma + j\omega.$$

Auch dafür gilt der Faltungssatz

$$L\{\int_{\sigma}^{t} f_1(s)f_2(t-s)\,ds\} = F_1(p) * F_2(p).$$

Während sich die FOURIER-Transformation vorwiegend für die Darstellung von zweiseitig zeitbegrenzten Vorgängen eignet, dient die LAPLACE-Transformation zur Darstellung von einseitig zeitbegrenzten Vorgängen, speziell von Schwingungsvorgängen, die sich bis $t \to \infty$ erstrecken können. Die Standardsignale sind gedämpfte harmonische Schwingungen, abhängig von der komplexen Frequenz $p = \sigma + j\omega$.

Die Ableitung von f(t) nach der Zeit ergibt sich im Bildbereich in der Form

$$L\{\frac{df(t)}{dt}\} = pF(p) + f(0).$$

Dies war zugleich der Grundgedanke der HEAVISIDEschen Operatorenrechnung. Historisch ist anzumerken: Die nach PIERRE SIMON LAPLACE (1749–1827) benannte Transformation ist schon 1812 in seinem Buch über die „Analytische Theorie der Wahrscheinlichkeit" enthalten. JOSEPH DE FOURIERS (1760–1830) berühmtes Buch „Theorie analytique de la chaleur" erschien erst 1822. DANIEL BERNOULLI (1700–1782) hatte allerdings bereits 1755 das Problem der schwingenden Saite durch einen trigonometrischen Ansatz gelöst. Um die Begründung der Operatorenrechnung auf der Basis der klassischen Funktionstheorie haben sich K. W. WAGNER, G. DOETSCH, L. BERG und G. WUNSCH verdient gemacht. Die Begründung der Operatorenrechnung im Zeitbereich gab J. MIKUSINSKI. L. BERG [B11] stellt zum gleichen Zweck das DUHAMEL-Integral in den Vordergrund der Betrachtungen. Es stellt die Ableitung des Faltungsintegrals dar:

$$f(t) \circ g(t) = \frac{d}{dt} \int_0^t f(\tau) g(t-\tau)\, d\tau .$$

In diesem Fall stimmen die Dimensionen auf beiden Seiten der Gleichung überein, wobei g(t), eine Zeitfunktion, verbleibt.

K. W. WAGNER hat in seiner Darstellung der Operatorenrechnung [W1] diesen Gesichtspunkt auch verfolgt.

Eine Weiterentwicklung der LAPLACE-Transformation wird als *z-Transformation* bezeichnet. Sie dient zur spektralen Abbildung von zeitdiskreten Vorgängen; als Bildfunktion einer Folge von Abtastwerten im Zeitintervall ΔT dient die Beziehung

$$Z \{\sum_{i=0}^{\infty} f(i\Delta T)\} = \sum_{i=0}^{\infty} \frac{f(i\Delta T)}{z^i} .$$

Die Rücktransformation ist dann besonders einfach, wenn die diskrete Bildfunktion F(z) in eine LAURENT-Reihe entwickelt werden kann:

$$F(z) = \sum_{i=0}^{\infty} \frac{a_i}{z^i} .$$

Daraus folgen unmittelbar die Werte im Zeitbereich als $f(i\Delta T) = a_i$.

Für lineare Systeme mit diskreten Bauelementen ergibt sich wieder ein Produkt der Form

$$F_a(z) = F_e(z)\ G(z)$$

mit a als Ausgangs- und e als Eingangsgrößen-Index und G(z) als Systemfunktion. Letztere erscheint bei der Analyse der Schaltung als Polynomprodukt

$$G(z) = M(z)/N(z).$$

Dies vereinfacht die Entfaltung im Bildbereich, um G(z) aus den Meßgrößen $F_e(z)$ und $F_a(z)$ zu berechnen.

Diese Grundlage der Theorie der digitalen Signalverarbeitung [S5] ist für eine computergestützte Berechnung sehr gut geeignet.

Die drei Funktionstransformationen, die FOURIER-, LAPLACE- und z-Transformation, werden zur Analyse und zur Synthese von linearen Netzwerken verwendet. Dazu erfüllen sie drei Anforderungen (vgl. Abb. 3.7):

a) Summen des Zeitbereiches werden in Summen des Bildbereiches überführt (Superpositionsprinzip),
b) Faltungsprodukte des Zeitbereiches werden in algebraische Produkte des Bildbereiches verwandelt,
c) Summen von Faltungsprodukten gehen in Summen von algebraischen Produkten über (Kombination von a) und b)),

	Zeitbereich	transformiert in	Bildbereich	Bezeichnung
a)	Summe +	←——→	+ Summe	Superpositionssatz
b)	Faltungsprodukt *	←——→	. algebraisches Produkt	Verknüpfungs-transformation
c)	Summe von Faltungsprodukten	←——→	Summe von algebraischen Produkten	
d)	Vielfache	←——→	gleiche Vielfache	Faktorsatz

Abb. 3.7. Transformation von Signalverknüpfungen

d) Vielfache des Zeitbereiches werden in gleich große Vielfache des Bildbereiches transformiert (Faktorsatz).

Sofern andere Funktionstransformationen eingeführt werden, ist zu prüfen, ob diese Eigenschaften gegeben sind, bzw. welche anderweitigen Eigenschaften die neuen Algorithmen bieten.

Die Weiterentwicklung geschah in der Weise, daß außer der Zeitdiskretisierung auch eine Amplitudenquantisierung erfolgte und die diskreten Amplitudenwerte binär kodiert wurden. Erst auf diesem Wege gelangte man zu neuartigen Verfahren der Erhöhung der Störsicherheit (s. 3.3.). Hierbei erfolgt aber keine Funktionstransformation, sondern eine Zusammenfassung von Gruppen von Binärsignalen zu Kodeworten. Diese werden in eine spezielle algebraische Struktur, z. B. die von Polynomen, überführt, mit deren Hilfe die Signalübertragung für eine erhöhte Störsicherheit optimiert wird. Damit ist nicht nur eine *Fehlererkennung,* sondern auch eine Fehlerkorrektur möglich geworden.

3.2. Störsichere analoge Informationsübertragung

Die Strategie zur Erhöhung der Störsicherheit besteht darin, Unterschiede zwischen dem Nutzsignal und den Störsignalen entweder herzustellen oder zu vergrößern. KOTELNIKOW [K8] schlug den Begriff *potentielle Störsicherheit* vor, die erst dann wirksam wird, wenn sie durch geeignete Maßnahmen ausgenutzt und in eine effektive Störsicherheit überführt wird. Dies kann entweder ohne oder mit Informationsverlust verbunden sein. Ersteres ist vorzugsweise in der Informationsübertragung der Fall, das zweite bei der Meßwertgewinnung. Die Erhöhung der Störsicherheit der Informationsübertragung wird durch zwei Maßnahmen erzielt, durch *Modulation* und *Kodierung,* wobei oft beide Möglichkeiten ausgenutzt werden.

3.2.1. Lineare Modulation

Der Grundgedanke der Modulation ist die Umsetzung eines niederfrequenten „Basisbandes" in ein hochfrequentes Frequenzgebiet, um eine merkliche elektromagnetische Strahlungsleistung aussenden zu können. Dazu dient eine hochfrequente Trägerfrequenz. Der für die Abstrahlung charakteristische Strahlungswiderstand beträgt

$$R_s = 80\,\pi^2 \left(\frac{h_{eff}}{\lambda}\right)^2$$

mit h_{eff} als effektiver Antennenhöhe und λ als Wellenlänge, die reziprok zur Frequenz ist. Der Wert des Strahlungswiderstandes wächst also quadratisch mit der Trägerfrequenz an!

Die Wahl einer möglichst großen Sendeleistung ist die beste Methode, die Störsicherheit zu erhöhen, da die Empfangsfeldstärke erhöht wird und dadurch auch der Störabstand. Allerdings ist eine große Sendeleistung ökonomisch aufwendig. Ferner werden dabei auch benachbarte Funkdienste gestört. Es ist einfacher, das Frequenzgebiet der Trägerfrequenz so zu wählen, daß es von industriellen oder atmosphärischen Störungen wenig beeinflußt wird. Das ist im Meter- und Zentimeterwellengebiet der Fall. Diese Wellenbereiche zeichnen sich dadurch aus, daß eine stets ausreichende Bandbreite für jeden Übertragungskanal vorhanden ist, auch für das Fernsehen.

Die gebräuchlichen Modulationsverfahren müssen bezüglich ihrer Störsicherheit beurteilt werden.

Störsicherheit bei der Amplitudenmodulation

Zum Vergleich dient die Amplitudenmodulation (AM) als Bezugspunkt der Störsicherheit. Die AM hat die geringste Störsicherheit und weitere Nachteile.

1. Die technisch an sich einfache Zweiseitenband-Modulation mit Träger hat auch bei m = 100%iger Modulation einen *nachrichtentechnischen Wirkungsgrad* von nur 33 %.
   Es gilt nämlich:

   $$\eta = \frac{2P_{SBmax}}{P_{träg} + 2P_{SBmax}} = \frac{X_o^2/4}{\frac{X_o^2}{2} + \frac{X_o^2}{4}} = \frac{1}{3}$$

   ($P_{träg}$; $2P_{SBmax}$ – Leistungen von Träger und Zweiseitenband-Modulation).
   Eine verzerrungsfreie Modulation ist nur möglich, wenn der Arbeitspunkt bei $X_o/2$ liegt, was eine maximale Aussteuerung um $X_o/2$ ergibt! Auch ohne Modulation muß die halbe Trägeramplitude ausgestrahlt werden.
2. Der zweite Nachteil besteht in der Verdopplung der Bandbreite infolge der Bildung des oberen und des unteren Seitenbandes. Der Vorteil der AM

Der Vorteil der AM liegt im geringsten technisch-ökonomischen Aufwand für die Modulation auf der Sendeseite und für die Demodulation auf der Empfangsseite. Ist dieser Vorteil jedoch unbedeutend, wie z. B. in Richtfunkverbindungen zur Realisierung von Vielkanalverbindungen über einen gemeinsamen Träger, dann stellt die Einseitenband-AM die günstige Lösung für den Energie- und Bandbreiteaufwand dar. Wenn hierbei ein Seitenband vollständig und die Trägerschwingung zum großen Teil – zur Synchronisation – unterdrückt wird, beträgt der nachrichtentechnische Wirkungsgrad nahezu 100 %. Er stellt das Verhältnis von Seitenbandleistung zur Gesamtleistung dar.

Weiterentwicklung der Modulationsverfahren

a) Die durch die Frequenzverschiebung auf die Trägerschwingung gewonnene Störsicherheit reichte für eine hohe Übertragungsqualität nicht aus und
b) die zur Verfügung stehende Bandbreite zwischen den Trägerfrequenzen im Höchstfrequenzgebiet wurde nicht ausgenutzt.

Neue Wege wurden gangbar, als die Höchstfrequenztechnik in den dreißiger Jahren einen ausreichenden Entwicklungsstand erreicht hatte. 1936 wurde die Frequenzmodulation als verbessertes und sehr störsicheres Modulationsverfahren erfunden und in verschiedenen Realisierungsvarianten erprobt. Letzteres trifft speziell für die Demodulation frequenzmodulierter Schwingungen mit möglichst geringem Schaltungsaufwand zu.

3.2.2. Exponentielle Modulation [W6]

Der Grund für die begrenzte Störsicherheit der Zweiseitenband-AM liegt in der begrenzten Durchsteuerbarkeit der Trägeramplitude. Die Forderung der Verzerrungsfreiheit läßt einen Modulationsgrad größer als m = 100 % nicht zu. Im Mittelwellengebiet, in dem die AM heutzutage noch vorherrscht, ist eine Störabstandsverbesserung nur durch die Erhöhung der Empfangsfeldstärke zu erreichen und dies bedeutet eine Erhöhung der Sendeleistung. Sendeleistungen von 100 kW bis 1 MW sind daher bei Rundfunksendern üblich.

Energetisch betrachtet, ist die AM recht ungünstig, da die Trägerleistung auch im unmodulierten Zustand bei m = 0 ausgestrahlt werden muß.

Frequenzmodulation (FM)
Der Gedanke, eine andere Modulationsart als die AM zu benutzen, wurde schon in den Anfangsjahren der drahtlosen Telegrafie geäußert und auch patentiert. Er bestand in dem Vorschlag, die Trägerfrequenz im Takt der Niederfrequenz (Frequenzmodulation – FM) zu verändern, und zwar mit einem Frequenzhub, der kleiner ist als die modulierende Niederfrequenz selbst. Auf diese Weise wurde eine Bandbreitenreduktion gegenüber der Amplitudenmodulation erwartet. Doch bewies CARSON 1922 mittels einer mathe-

matischen Analyse, daß diese Annahme ein Irrtum ist und daß bei der FM mindestens die Niederfrequenz den Abstand der Seitenfrequenzen von der Trägerfrequenz bestimmt. Damit ruhte diese Variante, bis schließlich 1936 ARMSTRONG, der Erfinder des Überlagerungsempfangs (geb. 1916), bewies, daß die FM erheblich störsicherer ist als die AM, allerdings auf Kosten eines wesentlichen größeren Bandbreitenaufwandes. Dieser Nachteil verhinderte eine Anwendung im Mittelwellenbereich für die Rundfunktechnik, da die Anzahl der möglichen Sendekanäle sehr beschränkt ist. Der Frequenzverteilungsplan (Atlantic City 1947) sah für den Mittelwellenbereich das Frequenzband von 535 bis 1605 kHz vor, also nur 1070 kHz Gesamtbreite.

Bei 9 kHz Senderabstand (Rundfunknorm) ergeben sich 119 verschiedene Rundfunkkanäle. Daher ist eine Mehrfachbelegung der Sendekanäle im Mittelwellenbereich für die Amplitudenmodulation in Europa nicht zu vermeiden.

Diese Schwierigkeit entfiel mit der Erschließung des Höchstfrequenzbereiches für den Rundfunk nach dem zweiten Weltkrieg. Dank internationaler Vereinbarungen wurden für alle Funkdienste entsprechende Frequenzbänder vereinbart, so z. B. für den Rundfunk im Bereich II das Frequenzband von 87,5 bis 100 MHz, für das Fernsehen 47 bis 68 MHz (I), 174 bis 230 MHz (III) und 470 bis 790 MHz (IV und V). Für die Rundfunksender wurde ein Frequenzabstand von 300 kHz festgelegt, ausreichend für das neue Modulationsverfahren, die FM. Ihre Störsicherheit ist erheblich größer. Hinzu kommt der Vorteil, daß im Höchstfrequenzgebiet geringere äußere Störungen auftreten. In diesem Frequenzgebiet lassen sich Störungen durch Mehrfachbelegung der Trägerfrequenzen vermeiden. Der Horizont begrenzt die Reichweite. Entfernte Sender stören nicht annähernd so stark wie im Kurzwellenbereich, in dem sich Überreichweiten unter Mitwirkung der Ionosphäre ergeben und die zur Funkverbindung zwischen den Kontinenten ausgenutzt werden.

Die Erschließung des Ultrakurzwellenbereiches ermöglichte eine sichere Funkverbindung für die Schiffs- und Flugnavigation, für den Polizeifunk, Amateurfunk, Wettersondendienst u. a. Für die Aufstellung des internationalen Frequenzplanes war die Störsicherheit entscheidend.

Hinzu kam bereits in den 30er Jahren die Benutzung der Zentimeter- und Dezimeterwellen für die Impulsortungstechnik (Radartechnik) und die Richtfunktechnik mittels der Trägerfrequenztechnik. Ohne die Ausarbeitung neuer Modulationsverfahren wäre diese Entwicklung nicht möglich gewesen.

Auftreten von Seitenbändern bei der Frequenzmodulation

Abbildung 3.8 zeigt den Vorgang der FM mittels harmonischer niederfrequenter Schwingungen: Die Amplitude der modulierten Trägerschwingung bleibt unverändert. Dagegen schwankt die Phase der Trägerschwingung gegen den Nullphasenwinkel periodisch mit dem Phasenhub $\Delta\phi$. Die frequenzmodulierte Schwingung eilt also periodisch gegen den unmodulierten Träger in der Phase voraus und bleibt in der nächsten Halbperiode der NF in der Phase zurück, usw.

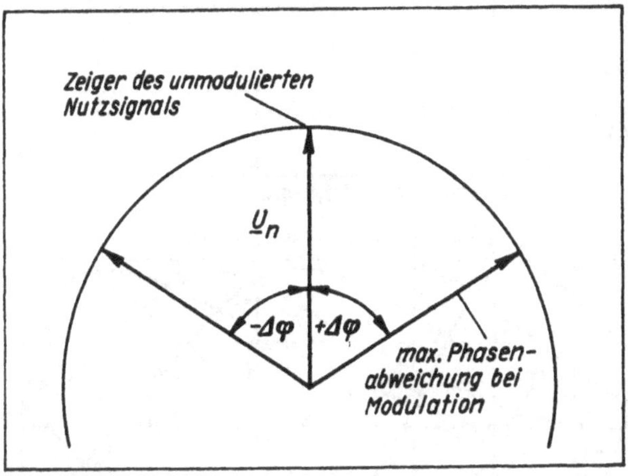

Abb. 3.8. Zur Definition des Nutzphasenhubes bei Frequenzmodulation

In Abbildung 3.9 ist die Abhängigkeit der entstehenden neuen Frequenz vom Phasenhub aufgetragen. Bei hinreichend kleinem Phasenhub treten wie bei der Amplitudenmodulation nur die ersten beiden Seitenbänder $\Omega \pm \omega$ auf. Mit wachsendem Phasenhub entstehen die höheren Seitenfrequenzen $\Omega + n\omega$. Außerdem nimmt die Amplitude der Trägerfrequenz ab, dies im Gegensatz zur AM. Bei $\Delta\phi = 2{,}4$ verschwindet die Trägerfrequenz zum ersten Male vollständig. Die Frequenzanteile folgen den BESSEL-Funktionen $I_n(\Delta\phi)$ n'ter Ordnung, die in Abbildung 3.9 dargestellt sind (vgl. hierzu [W6].

Aus Abbildung 3.10 ist die Zusammensetzung der Frequenzanteile im Falle $\Delta\phi = 1$ zu entnehmen. In jedem Fall ergibt die Vektorsumme der Zeigergrößen den resultierenden Vektor, der einen konstanten Betrag aufweist, wie groß auch der Phasenhub ist.

Störsicherheit der Phasen- und der Frequenzmodulation [L3, L6, W6]
Durch die Phasenmodulation (PM) wird der Nullphasenwinkel der Trägerfrequenz proportional zum Momentanwert der niederfrequenten Nachricht verändert. In harmonischer Modulation mit der Kreisfrequenz ω eilt der modulierte Träger gegenüber dem unmodulierten Träger in der Phasenlage periodisch vor oder nach.

Dies ergibt im ungünstigsten Fall für kleine überlagerte Störungen $\hat{X}_{st}$ einen Störphasenhub der Größe

$$\frac{\hat{X}_{st}}{X_o} = \Delta\phi_{st} \text{ (wegen } \Delta\phi_{st} \approx \arctan \Delta\phi_{st} \text{ für } \Delta\phi_{st} < 1).$$

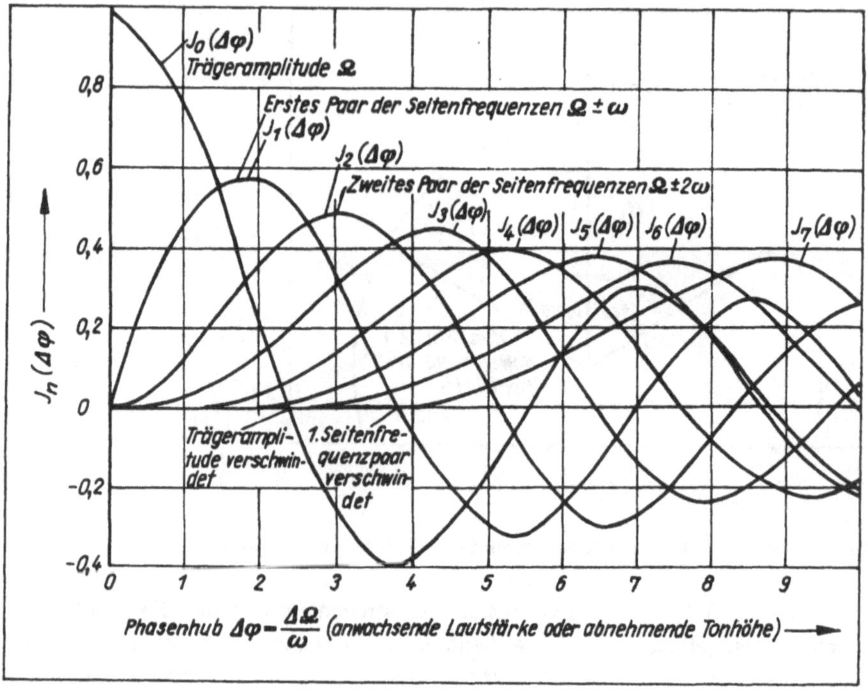

Abb. 3.9. Abhängigkeit der Oberwellen vom Phasenhub bei der Frequenzmodulation

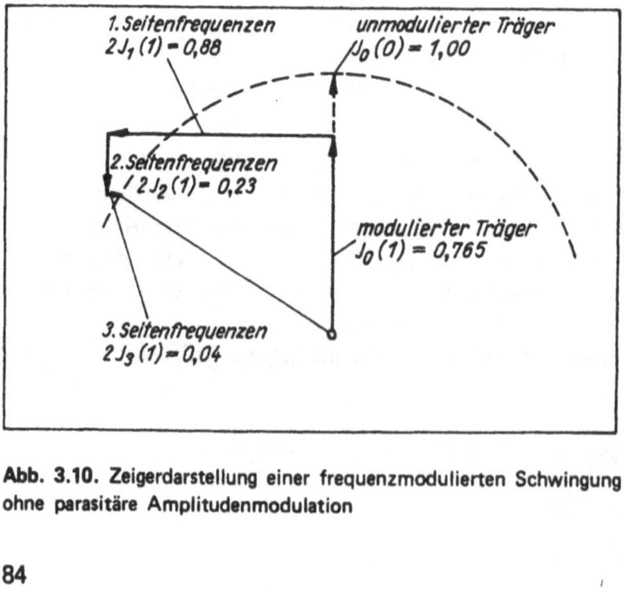

Abb. 3.10. Zeigerdarstellung einer frequenzmodulierten Schwingung ohne parasitäre Amplitudenmodulation

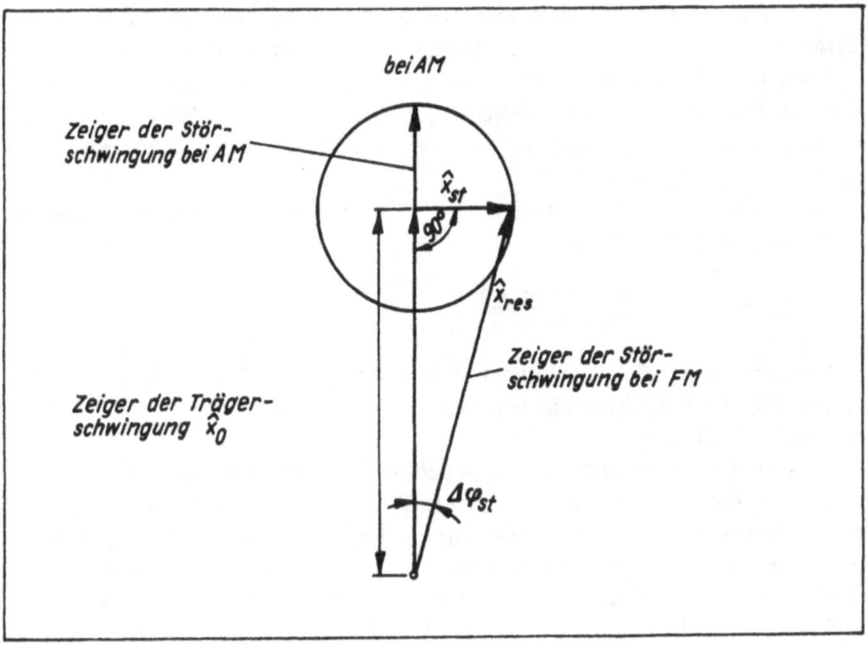

Abb. 3.11. Parasitäre Modulation bei AM und FM

Das ist dann der Fall, wenn zufällig die Störzeigergröße gegen den Trägerzeiger um 90° phasenverschoben ist (Abb. 3.11).

Das gleiche Verhältnis $\hat{X}_{st}/\hat{X}_o$ charakterisiert bei der AM im ungünstigsten Fall, wenn zufällig die Störzeigergröße in Phase mit dem Trägerzeiger ist, den Störmodulationsgrad m_{st} der AM. Der reziproke Betrag ist der Störabstand der AM (Abb. 3.11)

$$\beta_{AM} = \hat{X}_o/\hat{X}_{st} = 1/\Delta\phi_{st}.$$

Mit der PM soll ein Nutzphasenhub $\Delta\phi_{nutz}$ (auch einfach als $\Delta\phi$ bezeichnet) erreicht werden. Es ist jedoch unwichtig, wie dies erzielt werden kann.

Dann ist es sinnvoll, den Störabstand der PM durch das Verhältnis

$$\beta_{PM} = \frac{\Delta\phi}{\Delta\phi_{st}}$$

zu kennzeichnen.

Statt $\Delta\phi_{st}$ wird nun $1/\beta_{AM}$, wie oben angegeben, eingesetzt, so daß sich

$$\beta_{PM} = \Delta\phi \cdot \beta_{AM}$$

ergibt.

Dies besagt, daß der Störabstand bei der PM gegenüber der AM um den Faktor $\Delta\phi$ – eine in Radiant ausdrückbare reelle Zahl – größer ist.

Diese einfache Vorbetrachtung besagt bereits, daß die Strategie zur Erhöhung der Störsicherheit eine möglichst große Steigerung des Nutzphasenhubes anstreben muß. Das erfordert eine Beziehung zwischen dem Nutzphasenhub und dem Trägerfrequenzhub.

Die Beziehung zwischen dem Frequenzhub des Trägers und dem zugehörigen Phasenhub [L3, W6] lautet:

$$\Delta\phi = \frac{\Delta\Omega}{\omega} = \frac{\text{Trägerfrequenzhub}}{\text{NF-Kreisfrequenz}} .$$

Der Unterschied der beiden Modulationsarten PM und FM besteht darin, daß bei der FM die NF-Amplitude bzw. die momentane Lautstärke dem Trägerfrequenzhub $\Delta\Omega$ proportional ist.

Dagegen ist bei der PM die NF-Amplitude proportional zum Phasenhub. Da bei der PM also die Lautstärke, unabhängig von der Tonhöhe ω, den Phasenhub bestimmt, gilt die obige Formel für die Erhöhung der Störsicherheit – verglichen mit der Störsicherheit bei der AM – nur für die PM. Gleiche Lautstärke vorausgesetzt, wird bei der FM die dem Phasenhub proportionale Störsicherheit umso geringer, je höher die Niederfrequenz ω ist. Hier ist zu schreiben:

$$\frac{\beta_{FM}}{\beta_{AM}} = \Delta\phi = \frac{\Delta\Omega}{\omega} .$$

Dies bedeutet: Mit der FM ändert sich die Störsicherheit reziprok zur modulierenden Niederfrequenz, ist also bei der niedrigsten Modulationsfrequenz am größten.

Diesem Mangel kann dadurch abgeholfen werden, daß die hohen Modulationsfrequenzen in der Amplitude durch eine Frequenzgangkorrektur mittels eines Hochpaßfilters angehoben werden. Dies nennt man *Preemphasis.* Auf der Empfangsseite wird die Maßnahme mit einem Tiefpaßfilter rückgängig gemacht. Dies wird als *Deemphasis* bezeichnet. Hierfür existieren Normvereinbarungen. Diese Maßnahme verbessert die Störsicherheit bei hohen Modulationsfrequenzen, besonders gegenüber Rauschstörungen, die eine frequenzunabhängige Leistungsdichte haben.

Anwendung der Frequenzmodulation in der Meßtechnik

Die Vorzüge der FM werden häufig von der Meßtechnik ausgenutzt. Dies geschieht in frequenzselektiven Sensoren. Darunter versteht man Oszillatoren, deren Eigenfrequenz durch das Meßobjekt beeinflußt wird. Die Messung von Frequenzen kann sehr genau erfolgen, wenn sie elektronisch gezählt und mit einem Frequenznormal verglichen werden. Derartige Sensoren sind gegenüber vielen Störeinflüssen unempfindlich. In manchen Meßanordnungen wird auch die Schwingamplitude oder die Dämpfung zur Auswertung benutzt, aber die Frequenzmessung ist bei weitem am genauesten. Weit verbreitet ist die Messung der Eigenfrequenz eines mechanischen oder elektrischen Schwingkreises, dessen Masse oder Kapazität durch die Meßgröße beeinflußt wird, durch eine mechanische, thermische oder sonstige Einflußgröße. Dies ermöglicht die Lösung von recht komplizierten Meßaufgaben, z. B. der Staubmessung zur Beurteilung der Umweltverschmutzung.

Zusammenfassend ist festzustellen, daß die Methode der FM als Mittel zur Erhöhung der Störsicherheit in der Nachrichtentechnik jetzt vielseitig von der Meßtechnik zur Erhöhung der Meßgenauigkeit ausgenutzt wird.

3.2.3. Störfeste Frequenzdemodulation mittels Phasenkopplung (PLL-Systeme)

Die Rückgewinnung der Modulation bei der FM wird als Frequenzdemodulation bezeichnet. Die einfachste Methode ist die Demodulation an der Flanke eines Schwingkreises, eventuell zwecks Linearisierung in Gegenschaltung zweier Resonanzkreise. Besonders störfest und außerdem vielseitig zu verwenden ist die *Demodulation mittels Phasenkopplung.*

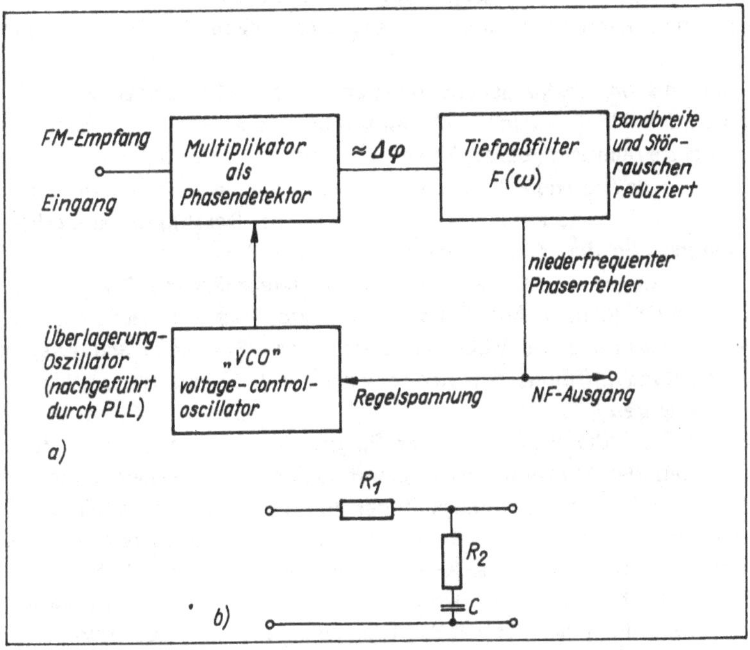

Abb. 3.12. Störfeste Frequenzdemodulation mittels Phasenkopplung (PLL)
a) Prinzipdarstellung
b) Tiefpaßfilter

Die Anordnung besteht nach Abbildung 3.12 aus einem Multiplikator als Phasendetektor, einem Tiefpaßfilter und einem spannungsgesteuerten Hilfsoszillator. Der Multiplikator verknüpft die frequenzmodulierte Empfangsschwingung mit der Hilfsoszillatorschwingung. Er wirkt verallgemeinert als ein „Verbundsystem", ein Begriff, der unter 4.1. näher erklärt werden wird. Der Hilfsoszillator wird als VCO (voltage-controlled-oscillator) bezeichnet, die gesamte Schaltung als PLL (phase-locked loop). Eine ausführliche Darstellung geben die Bücher von H. BÖRNER [B14] und M. GÖLLER [G6]. Das Prinzip, einen Phasenregelkreis zur Demodulation zu benutzen, stammt von HENRI DE BELISCIZE aus dem Jahre 1932, also aus der Zeit vor der Einführung der Frequenzmodulation. Eingeordnet in eine Klasse von kohärenten Demodulatoren hat A. J. VITERBI das Problem dargestellt [V3].

Vom Standpunkt der Störsicherheit ist die Schaltung nach Abbildung 3.12 insofern interessant, als sie zwei ganz unterschiedliche Störungen kompensiert, einerseits ein überlagertes Breitbandrauschen, anderseits das zeitweise Aussetzen eines periodischen Nutzsignals.

Prinzip der Frequenznachstimmung

Der Zweck der Phasenkopplung besteht darin, den Vergleichsoszillator genau, d. h. *ohne* Restfehler, auf die Eingangsfrequenz abzustimmen und diese Frequenz nachzuführen, wenn sie moduliert oder durch äußere Einflüsse verändert wird.

Zum Verständnis der Wirkungsweise nehmen wir zunächst einmal an, daß im Betriebszustand beide Frequenzen übereinstimmen, die Empfangsfrequenz und die Vergleichsoszillatorfrequenz. Ändert sich die Eingangsfrequenz sprunghaft, so ruft dies eine laufende Phasendifferenzänderung hervor, da eine Frequenzdifferenz einer Phasendifferenzänderung entspricht. Der Multiplikator liefert eine Spannung, die der Phasendifferenz proportional ist, die sich bei einer Frequenzdifferenz laufend ebenso wie die Phasendifferenz ändert. Der Tiefpaß läßt nur den niederfrequenten Anteil des Multiplikatorausganges passieren. Dieser dient als Regelspannung des VCO und ändert seine Frequenz, und zwar bei richtiger Schaltung im Sinne der Reduzierung der Differenz der beiden verglichenen Frequenzen.

Die Frequenz des VCO nähert sich der Eingangsfrequenz, und die Änderungsgeschwindigkeit der Phasendifferenz nimmt laufend ab. Zugleich nimmt mit ihr auch die Änderungsgeschwindigkeit der Regelspannung des VCO solange ab, bis die Eingangsfrequenz und die Vergleichsfrequenz übereinstimmen. Es handelt sich um eine sogenannte *I-Regelung* (integrale Regelung), bei der kein Restfehler verbleibt. Dies wäre dann der Fall, wenn die Frequenzabweichung selbst zur Regelung benutzt würde. Hier aber wird die *Phasendifferenz als das Integral der Frequenzdifferenz* zur Regelung benutzt!

Zur Aufrechterhaltung des Gleichgewichts der Regelung muß der VCO eine gewisse Nachregelspannung erhalten, d. h., es muß eine feste Phasendifferenz zwischen der Eingangsspannung und der VCO-Spannung bestehen bleiben. Diese ist der Frequenzauswanderung proportional und damit auch der Regelspannung des VCO. Sie kann als ***Maß der Frequenzabweichung, d. h. als Maß der Frequenzaussteuerung,*** benutzt werden.

Ändert sich die Eingangsfrequenz nicht sprunghaft, sondern stetig, so vollzieht sich der beschriebene Nachstimmvorgang ebenfalls stetig und die Vergleichsfrequenz des VCO folgt ohne Restfehler der Frequenzmodulation des Empfangssignals am Eingang. Die Regelspannung folgt – ebenso wie die VCO-Frequenz – der Frequenzmodulation des Empfangssignals. Sie kann als Demodulationsspannung dem nachfolgenden NF-Verstärker unmittelbar zugeführt werden (vgl. Abb. 3.12). Außerdem kann auch die hochfrequente Spannung des VCO herausgeführt und für andere, z. B. für meß- und regeltechnische Zwecke verwendet werden. Gerade darin liegt die Bedeutung des *Phasenkopplungssystems* (PLL).

Es ist zu beachten, daß der NF-Ausgang die Bandbreite des Tiefpasses hat. Da diese der Modulation folgen soll, muß der Tiefpaß die Grenzfrequenz der Modulation haben. Die NF-Ausgangsspannung hat dann die ***gleiche Bandbreite wie die Modulation und nicht die Bandbreite des FM-Signals!*** Es findet eine entsprechende ***Bandbreite-Reduktion*** statt, die zu einem besseren Störabstand führt. Das ist eine wichtige Schlußfolgerung gemäß der Informationstheorie von SHANNON.

Der Gewinn an Rauschabstand kann sehr bedeutend sein, z. B. bei der Trägerortung von Satellitensendern, da dort die Dopplerverschiebung des Trägersignals sehr langsam erfolgt, aber einen großen Frequenzhub von 20 bis 30 kHz hat. Dies erlaubt eine sehr genaue Geschwindigkeitsmessung des Satelliten, ein Gesichtspunkt, der überhaupt erst zum praktischen Einsatz der Phasenkopplung führte.

Realisierung des Phasendetektors durch einen Multiplikator

Die Theorie der Phasenkopplung enthält zahlreiche Detailprobleme, wozu auf die Literatur [B4 und G6] verwiesen sei. Sie betreffen u. a. das regelungstechnische Verhalten der Anordnung, so die Stabilitätsfrage, das Einschwingverhalten u. a., das das hier behandelte Prinzip der Störsicherheit nicht unmittelbar berührt. Nur die noch offene Kernfrage, die nach der Realisierung des Phasendetektors, muß beantwortet werden.

Die frequenzmodulierte Eingangsspannung betrage:

$$u_e(t) = \hat{U}_e \sin(\Omega(t)) = \hat{U}_e \sin(\Omega_o t + \phi_e(t)).$$

Ω_o bezeichnet die mittlere Eingangsfrequenz – die Trägerfrequenz – und $\phi_e(t) = \int_o^t \Delta\Omega(t)dt$ den Phasenwinkel. Dieser ist infolge der FM nichtlinear zeitvariabel.

Wir nehmen an, daß die Freilauffrequenz des VCO mit Ω_o übereinstimmt.

Für die Freilauffrequenz beträgt die Regelspannung $U_r(t) = 0$. Dann muß für die Ausgangsspannung des VCO angenommen werden, daß sie die Form

$$u_v(t) = \hat{U}_v \cos(\Omega_o t + \phi_e(t))$$

hat.

Mit der Wahl der Cosinus-Funktion wird bei der Signalwandlung durch einen Multiplikator als Phasendetektor die Bedingung erfüllt, daß im Ruhezustand keine Regelspannung entsteht. Dies wiederum bedeutet, daß im Ruhezustand zwischen den beiden Spannungen $u_e(t)$ und $u_v(t)$ eine Phasenverschiebung von 90° herrscht. Alle Phasenwinkel werden hierauf bezogen.

Die Ausgangsspannung des Multiplikators lautet hiernach:

$$\begin{aligned} u_m(t) &= \hat{U}_e \sin(\Omega_o t + \phi_e(t)) \cdot \hat{U}_v \cos(\Omega_e t + \phi_v(t)) \\ &= \frac{1}{2} \hat{U}_e \hat{U}_v (\sin(\phi_e - \phi_v) + \sin(2\Omega_o t + \phi_e + \phi_v)). \end{aligned}$$

Der zweite Summand stellt den hochfrequenten Anteil dar, der vom nachfolgenden Tiefpaß unterdrückt wird. Führt man den Übertragungsfaktor k_m der benutzten Multiplikatorschaltung ein, z. B. den eines Ringmodulators, so lautet die Eingangsspannung des Tiefpasses:

$$u_m(t) = \frac{1}{2} k_m \hat{U}_e \hat{U}_v \sin(\phi_e(t) - \phi_v(t)).$$

Für kleine Phasenwinkeldifferenzen

$$\phi(t) = \phi_e(t) - \phi_v(t),$$

d. h. für den kleinen *Phasenfehler* $\phi(t)$, bezogen auf den Ruhephasenwinkel $\pi/2$ lautet die Eingangsspannung des Tiefpasses:

$$u_m(t) = \frac{1}{2} k_m \hat{U}_e \hat{U}_v \phi(t).$$

Nun wird erkennbar, daß der *Multiplikator als Phasendetektor* wirkt (vgl. Abb. 3.13), und zwar in welchen Grenzen.

Zunächst ist zu bemerken, daß $u_m(t)$ von den Amplituden $\hat{U}_e$ und $\hat{U}_v$ abhängt. Dies erfordert eine Anordnung von je einem Amplitudenbegrenzer vor den Multiplikatoreingängen.

Ferner wird sichtbar, daß der Phasenfehler $\phi(t)$ nur Werte unter $\pi/2$ annehmen darf. Die Grenze liegt bei arc sin $\phi(t) = 1$. Wächst $\phi(t)$ über diesen Wert hinaus, so nimmt $\sin\phi(t)$ mit zunehmendem $\phi(t) > \pi/2$ wieder ab und damit gerät die Regelung der VCO-Frequenz außer Tritt. Man nennt dies das „Ausrasten" der Regelung.

Die Regelspannung $u_r(t)$ des VCO beträgt:

$$u_r(t) = U_{ro} + \text{konst.} \int_0^t h(t-\tau) \sin\phi(\tau) d\tau$$

als Faltungsintegral der Tiefpaßeingangsspannung und der Impulsreaktion des

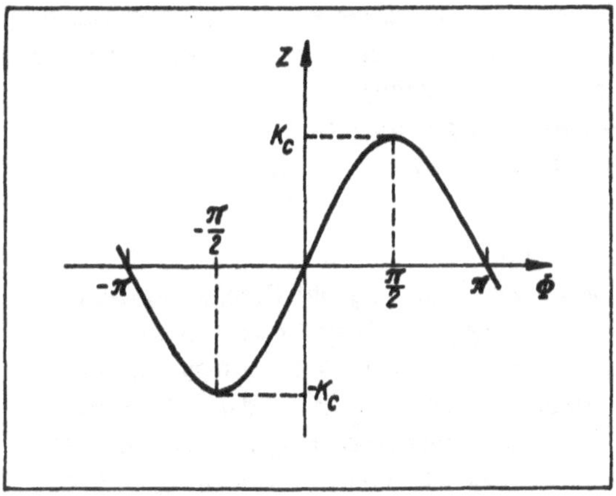

Abb. 3.13. Phasendetektorcharakteristik bei harmonischer Aussteuerung nach M. GÖLLER [G6]

Tiefpasses. U_{ro} ist eine Hilfsspannung für den Akquisitionsprozeß (Einlaufprozeß) zum Einrasten der Phasenkopplung. Die Gewichtsfunktion des Tiefpasses wird so gewählt, daß nach relativ kurzer Zeit, die durch die Zeitkonstante des Filters gegeben ist, $h(t-\tau)$ auf vernachlässigbar kleine Werte abgeklungen ist. Somit entsteht die Regelspannung des VCO durch eine *Kurzzeitintegration.* Im einfachsten Fall ist der Tiefpaß ein R-C-Filter.

Anwendungen der Phasenkopplung

Die Phasenkopplung wird keineswegs nur als Frequenzdemodulator benutzt; dank dieses Prinzips wurden auch für eine Reihe von Meßanordnungen neue Lösungen gefunden.

Das phasengekoppelte System stellt generell ein sich selbst nachstellendes Schmalbandfilter dar, das auch als *Folgefilter* oder als *Nachlauffilter* bezeichnet wird. Nach H. BÖRNER [B14] liegen die Anwendungen auf den Gebieten der Frequenzmessung, -regelung und -umsetzung, der Demodulation, Filterung, Radartechnik, Telemetrie, Datenübertragung und Synchronisation.

Die Wirkungsweise als Drehzahlregler oder als Frequenzregler läßt sich anhand der Prinzipschaltung erläutern (s. Abb. 3.12).

In dieser Anwendung fungiert die Frequenz Ω_e des Eingangssignals $u_e(t)$ als Bezugsnormal. Sie dient zur Synchronisierung des VCO, der hier kein Hilfselement, sondern ein Arbeitssystem darstellt. Auf diese Weise werden mechanische Drehzahlen kontrolliert und konstant gehalten, z. B. die von Magnettongeräten. Die Laufgenauigkeit von Filmkameras konnte von $5{,}10^{-3}$ auf 10^{-6} gesteigert werden. Ganz analog ist die Methode für die Synchronisation von elektrischen Schwingungen anwendbar, z. B. für den Anschluß von

Tochteruhren an eine Normaluhr oder zur Steuerung eines Oszillators durch einen quarzgesteuerten Generator. Hierfür kann auch eine Umsetzung auf Harmonische erfolgen. Anderseits kann die Anordnung über den NF-Ausgang auch zur Kontrolle der Frequenzabweichung eines Oszillators, z. B. der eines Rundfunksenders, benutzt werden. Hierbei handelt es sich also um eine Störgrößenanzeige.

Beseitigung von Synchronisationsstörungen
Neben dieser Aufgabe und der genannten Erhöhung der Funktionsgenauigkeit von Oszillatoren ist noch folgender Hinweis von BÖRNER von Interesse: „Bewährt haben sich Phasenkopplungssysteme auch als Bit-Synchronisationsschaltungen für digitale Datenübertragungsstrecken, z. B. in der Telemetrie oder in Modems zur drahtgebundenen Informationsübertragung zwischen elektronischen Rechenanlagen. Diese Schaltungen beruhen im Prinzip darauf, daß aus der demodulierten, stochastischen Folge von L- beziehungsweise O-Signalen durch Differenzieren und Gleichrichten eine mit der Bitfrequenz periodische Schwingung abgeleitet wird, die immer wieder zeitweise unterbrochen ist, wenn in der hereinkommenden Folge mehrere L- oder O-Signale hintereinander kommen, also kein Übergang stattfindet. Mit dieser unterbrochenen Folge wird ein Vergleichsoszillator phasengekoppelt, der fortlaufende Bit-Synchronisationsimpulse liefert."

3.3. Störsichere digitale Informationsübertragung

Die in 3.2. behandelte analoge Informationsübertragung dient hauptsächlich der Sprach- und Musikübertragung und ist die ältere Verfahrenstechnik, mit Ausnahme der Telegraphiesysteme, die bis in das vergangene Jahrhundert zurückführen. Heute setzt sich die digitale Informationsübertragung immer mehr durch.

3.3.1. Erzeugung von zeitdiskreten Vorgängen

Zeitdiskretisierung und Abtasttheorem von KOTELNIKOW
Die Datenübertragung und die Datenverarbeitung von kontinuierlichen Prozessen erfolgen digital. In diesem Fall wird eine Folge von diskreten Meßwerten übertragen. Man nennt dies eine Zeitdiskretisierung. Hierbei entsteht die Frage nach dem maximal zulässigen Zeitabstand der Abtastwerte, bei dem noch kein wesentlicher Informationsverlust eintritt. Diese Frage wird vom Abtasttheorem beantwortet. Es gilt nur für frequenzbegrenzte, d. h. für fast alle technischen Vorgänge.

Zunächst eine Vorüberlegung: Die FOURIER-Analyse besagt, daß sich ein periodischer Vorgang mit der Periodendauer T durch eine harmonische Grundfrequenz $f_0 = 1/T$ und durch harmonische Oberschwingungen der Frequenzen

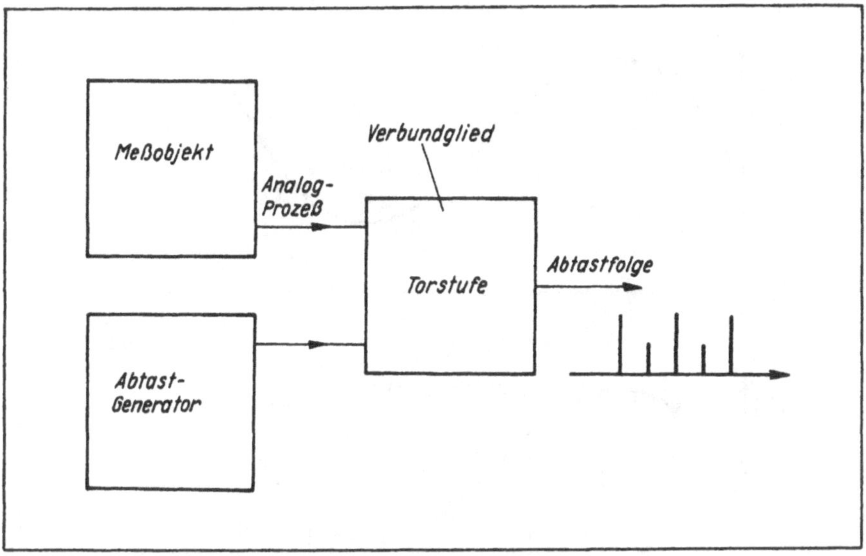

Abb. 3.14. Erzeugung eines zeitdiskreten Vorgangs durch Abtastung

$f = nf_0 = n/T$ mit $n = 2, 3, \ldots$ mit den zugehörigen Amplitudenwerten darstellen läßt. Der zeitperiodische Vorgang läßt sich bei Kenntnis der frequenzabhängigen Amplituden $X(mf_0)$ mit $m = 1, 2, 3, \ldots$ rekonstruieren. Dies gilt auch für einen zweiseitig zeitbegrenzten Vorgang, der sich von $t = -T/2$ bis $t = +T/2$ erstreckt. Dieser einmalige Prozeß wird lediglich periodisch nach beiden Seiten fortgesetzt und eine FOURIER-Reihenentwicklung angesetzt. Aus dem periodischen Verlauf kann durch Austastung der auf eine Periode begrenzte Vorgang zurückgewonnen werden. Denn wenn der gesamte Prozeß bekannt ist, dann kennt man auch den Zeitablauf innerhalb einer Periode. Das bedeutet, daß man von einem zweiseitig zeitbegrenzten Vorgang, der sich durch ein FOURIER-Integral mittels eines kontinuierlichen Amplituden-Dichte-Spektrums darstellen läßt, nur die diskreten Amplitudenwerte im Frequenzabstand von $\Delta f = 1/T$, also für die spektralen Folgewerte $f_k = k \cdot 1/T$, zu kennen braucht.

Nach dieser Überlegung betrachten wir anstelle eines zweiseitig *zeit*begrenzten Vorganges einen zweiseitig *frequenz*begrenzten Vorgang. Jeder physikalisch sich abspielende Prozeß hat eine obere Frequenzgrenze, meist sogar eine sehr ausgeprägte. In der Informationstechnik läßt sich mit einem Tiefpaßfilter – z. B. für das niederfrequente Sprachband von 0 bis 4 kHz – eine exakte Frequenzbegrenzung ohne wesentlichen Informationsverlust für die Sprachverständigung erreichen.

Die FOURIER-Transformation unterscheidet sich von der FOURIER-Rück-

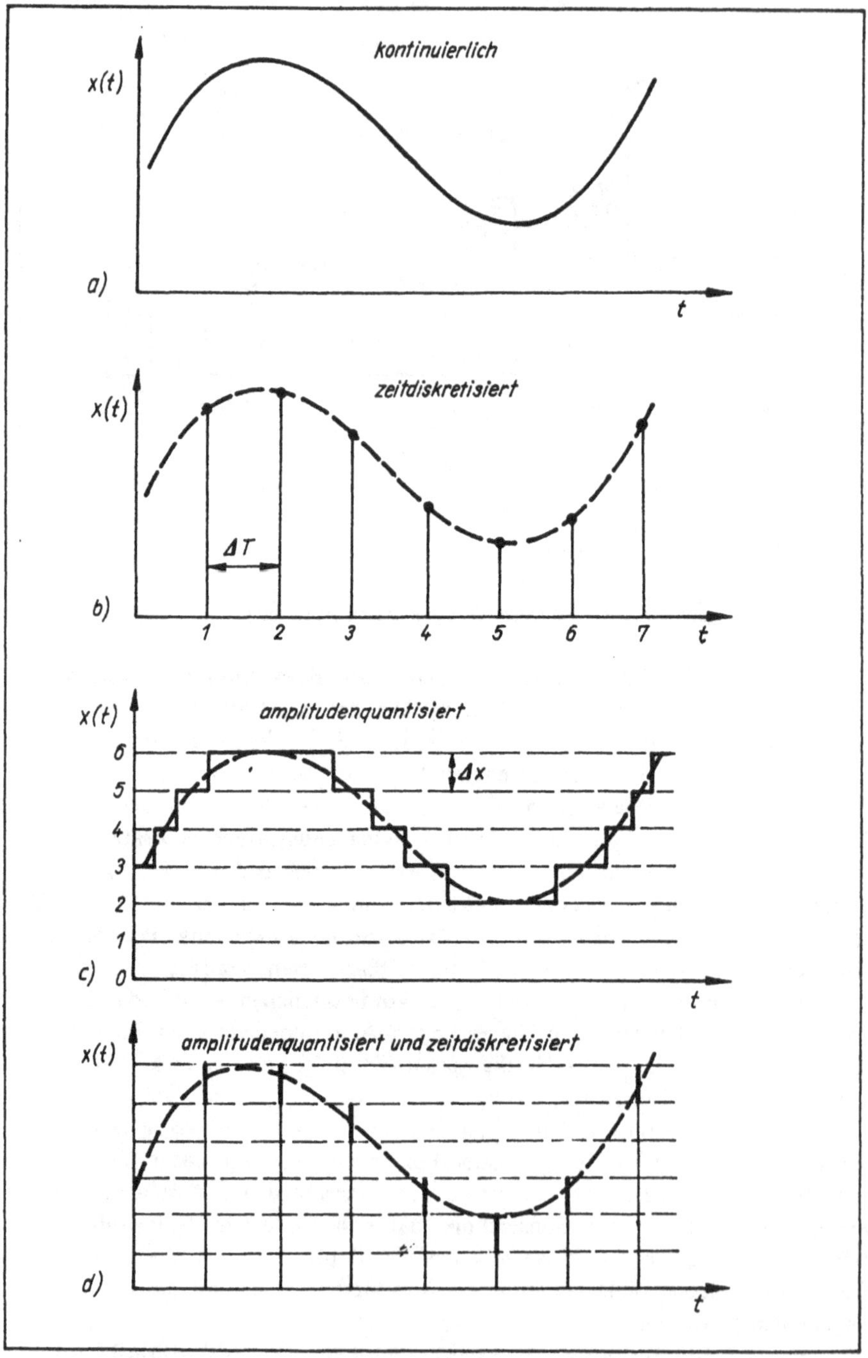
kontinuierlich
x(t)
a)
t
zeitdiskretisiert
x(t)
ΔT
b)
1
2
3
4
5
6
7
t
amplitudenquantisiert
x(t)
6
5
4
3
2
1
0
Δx
c)
t
amplitudenquantisiert und zeitdiskretisiert
x(t)
d)
t

transformation nur im Vorzeichen des Exponenten. Daher kann man für einen frequenzbegrenzten Vorgang, der sich, mathematisch betrachtet, von $f = -f_{gr}$ bis $f = +f_{gr}$ erstreckt, genau die gleiche Betrachtung wie oben unter Vertauschung von Zeit- und Frequenzbereich vornehmen: Das beiderseitig frequenzbegrenzte Spektrum wird periodisch bis ins Unendliche fortgesetzt. Die Periodenlänge im Spektrum beträgt hierbei $2f_{gr}$ anstelle von T der obigen Betrachtung. Die FOURIER-Analyse ergibt für den zugehörigen Zeitbereich diskrete Amplitudenwerte als Abtastwerte im Zeitabstand

$$\Delta t = \frac{1}{2f_{gr}}.$$

Das ist die wichtige Aussage des Abtasttheorems. Es besagt, daß sich ein ideal frequenzbegrenzter Vorgang der Grenzfrequenz f_{gr} ohne Informationsverlust rekonstruieren läßt, wenn die Folge aller Abtastwerte im Zeitabstand

$$\Delta t = \frac{1}{2f_{gr}}$$

bekannt ist. Hiervon macht die Informationstechnik vielfach Gebrauch.

Im Frequenzbereich sind die diskreten, einer Frequenz zugeordneten Amplituden $\hat{X}(f)$ eines diskreten Spektrums von den spektralen Amplitudendichten $\underline{X}(f)$ eines kontinuierlichen Spektrums zu unterscheiden. Es gilt: $\underline{X}(f) = T\,\hat{X}(f)$. Die spektralen Amplituden erscheinen im kontinuierlichen Frequenzspektrum als Unendlichkeitsstellen in Form von DIRAC-Impulsen.

Tabelle 3 enthält Beispiele für kontinuierliche und diskontinuierliche Wertefolgen.

Tabelle 3
Kontinuierliche und diskontinuierliche Wertefolgen

Beispiele	Kontinuierliche Wertefolgen (analog)	Diskontinuierliche Wertefolgen (digital)
im Zeitbereich	Zeitfunktionen	Amplituden-Abtastwerte, binäre Kodewerte
im Spektralbereich	FOURIER-Integralfrequenzspektren	Frequenzharmonische von FOURIER-Reihen
im Ensemble	Amplitudendichteverteilungen	Amplitudenverteilungen

◄ **Abb. 3.15.** Diskretisierung eines Meßprozesses durch Abtastung und Diskretisierung

Fehleranalyse bei Verletzung des Abtasttheorems

Das Abtasttheorem verlangt ein auf

$$f_g = 1/(2\ T_A) \tag{1}$$

bandbegrenztes Frequenzspektrum der Eingangsfunktion x(t); $f_A = 1/T_A$ bedeutet die Abtastfrequenz.

Der Verstoß gegen das Abtasttheorem infolge einer falschen Abtastfrequenz oder einer unscharfen Frequenzbegrenzung stellt eine Störung dar. Sie besteht darin, daß das Signalspektrum durch andere, parasitäre spektrale Komponenten überdeckt wird. Hierfür ist im angelsächsischen Sprachgebrauch der Begriff „Aliasing" üblich. Die Gegenmaßnahme wird als „Anti-Aliasing" bezeichnet.

Da die Eingangssignale in der Praxis fast nie bandbegrenzt sind, ist vor der Abtastung eine Tiefpaßfilterung („Anti-Aliasing-Filterung") vorzunehmen. Damit hängt die Stützstellendichte bzw. die Abtastfrequenz von der Grenzfrequenz f_g des Signals ab.

In der Meßtechnik ist oft eine Anti-Aliasing-Filterung nicht möglich, z. B. bei Sensoren mit digitalem Ausgang und direkter Prozeßkopplung am Eingang. Die hierbei entstehenden Fehler sind auch von der Signalverarbeitung nach A/D-Wandlung abhängig.

Zur Fehlerberechnung kann entweder der Zeitbereich oder der Frequenzbereich herangezogen werden. Für den hier zu behandelnden Fall ist der Frequenzbereich wegen der Anschaulichkeit besser geeignet als der Zeitbereich. Man erhält das Ausgangsspektrum $Y(\omega)$ durch Addition aller Seitenbänder der Trägerfrequenzen $m\omega_A$, d. h.

$$Y(\omega) = X(\omega) + \sum_{m=1}^{\infty} [X(m\omega_A - \omega) + X(m\omega_A + \omega)], \tag{2a}$$

wobei der Frequenzbereich auf

$$-\pi f_A \leqslant \omega \leqslant \pi f_A \tag{2b}$$

zu erstrecken ist.

Die Rücktransformation in den Zeitbereich liefert für die Zeitfunktion

$$y(t) = \frac{1}{2\pi} \int_{-\infty}^{\infty} Y(\omega)\, e^{j\omega t}\, d\omega. \tag{2c}$$

Damit läßt sich der Fehler berechnen:

$$\epsilon = y(t) - x(t). \tag{2d}$$

Für die Abschätzung ist ein abfallendes Spektrum vorauszusetzen:

$$|X(\omega)| \leqslant \frac{K}{\omega^{(1+\gamma)}} \quad \text{mit } K, \gamma > 0. \tag{3a}$$

Dann folgt nach J. I. CHURKIN–S. P. JAKOWLEW [C3] näherungsweise für den Fehler:

$$|\epsilon(t)| \leqslant \frac{1}{\pi} \int_{-\infty}^{\infty} \frac{K}{\omega^{(1+\gamma)}} \, d\omega = \frac{K}{\pi} \cdot \frac{1}{\gamma(\pi f_A)^{\gamma}} . \tag{3b}$$

Abbildung 3.16 veranschaulicht den Störeffekt, wenn $\omega_{gr} \gg \omega_A/2$ ist. Dann wird das eigentliche Spektrum des Nutzsignals von seinem an der Ordinate bei $\omega_A/2$ gespiegelten Bild additiv überlagert (gestrichelt gezeichnet).

Wenn zu einer Signalverarbeitung nur der *tieffrequente Anteil* im Bereich 0 bis ω_T des Spektrums benötigt wird, z. B. zur Ermittlung des zeitvariablen linearen Mittelwertes des Nutzsignals, dann verbleibt lediglich ein mittlerer quadratischer Restfehler von

$$\overline{\epsilon^2} = 2 \int_{\omega_A - \omega_T}^{\infty} [\underline{X}(\omega)]^2 \, d\omega .$$

Der vom Spiegelbild überlagerte Teil des Nutzsignalspektrums wird größtenteils nicht benötigt und beeinflußt den Meßwert nur mit einem geringen Restfehler. Dies bedeutet, daß sich auch bei verletztem Abtasttheorem fast fehlerfreie Meßwerte ergeben, sofern die Grenzfrequenz des nachgeschalteten Tiefpasses ω_T die Abtastbedingung

$$\omega_T \ll \omega_A/2$$

erfüllt.

Zusammenfassend zeigt sich, daß der *Aliasing-Fehler* von der nachfolgenden Signalverarbeitung abhängig ist, also nicht a priori festliegt.

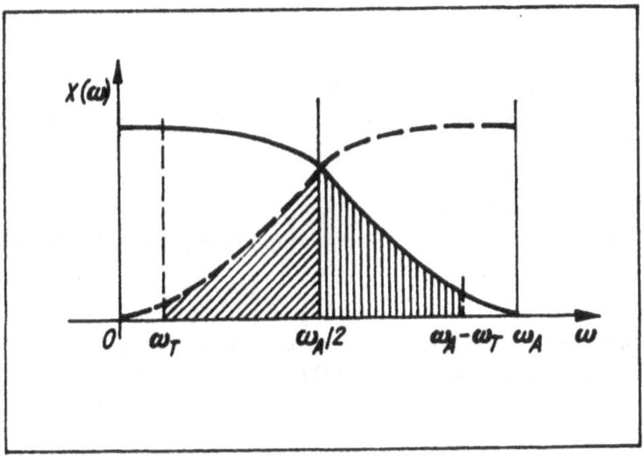

Abb. 3.16. Zur Erläuterung des Einflusses einer Mittelwertbildung auf die erforderliche Abtastfrequenz (nach E. G. WOSCHNI)

3.3.2. Bewertung von zeitdiskreten Meßwerten

Die Bewertung von zeitdiskreten Informationen hängt von der Aufgabenstellung ab. Für die Informationsübertragung *verzichtet* die Technik auf eine *Amplitudenbewertung.* In Abschnitt 1.3.6. wurden die Kenngrößen der Informationstheorie betrachtet, die die Häufigkeit von Zeichen und Symbolen bewerten. Dies ist der Informationsgehalt $I = lb(1/P_i) = - lb(P_i)$ und sein statistischer Mittelwert, die Informationsentropie $H = - \sum_{i=1}^{N} P_i lb(P_i)$. Die optimale Kodierung von Symbolen oder Zeichen einer endlichen Menge N kann mittels einer Darstellung durch eine Folge von Binärzahlen erfolgen. Das geschieht nach dem Prinzip, daß die Stellenzahl gleich der nächst höheren Zweierpotenz des Informationsgehaltes in bit gewählt wird; z. B. für N = 32 Symbole werden die Symbole der Indizes i = 0 bis 31 mit 5 Binärzahlen kodiert. Dieses Prinzip wird im Morsealphabet benutzt, worin die Binärzahlensymbole ein kurzer und ein langer Strich sind. In der voll automatisierten Sende-Empfangstechnik einschließlich der Rechenelektronik verzichtet man auf diese Optimierung wegen des damit verbundenen Mehraufwandes und kodiert alle Symbole oder Zeichen mit der gleichen Stellenzahl $\{lb\ N\}$. Die geschweiften Klammern bedeuten die nächst höhere Zweierpotenz, die Stellenzahl kann ja nur geradzahlig sein. In Abschnitt 3.3.4. wird gezeigt, daß die Störsicherheit durch Vergrößerung der Stellenzahl sehr wirksam erhöht werden kann.

Der nächste Entwicklungsschritt der Informationstheorie bestand in der *Amplitudenbewertung.* Mit Rücksicht auf die durch Störungen verringerte Meßgenauigkeit der Amplituden wurde die Amplitudenquantisierung vorgenommen. Es wurde nur eine begrenzte Anzahl von Amplituden unterschieden. Ein von SHANNON statistisch begründeter Ansatz lautet:

$$\text{Anzahl der unterscheidbaren Amplituden} = \left(\frac{\text{Gesamtleistung}}{\text{Störleistung}}\right)^{1/2} = N.$$

Die Menge der unterscheidbaren Amplituden N erhält damit eine Rangfolge. Es gilt $A_i < A_j$, wenn $i < j$ ist. Sie ist für die Kenngrößenbildung jedoch unwesentlich.

Austausch von Störabstand und Bandbreite

Die Kombination von Zeitdiskretisierung und Amplitudenquantisierung führt zu einer wichtigen Aussage über die Möglichkeit, die Störsicherheit zu erhöhen.

Nach dem Abtasttheorem kann bei stark frequenzbegrenzten Vorgängen (f_{gr}) und in einem Abtastzeitintervall von $\Delta T = 1/2f_{gr}$ ein Informationsfluß von

$$I = \frac{lb\ N}{\Delta T} = 2f_{gr} lb\ N$$

erzielt werden.

Da sich die Leistungen statistisch unabhängiger Prozesse addieren, ist die Gesamtleistung gleich der Summe von Nutz- und Störleistung. So ergibt sich für den Informationsfluß

$$I = 2f_{gr} \cdot \mathrm{lb}\left(1 + \frac{P_{nutz}}{P_{stör}}\right)^{1/2} = f_{gr} \cdot \mathrm{lb}\left(1 + \frac{P_{nutz}}{P_{stör}}\right) \text{ bit/s.}$$

f_{gr} stellt die Basisbandbreite B dar. In der Informationstechnik wird das Durchlaßvermögen eines Übertragungskanals als *Kanalkapazität* C bezeichnet. Somit gilt

$$C = B \cdot \mathrm{lb}\left(1 + \frac{P_{nutz}}{P_{stör}}\right).$$

Sofern der Informationsfluß diesen Wert C nicht überschreitet, kann er theoretisch fehlerfrei übertragen werden. Hierbei ist bemerkenswert, daß die Bandbreite und der logarithmisch gemessene Störabstand nur als Produkt gegeben sind. Das bedeutet, daß eine Vergrößerung der Anzahl der Quantisierungsstufen durch eine Verringerung der Bandbreite ausgeglichen werden kann. *Bandbreite und Störabstand sind austauschbar,* sofern die Kanalkapazität nicht überschritten wird. Die Theorie sagt jedoch nichts darüber aus, wie dieser Austausch vorgenommen werden kann.

3.3.3. Erhöhung der Störsicherheit mittels Pulsmodulation

Verfahren ohne Amplitudenquantisierung

Das in Abschnitt 3.2. beschriebene Prinzip der FM stellt ein Beispiel dafür dar, wie sich durch Redundanz, d. h. durch einen Mehraufwand an Bandbreite eine erhöhte Störsicherheit erzielen läßt. Dies ist im Höchstfrequenzgebiet möglich, wo Übertragungskanäle mit großer Kanalkapazität zur Verfügung stehen. Die Einführung der FM schloß die Entwicklung der Rundfunk- und Fernsehtechnik ab. Eine Weiterentwicklung der Modulationstechnik erfolgte für Punkt-Punktverbindungen, die als „Richtfunk-Verbindungen" bezeichnet werden. Sie werden für zivile und militärische Dienste benutzt. Diese dritte Modulationsart war die *Pulsmodulation.* Der Mehraufwand an Bandbreite wurde weiter gesteigert, was allerdings auch nur im Höchstfrequenzgebiet mit begrenzter Reichweite möglich war. Der Rechteckimpuls dient als Hilfsträger für die eigentliche Modulation. Die hierfür benötigte Bandbreite ist reziprok zur Impulsbreite t_i. Näherungsweise gilt:

$$B \approx 1/t_i.$$

Der Impuls als Träger der Modulation wird von einer Trägerschwingung in einen Höchstfrequenzbereich verschoben oder, anders ausgedrückt, in den Meter-, Dezimeter- und Zentimeterwellenbereich. Die Übertragung kann draht-

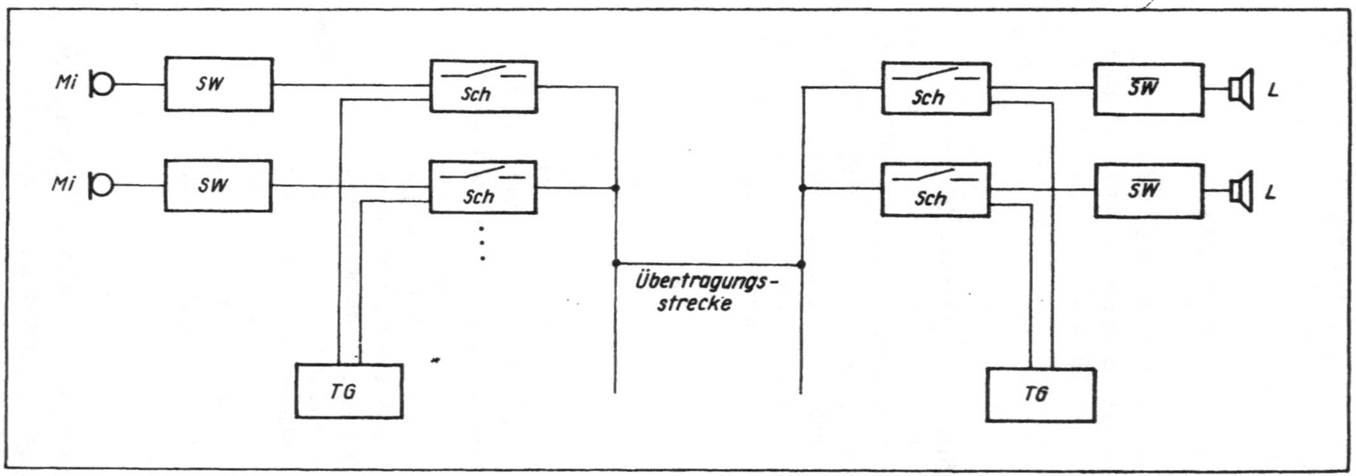

Abb. 3.17. Schema eines Zeitmultiplexsystems (nach W. GLASER [G3])

Mi – Mikrophon
SW – Signalwandler
Sch – elektronischer Zeitschalter
TG – Taktgeber
$\overline{SW}$ – Signalrückwandler
L – Lautsprecher

los oder drahtgebunden erfolgen. An die Stelle einer Drahtleitung tritt allerdings bei hohen Trägerfrequenzen allgemein ein Koaxialkabel oder eine Hohlrohrleitung oder, neuerdings zunehmend, eine Lichtleiterverbindung.

Die Pulsmodulation gehört zu den Verfahren mit digitaler Informationsübertragung. Sie benutzt das Prinzip der Zeitdiskretisierung. Hierzu sind jedoch zwei Gruppen zu unterscheiden:

a) Pulsmodulation mit *analoger Parameteraussteuerung,* d. h. *ohne* Amplitudenquantisierung und
b) Pulsmodulation mit *diskreter Parameteraussteuerung,* d. h. *mit* Amplitudenquantisierung.

Zur ersten Gruppe gehört die *Pulslängenmodulation* (PLM) und die *Pulsphasenmodulation* (PPM), formal auch die Pulsamplitudenmodulation, die aber kaum praktische Bedeutung hat.

In allen Fällen wird bei diesen Pulsmodulationsverfahren ein *Pulsparameter* proportional zur NF-Amplitude oder zum Meßwert verändert. Hierbei hat vor allem die Pulslagemodulation, d. h. die PPM, praktische Bedeutung erlangt. Bei der Sprachübertragung mit 4 kHz Bandbreite wird nach dem Abtasttheorem eine Tastfrequenz von 8 kHz verwendet, was einen Pulsrahmen von 125 μs ergibt. Die Rückumwandlung in einen analogen (zeitkontinuierlichen) Vorgang wird in bekannter Weise – ebenfalls nach dem *Abtasttheorem* – mit einem Tiefpaßfilter vorgenommen.

Abbildung 3.18 dient zur Erklärung der Methodik der PLM. Man tastet mit einem sägezahnförmigen Testsignal den zu analysierenden Prozeß ab. Die Schnittpunkte bei Amplitudengleichheit liefern ein Signal für das Ende des Hilfsimpulses, der beim Nulldurchgang des Testsignals gestartet wird. Wird das PLM-Signal differenziert, ergeben sich am Anfang und Ende jedes Einzelimpulses kurze Hilfsimpulse entgegengesetzten Vorzeichens. Ihre Abstände sind Werte in Gestalt der Pulslage (oder Pulsphase) und dienen zur weiteren Informationsübertragung [H7].

Der Vorteil der Pulsmodulation besteht darin, daß auf einem einzigen Träger – bei ausreichender Frequenzkanalbandbreite – mehrere Informationskanäle – zeitlich nacheinander gestaffelt – übertragen werden können, und zwar innerhalb eines „IMPULSRAHMENS". Hier ist von dem *Zeit-Multiplex-Verfahren* die Rede, im Gegensatz zum Frequenz-Multiplex-Übertragungsverfahren, bei dem mehrere Trägerfrequenzen frequenzgestaffelt zur Simultanübertragung benutzt werden.

Zur Störsicherheit ist folgendes festzustellen: Die Pulsmodulationsverfahren nach (*a*) sind die einfachsten bezüglich des Aufwandes und sind bei schwachem Störrauschen zu empfehlen. Die Einzelimpulse können in Relaisstationen *regeneriert* werden, die wegen der durch den Horizont begrenzten Reichweite sowieso zur Vergrößerung der Übertragungsreichweite notwendig sind (etwa

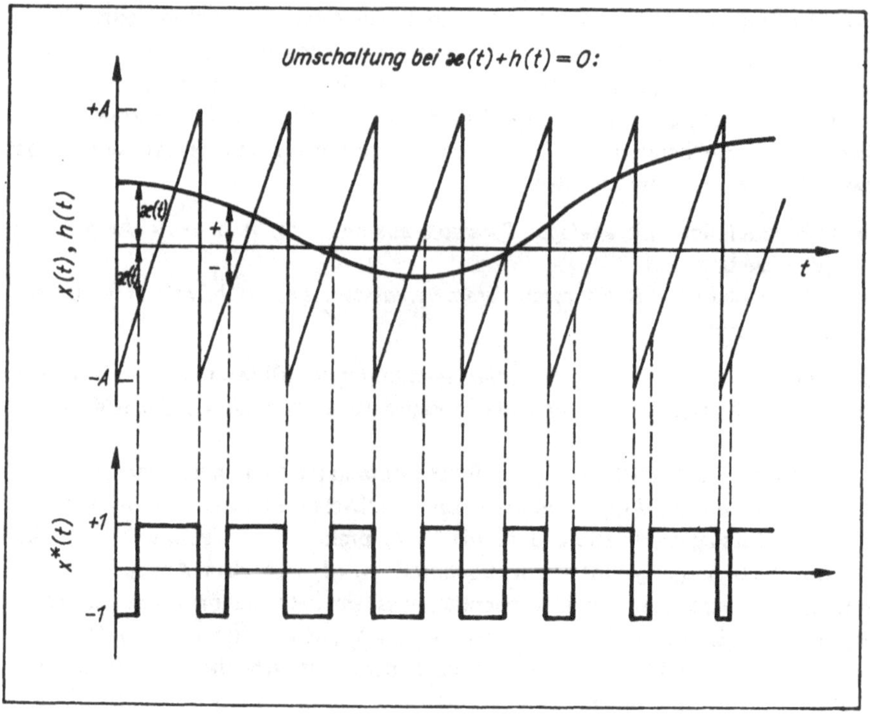

Abb. 3.18. Erzeugung einer Pulslängen- und Pulslagemodulation

alle 30–50 km). Dies ist aber nur bei der Impulsdauer- und der Impulslagemodulation (PPM) möglich, nicht bei der Pulsamplitudenmodulation!

Vom Standpunkt der Störsicherheit ist dies aber immer noch nicht optimal, weil Störimpulse die Modulation verfälschen können. Man spricht deshalb bei der PPM bei überlagertem Rauschen von einem „time-jitter", eine durch das Rauschen hervorgerufene stochastische Unschärfe der Pulslage.

Alle derartigen Störeinflüsse lassen sich jedoch eliminieren, wenn die Information – das „Zeichen" – durch eine Kombination von Einzelimpulsen in Form einer Impulsgruppe übertragen wird. Das einzelne Zeichen wird also *kodiert.* Die Kodierung von Zeichen durch Binärsignale (vgl. 1.3.6.) ist im Laufe von wenigen Jahrzehnten zur unentbehrlichen Grundlage der Informations- und der Rechentechnik geworden.

Auch in der Entwicklung der Pulsmodulation stellten sich neue Störeffekte ein, die den älteren Modulationsverfahren nicht anhafteten. Dazu gehört das Synchronisationsproblem, das befriedigend gelöst werden muß, um jedem Sendekanal des Impulsrahmens den zugehörigen Empfangskanal zuzuordnen, und zwar unter Einhaltung der Nullphasenlage des Impulsrahmens.

Die Pulsmodulation war bereits 1923 von N. B. SEELIGER angegeben worden. Die Pulsphasenmodulation wurde 1934 von R. D. KELL und unabhängig 1938 von A. H. REEVES erstmalig realisiert.

Verfahren mit Amplitudenquantisierung

Die Störsicherheit der behandelten Modulationsverfahren AM, FM, PLM und PPM nimmt in dieser Reihenfolge zu, einerseits durch die Frequenzverschiebung in Frequenzgebiete mit geringerem Störpegel und ausreichender Kanalbandbreite und anderseits durch die diversen Formen der Signalwandlung. An den Pulsverfahren sind zwei Informationsträger beteiligt, der modulierte Trägerimpuls und die von diesem modulierte harmonische Trägerfrequenz. Doch reicht deren Störsicherheit nicht aus, wenn sich starke Rauschstörungen oder Impulsstörungen einstellen. Je redundanzärmer der primäre Informationsfluß ist, desto kritischer wirkt sich jeder Informationsausfall aus, z. B. in der Datenübertragung.

Bei hohen Qualitätsansprüchen oder Forderungen einer extrem geringen Ausfallrate ergibt sich die Frage nach einer weiteren Steigerung der Störsicherheit, ohne daß die gewonnenen Vorteile der Modulationsarten ganz aufgegeben werden.

Dies wird durch eine weitere *Diskretisierung* erreicht. Außer der Zeitdiskretisierung wird noch eine Amplitudendiskretisierung – auch *Amplitudenquantisierung* genannt – vorgenommen.

Das Prinzip der amplitudenanalogen Modulation wird aufgegeben, und es werden nur diskrete Amplitudenwerte gebildet und übertragen. Allerdings versagt auch diese Impulsmodulationstechnik, wenn entweder *große Störungen* auftreten, die in der Amplitude mit der des Nutzimpulses vergleichbar oder größer sind. Dann können Nutzimpulse ausgelöscht werden oder Fehlimpulse entstehen. Dies trifft besonders zu, wenn eine extrem kleine Fehlerrate gefordert ist.

In derartigen Fällen werden Pulmodulationsverfahren *mit Kodierungsredundanz* verwendet. Die Methodik der störsicheren Kodierung ist bereits ein sehr ausgedehntes Fachgebiet geworden. Nachfolgend geben wir nur die Grundgedanken anhand eines Beispiels wieder. Es beweist zugleich den Wert einer ausgereiften Theorie.

3.3.4. Störsicherheit durch Kodierungsredundanz [P6]

Unter der *Kodierungsredundanz* ist die *Vergrößerung* der *Stellenanzahl* eines binären Kodewortes eines Zeichens über das notwendige Mindestmaß lb N hinaus zu verstehen. N muß die Anzahl der Zeichen einer abgeschlossenen und eindeutig definierten Zeichenmenge sein. Es gibt drei Gründe für die Überschreitung der Stellenanzahl lb N:

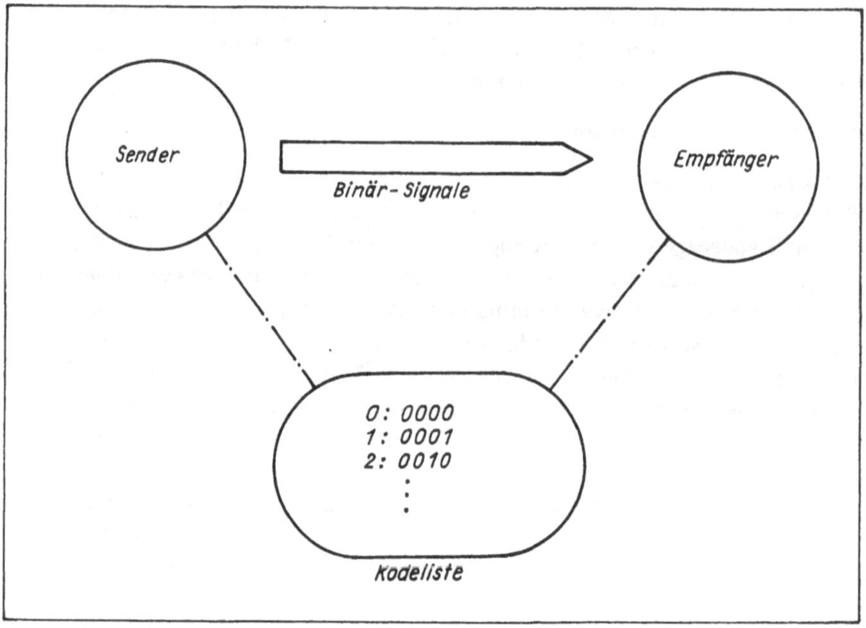

Abb. 3.19. Kodierungsliste als A-priori-Information des Informationsempfängers

Erstens ergibt sich zwangsmäßig eine *Redundanz,* wenn die Anzahl N keine Zweierpotenz ist. Dies ist bereits der Fall, wenn eine Dezimalzahl in eine Binärzahl umzuwandeln ist. Für die Zahlen 0 bis 9 sind vierstellige Binärzahlen nötig. Von 0000 bis LLLL gibt es aber 16 Kodewörter; 6 können anderweitig benutzt werden.

Zweitens wird eine Redundanz von einer Binärstellenzahl benutzt, um ein binäres Kodewort auf seine Fehlerfreiheit zu prüfen. Dem Prüfbit wird eine 0 hinzugefügt, wenn das Kodewort eine geradzahlige Anzahl von L-Bits enthält, und ein L, wenn das Kodewort eine ungeradzahlige Anzahl von L-Bits enthält. Das neu gebildete Kodewort enthält also stets eine geradzahlige Anzahl von L-Bits (1-Bits). Dies wird als *Paritätsprüfung* bezeichnet. Sie zeigt aber nur eine ungeradzahlige Anzahl von Fehlern an, während bei Geradzahligkeit der Fehler Kompensation eintritt. Diese Maßnahme wird häufig benutzt.

Drittens läßt sich die Kodierungsredundanz so erweitern, daß eine *Fehlererkennung* und *-korrektur* möglich wird. Man muß erkennen, *welche* Binärstelle durch einen Störimpuls verfälscht wurde. Zu diesem Zweck können z. B. mehrere binäre Kodeworte als Block zusammengefaßt und die Ganzzahligkeitsprüfung in allen Reihen und Spalten ausgeführt werden. Für r Reihen und s Spalten ergibt dies $r+s$ zusätzliche Prüfbits als Kodierungsredundanz. Bei der Kontrolle ergibt die Schnittstelle der fehlerhaften Reihe und Spalte die betreffende Fehlerstelle im Block.

Der dritte Fall der Kodierungsredundanz läßt sich in der Zielstellung wesentlich erweitern. Es sei an das erwähnte Kriterium des Informationsverzichts erinnert. Es gilt oft, nicht nur Übertragungsfehler infolge von Störungen zu vermeiden, d. h. die Störsignale zu unterdrücken, sondern auch der Forderung zu genügen, *prozeßrelevante Informationen* von nichtprozeßrelevanten, d. h. überflüssigen Informationen *zu trennen.* Diese Forderung besteht auch dann, wenn keine Fremdstörungen einwirken. *Störsicherheit bedeutet in diesem Falle, daß die relevanten Informationen von den nichtrelevanten Informationen fehlerfrei unterschieden werden.*

In der Kodierungstechnik unterscheidet man in solchen Fällen die *zulässigen* binären Kodewörter von den *nichtzulässigen.* Vom Standpunkt der Signalverarbeitung durch *Signalselektion* ist dies ein ähnliches Problem wie bei der spektralen Filterung; es gilt, eine *Klasse* von Informationen aus einem Informationsfluß auszusondern. Beim spektralen Filter umfaßt die Klasse der zulässigen Signale alle diejenigen, die in den Durchlaßbereich des Filters fallen, während die nichtzulässigen Signale durch den Sperrbereich des Filters unterdrückt werden.

Dagegen besteht die Aufgabe der Signalselektion beim angepaßten Filter darin, ein solches Empfangssignal aus dem verrauschten Informationsfluß herauszufiltern, das ein bestimmtes Testsignal enthält.

Der wesentliche Unterschied beim Kodierungsproblem besteht darin, daß hier eine *komplette Klasse von zulässigen Kodewörtern* herausgefiltert werden soll, abgetrennt von den nichtzulässigen Kodewörtern. Der Ersatz des Begriffs Testsignal durch den Begriff des Kodewortes deutet bereits an, daß das Anwendungsgebiet hier breiter ist und auch die Aufgabenstellung der Geheimhaltung, d. h. der Verschlüsselung von Informationen, enthält.

Vor allem aber ist die Erkenntnis für die Methodik der Informationstechnik wichtig, daß die spektrale Filterung keineswegs die einzige Methode der Signalselektion ist. Die Nutzungsmöglichkeit der *Kodierungsselektion* für die heute ausgereifte Rechenelektronik besteht darin, daß bereits eine gründlich ausgearbeitete Fachdisziplin existiert, die multivalent ist, d. h. Anwendungen auf Nachbargebieten offeriert. Eine solche ist unter anderen die Meßwertkodierung. Sie wird bereits weitgehend in der interplanetaren Meßtechnik der Raumfahrt benutzt und hat zu spektakulären Ergebnissen geführt, wie die Farbphotographie der Oberfläche von Nachbarplaneten und ihrer Begleiter.

Signalselektion durch Kodierung mittels der Polynommultiplikation

Es gibt zahlreiche Möglichkeiten, die Aufgabe der Kodierung zu lösen. Eine wichtige Voraussetzung ist die Eignung für eine Automatisierung. Nur mittels eines Computers kann die Kodierung und Dekodierung erfolgen. Daher werden algebraische Strukturen benutzt. Diese Methodik hat W. W. PETERSON [P6] ausgearbeitet. Der Grundgedanke der Fehlerkorrektur stammt von R. W. HAMMING [H1]. HAMMING bevorzugte die Matrizenmultiplikation, PETERSON u. a. die *Polynommultiplikation.*

Hierfür wird die *Polynomdarstellung* von binären Kodewörtern benutzt. Die Binärwerte {0, L} – oder hier besser {0, 1} – stellen die Koeffizienten des Polynoms

$$c_0 + c_1 X + c_2 X^2 + c_3 X^3 + c_4 X^4 + \ldots$$

dar. Die Größe X – die Unbekannte – ist dadurch wirksam, daß ihre Potenz die Stellenzahl angibt.

Die Koeffizienten des Polynoms c_i entsprechen den Bits der Stellen, dürfen also nur die Werte 0 oder 1 annehmen.

Die Koeffizienten entstammen also dem dualen Koeffizientenkörper. Als Rechenoperationen gelten hier die *Addition* (+), als Addition mod 2, auch als Antivalenz oder als exklusives Oder bezeichnet (in der Mathematik auch „symmetrische Differenz").

Man beachte, daß hier die Beziehung gilt:

$$1 + 1 = 0.$$

Für die *Koeffizientenmultiplikation* gilt das Schema:

	0	0
0	0	0
1	0	1 .

Dies entspricht der logischen Operation des „UND".

Die *Multiplikation* zweier Kodeworte wird als Polynommultiplikation ausgeführt, unter Berücksichtigung der angegebenen Koeffizientenmultiplikation.

Die Schreibweise entspricht der in der Mathematik bevorzugten Schreibweise einer Potenzreihe mit ansteigenden Potenzen – im Gegensatz zur Schreibweise der Dezimalzahlen. Dieser Unterschied ist belanglos, da die Dualzahlen im allgemeinen keine Zahlen, sondern irgendwelche Objekte einer Menge von Zeichen repräsentieren. Daher ist die Schreibweise eines „Bitmusters" hier nicht wesentlich.

Alle Kodewörter lassen sich als lineare Kombinationen von Basiswörtern darstellen, die jeweils nur eine 1-Stelle enthalten: 1000, 0100, 0010 und 0001 für vierstellige Wörter. Dies entspricht den Polynomgliedern 1, X, X^2 und X^3.

Polynom-Einkodierung zur Erzeugung der Kodierungsredundanz

Das Prinzip der Erhöhung der Störsicherheit besteht in diesem Fall darin, daß die Kodierungsredundanz durch Vergrößerung der Stellenzahl des Kodewortes

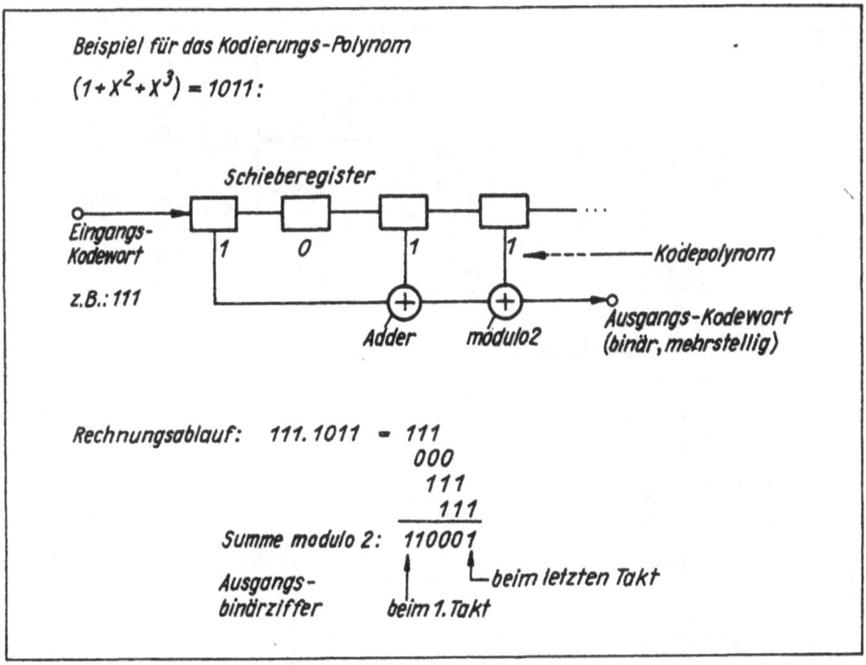

Abb. 3.20. Schaltung zur Multiplikation von binären Kodeworten

erzeugt wird. Dies geschieht mittels einer *Polynommultiplikation* des aus dem Informationswort gebildeten Polynoms I(X) mit einem Einkodierungs- oder Basispolynom G(X). In der Literatur wird es auch Generatorpolynom genannt. Das ist jedoch doppeldeutig, da auch das unten angegebene Dekodierungspolynom H(X) von einigen Autoren als Generatorpolynom bezeichnet wird. Die hier verwendeten Buchstabenbezeichnungen sind der Fachliteratur möglichst angepaßt.

Abbildung 3.21 veranschaulicht den Prozeß der Polynom-Einkodierung und Polynom-Dekodierung zur Fehlererkennung und Fehlerkorrektur.

Das *Einkodierungs-* oder *Basispolynom G(X)* bestimmt die Klasse der zugelassenen Sendeworte des Kodes S(X). Es gilt

$$I(X) \cdot G(X) = S(X)$$

entsprechend der multiplikativen Verknüpfungsrelation:

Informationswort mal Verknüpfungselement ≙ Sendewort,

hier in der Form

Informationspolynom mal Basispolynom = Sendepolynom.

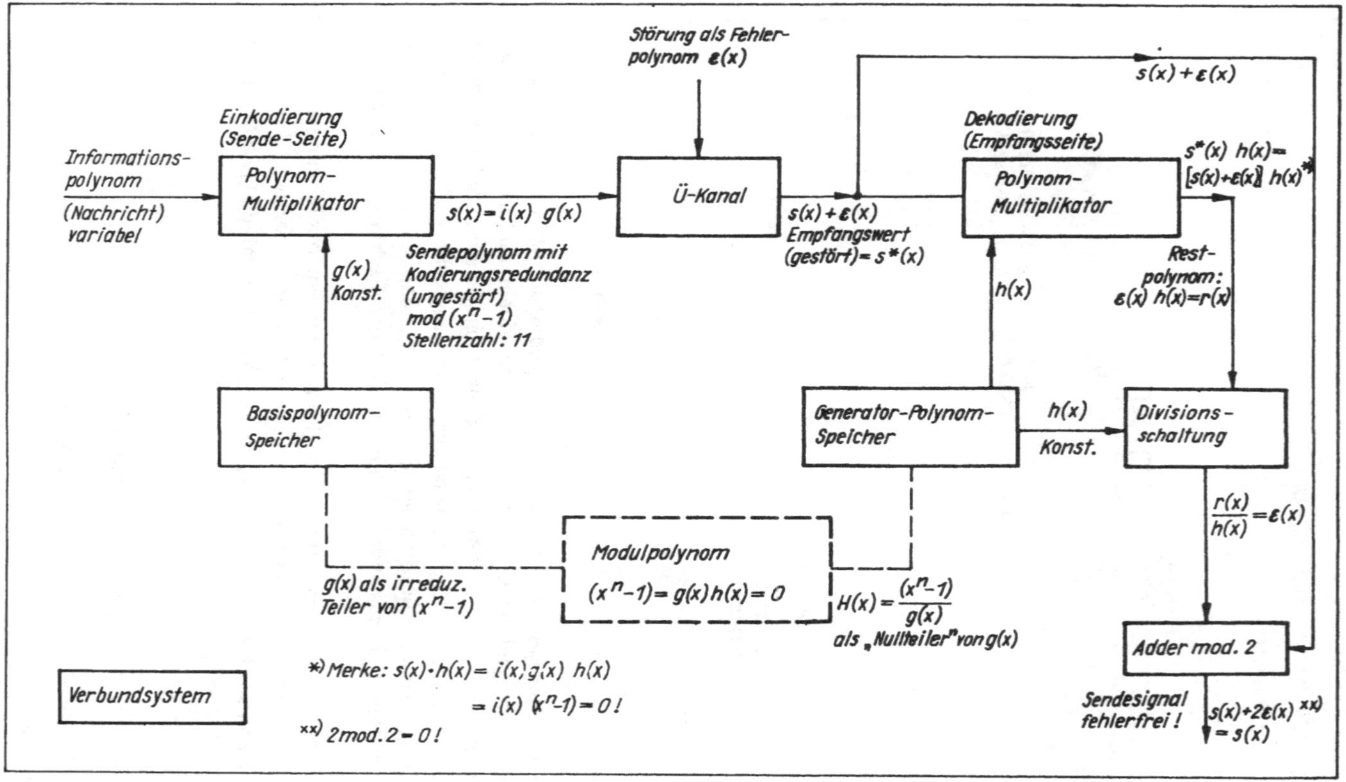

Abb. 3.21. Schema des Fehlerkorrektursystems für Binärsignale mittels Polynomdarstellung

Ähnlich wie bei der spektralen Abbildung, wird auch hier die Analyse und Synthese in einem anderen *Signalraum,* dem *Ring der Polynome* ausgeführt. Es läßt sich zeigen, daß das gleiche Konzept der Redundanzeinführung auch in einem anderen Signalraum benutzt werden kann, z. B. mittels Vektoren- und Matrizendarstellung [P6].

Im vorliegenden Falle enthalten alle zugelassenen Kodewörter S(X) das Basispolynom G(X) als Faktor. Ohne Kenntnis des Basispolynoms ist eine Dekodierung nicht möglich.

Festlegung der Eigenschaften des Basispolynoms

Zur multiplikativen Verknüpfung von Informationspolynom und *Basispolynom* dient die Algebra der Polynome. Gegenüber dem Werteprodukt von Zeitreihen (vgl. 4.2.) vergrößert sich die Stellenzahl des Kodewortes bei der Polynommultiplikation, die formal mit dem diskreten Faltungsprodukt (vgl. 1.1.) übereinstimmt.

Im einfachsten Falle besteht G(X) nur aus einer Potenz von X, z. B. aus dem Glied X oder X^2 oder X^3 usw. Das bedeutet, daß sich das Kodewort um so viele Stellen verschiebt, wie die Potenz von X lautet. So ergibt sich z. B.:

$$X(1 + X^2) = X + X^3.$$

Daher folgt aus dem Kodewort 1010 das neue Kodewort 0101 und aus $X^2(1 + X^2) = X^2 + X^4$ das Kodewort 00101!

Folgende Bezeichnungen gelten für die Stellenzahl der benutzten Polynome:

Informationswort I(X)	– m Binärstellen,
Sendewort S(X)	– n Binärstellen,
Redundanzeinkodierung	– k = n-m zusätzliche Binärstellen.

Hierbei besteht keine feste Zuordnung von Prüfbitstellen. Das Informationswort wird nicht nur vergrößert, sondern auch völlig umgewandelt.

Es existiert aber eine zusätzliche Bedingung, nämlich, daß die Menge der zugelassenen Sendeworte begrenzt ist auf n und damit auch die Menge der zugeordneten Polynome. Das läßt sich mathematisch durch die Anwendung der *Restklassenalgebra* erreichen, die der Modulrechnung der ganzen Zahlen entspricht, übertragen auf den Ring der Polynome.

Das entspricht einer Nebenbedingung, so daß gilt:

$$X^n = 1 \quad \text{und weiter: } X^{n+i} = X^i.$$

Ferner folgt daraus, daß $(X^n - 1) = 0$ ist. $X^n - 1$ wird als Modulpolynom bezeichnet.

Beim Überschreiten der festgesetzten Stellenzahl n tritt ersichtlich eine *zyklische Verschiebung* ein.

Somit ergibt sich z. B. aus dem Produkt $(1 + X^2) \cdot X = X + X^3$ und daraus für $n = 3$ das Polynom $(1 + X)$ wegen der Nebenbedingung $X^3 = 1$. Folglich ist aus dem Kodewort 101 das neue Kodewort 110 durch eine einstellige zyklische Verschiebung nach rechts entstanden. Über die maximale Stellenzahl hinaus läßt sich keine weitere Kodierungsredundanz einfügen. Wegen $n = m + k$ ist eine größere Störsicherheit nur für kleinere Werte von m, d. h. für kürzere Informationsworte, zu erreichen.

Welcher Zusammenhang besteht zwischen den Größen m und k?
Die Antwort lautet: Mittels k zusätzlichen Stellen kann die Fehlerkorrektur von 1 Fehler je Kodewort für insgesamt

$$m = 2^k - k - 1$$

Stellen erfolgen. Denn mit k Stellen können $2^k - 1$ Stellen kontrolliert werden, da das Nullwort wegfällt; es hat keine Aussagekraft. Außerdem sollen auch die k Prüfbits kontrolliert werden, die im Sendewort ohne feste Stellenzuordnung indirekt enthalten sind.

Das ergibt folgende Tabelle:

Anzahl der Prüfbits	k =	3	4	5	6
max. Anzahl der Informationsbit	m =	4	11	26	57
Anzahl der Sendebits	n =	7	15	31	63

Nachfolgend wird das Beispiel $n = 7$, $m = 4$ und $k = 3$ gewählt. Welches Polynom G(X) soll ausgewählt werden?

Hierzu bestehen drei Forderungen:

Erstens soll G(X) zwecks Eindeutigkeit der nachfolgenden Prozedur in der Koeffizientenmenge (0,1) irreduzibel sein, d. h., es darf nicht in Faktoren als Teilpolynome mit diesen beiden nur zugelassenen Koeffizienten zerlegbar sein.

Zweitens soll das Einkodierungspolynom G(X) ein Faktor eines Polynoms sein, das einen Nullteiler enthält, der nachfolgend mit H(X) bezeichnet wird. Es soll also gelten:

$$G(X) \cdot H(X) = 0.$$

Der Grund hierfür liegt in der Dekodierung, die durch diese Forderung ermöglicht wird und eine Fehlerkorrektur erlauben muß. Dies ergibt sich aus dem nachfolgenden Text.

Drittens soll das Polynom $G(X) \cdot H(X)$, das als Modulpolynom bezeichnet wird, die Anzahl der Sendebits grundsätzlich auf die Anzahl n beschränken. Das wird erreicht durch die erwähnte Bedingung:

$$X^n = 1 \quad \text{bzw.} \quad (X^n - 1) = 0.$$

Damit folgt

$$G(X) \cdot H(X) = X^n - 1 = 0.$$

Dieses Polynom ist in der Mathematik als Kreisteilungspolynom bekannt. C. F. GAUSS hat es zum Beweis der Konstruktion des 17-Ecks bereits benutzt und in seinen Eigenschaften näher untersucht.

Es enthält die Nullteilereigenschaft. Die Wahl von G(X) entspricht der folgenden Tabelle 4:

Tabelle 4

G(X) als irreduzibler Teiler von $(X^n - 1) = 0$	Redundante Stellen k	Sendewortstellen n
$(1 + X + X^2)$	2	3
$(1 + X^2 + X^3)$	3	7
$(1 + X + X^4)$	4	15
$(1 + X^2 + X^5)$	5	31

Für k redundante Stellen („Prüfbits") muß das Basispolynom X^k als Glied der höchsten Potenz haben und *nicht* X^{k-1}. Denn für ein Informationswort I(X) mit m Stellen und dem Glied mit der höchsten Potenz X^{m-1} resultiert für das Produktpolynom das Glied mit der höchsten Potenz $X^k \cdot X^{m-1} = X^{k+m-1} = X^{n-1}$; für das Sendewort folgen n Stellen, wie festgesetzt.

Die zu M(X) gehörigen und in der Tabelle angegebenen irreduziblen Teiler sind Ergebnisse der abstrakten Algebra, die W. W. PETERSON [P6] für den Ausbau der Theorie des Fehlerkorrektur-Kodes vielseitig herangezogen hat.

Polynom-Dekodierung

Die Nebenbedingung $X^n = 1$ wird aus zwei Gründen eingeführt.

Erstens bewirkt sie – wie erwähnt – die Stellenzahlbegrenzung auf n und die Rücksetzung der Potenzen der überzähligen Glieder des Polynoms und damit die zyklische Verschiebung der zugeordneten Binärziffern. Man verbleibt im Mengenbereich der 2^n Kodewörter.

Zweitens verbürgt diese Festsetzung (in der Form $X^n - 1 = 0$) die *Nullteiler-Eigenschaft* des Sendepolynoms. Das bedeutet, daß die Faktorenzerlegung des Modulpolynoms

$$(X^n - 1) = G(X) \cdot H(X) = 0$$

den Wert Null ergibt, wenn also das *Basispolynom* G(X) mit dem *Generatorpolynom* H(X) als dem ihm zugeordneten „Nullteiler" multipliziert wird.

Diese mathematische Eigenschaft des Modulpolynoms wird nun sinnreich ausgenutzt, um einen bei der Übertragung des Sendewortes $S(X) = I(X) \cdot G(X)$ aufgetretenen Fehler zu erkennen. Ist die betreffende Stelle des Fehlers erkannt, so läßt sich der Fehler durch Vertauschung der Binärziffer 0 in 1 oder 1 in 0 auch *korrigieren.* Da eine definierte Struktur vorliegt, kann sowohl die Fehlerentdeckung als auch die Fehlerkorrektur automatisiert werden.

Die Dekodierung geschieht folgendermaßen: Zur Dekodierung wird das Sendewort $S(X)$ mit dem Generatorpolynom (besser „Dekodierungspolynom") multipliziert. Da das Sendewort $S(X)$ bei der Kodierung aus dem Informationswort $I(X)$ gebildet wurde, gilt:

$$S(X) \cdot H(X) = I(X) \cdot G(X) \cdot H(X) = S(X) \cdot (X^n - 1) = 0.$$

Die Eindeutigkeit der Lösungsmethode ist gewährleistet, weil – wie erwähnt – das Basispolynom (Einkodierungspolynom) $G(X)$ als irreduzibler Faktor von $(X^n - 1) = 0$ gewählt wurde. Das Dekodierungspolynom

$$H(X) = \frac{(X^n - 1)}{G(X)}$$

ist am Empfangsort bekannt.

Die Dekodierung ergibt in zwei Fällen keinen Nullwert: Einerseits könnte das Informationswort $I(X)$ nicht zur Klasse der zugelassenen Kodeworte gehören. Dann erfüllt die Dekodierung die Aufgabe einer gewünschten *Signalselektion.*

Anderseits ergibt sich ein Restpolynom immer dann, wenn das Informationswort zwar zur zugelassenen Klasse gehört, aber durch einen Fehler verfälscht ist. *Dann erfüllt die Dekodierung eine zweite Aufgabe, die der gewünschten Störsicherheit.*

Das Restpolynom dient folgendermaßen zur *Fehlererkennung:* Wenn *ein* Übertragungsfehler auftritt, der mit $\epsilon(X)$ bezeichnet sei, dann lautet das Empfangspolynom:

$$S(X) + \epsilon(X) = E(X).$$

Zur Dekodierung wird gebildet:

$$R(X) = E(X) \cdot H(X) = I(X)\, G(X)\, H(X) + \epsilon(X)\, H(X) = \epsilon(X)\, H(X).$$

Nun ist nur das Restpolynom $R(X)$ durch das Dekodierungspolynom zu dividieren, so daß

$$\frac{R(X)}{H(X)} = \epsilon(X).$$

Bei einem Fehler enthält $\epsilon(X)$, rücktransformiert als Binärwort, nur eine 1-Stelle; daher läßt sich die Fehlerstelle sofort erkennen und korrigieren. So bedeutet $\epsilon(X) = X$, daß die zweite Binärziffernstelle falsch ist; als Binärwort geschrieben: 0100..0.

Die erreichbare Grenze der Störsicherheit liegt in demjenigen Kodierungsaufwand, der noch vertretbar ist.

Es wurde darauf hingewiesen, daß mehrere Methoden zur Erhöhung der Störsicherheit anwendbar sind, wenn sie sich nicht widersprechen. Die Bandbreite der kodierten Signale ist im wesentlichen durch die Bit-Zeichenlänge als Einheitsimpuls vorgegeben, aber die Bandbreite ist unabhängig vom Kodierungsmehraufwand, von der Kodierungsredundanz. Daher läßt sich die Bandbreite verringern, indem die *Übertragungszeit* für die Information *verlängert* wird. Davon wird in der Meßwertübertragung im interplanetaren Raum auch Gebrauch gemacht.

3.3.5. Informationsübertragung über Höchstfrequenzen

3.3.5.1. Ausbau der Zentimeter- und Dezimeterwellentechnik

Während der historischen Entwicklung der Modulations- und Kodierungsverfahren ergab sich ein Bedarf nach wesentlich größeren Bandbreiten als in der Niederfrequenztechnik. Dies erweiterte die benutzten Frequenzgebiete für die Übertragung der Informationen mittels hochfrequenter Träger. Bedarfsträger waren die Richtfunktechnik, die Ortungstechnik sowie das Fernsehen. Der Vorteil dieser Wellengebiete (1 m Wellenlänge entspricht 300 MHz) ist die leichte Bündelungsmöglichkeit der Antennenstrahlung. Es ergab sich eine Umstellung der klassischen Bauelemente, wie an passiven Bauelementen die Hohlrohrleitungen, an aktiven Bauelementen die Höchstfrequenzoszillatoren (Magnetron, Klystron u. a.).

Zwei Beispiele für den unmittelbaren Einfluß des *Kampfes gegen die Rauschstörungen* auf die Methodik der Höchstfrequenztechnik sind bemerkenswert:

a) *Die Entwicklung von rauscharmen Vorverstärkern*

Die Rauschleistung eines ohmschen Widerstandes ist nach H. NYQUIST (1928) [N1] proportional zur absoluten Temperatur T:

$$\frac{\overline{u_r^2}}{R} = 4\,kTB$$

mit T – absolute Temperatur, B – Bandbreite, k BOLTZMANN-Konstante. Das Eigenrauschen der Vorverstärker begrenzt die Reichweite. Mit einigem Aufwand läßt sich das Eigenrauschen durch *Herabsetzung der Arbeitstemperatur* um mehr als zwei Zehnerpotenzen erheblich vermindern. Diese Maßnahme erhöht die Sendeleistung um den gleichen Betrag. Eine solche Möglichkeit wird in der Tat für die Rückverbindung von Flugkörpern zur Erde ausgenutzt. Sie wäre tunlichst an der Boden-Empfangsstation zu installieren, da der eventuelle Aufwand an Sendeleistung an Bord des Flugkörpers (Satelliten, Raumstationen) sehr begrenzt ist. Dies trifft u. a. für interplanetare Fernmessungen (remote measurements) zu.

Eine derartige Maßnahme ist jedoch nur selten möglich. Daher mußte nach einem weniger aufwendigen, aber effektiven Verfahren zur Verringerung des Eigenrauschens gesucht werden. Dies führte zur Entwicklung der sogenannten *Parameterverstärker,* deren Prinzip und Bezeichnung der technischen Mechanik entlehnt ist.

b) *Die Anwendung des Parameterverstärkungsprinzips* [B10, L3]

Die Parameterverstärkung entspricht in der Mechanik folgendem Prinzip: Ein mechanisches, schwingfähiges System wird mit einer „Pumpfrequenz", die doppelt so hoch ist wie die Resonanzfrequenz des Systems, über einen Parameter angeregt. Das bekannteste Beispiel ist ein gewöhnliches Pendel, dessen Aufhängepunkt in vertikaler Richtung periodisch auf- und abgeführt wird. Wenn die Pumpfrequenz doppelt so hoch ist wie die Resonanzfrequenz, d. h. $\omega_p = 2\omega_{res}$, dann entsteht eine Resonanzschwingung in horizontaler Richtung. Die richtige Phasenlage ist dann erreicht, wenn das Pendel jeweils im oberen Punkt der seitlichen Schwingung angehoben wird. Damit wird dem Pendel jeweils potentielle Energie zugeführt. Da der obere Punkt schon nach jeder halben Querschwingung erreicht wird, muß die anregende Pumpfrequenz doppelt so hoch sein wie die Pendelresonanzfrequenz. Das ist ein Sonderfall der rheolinearen Differentialgleichungen, in denen ein Parameter (Koeffizient) zeitabhängig ist, und zwar periodisch zeitvariabel. Eine Anwendung ist die Schaukel.

In einem elektrischen Resonanzkreis ist der analoge Fall gegeben, wenn der Schwingkreiskapazität im Maximum des Ladungszyklus' periodisch eine zusätzliche Ladung durch eine Steuerspannung zugeführt wird. Es gelten die gleichen Frequenz- und Phasenbedingungen wie für eine analoge mechanische Schwingung, z. B. des Pendels.

Das dem elektrischen Parameterverstärker zugrunde liegende Prinzip wurde bereits 1916 von R. V. L. HARTLEY entdeckt. Er fand, daß eine nichtlineare Reaktanz unter bestimmten Voraussetzungen als negativer Widerstand wirken kann und somit Verstärkereffekte ermöglicht. 1956 wurde das Prinzip von M. MANLEY und H. E. ROWE [M8] erneut analysiert und die nach ihnen benannten Energiebeziehungen als Grundlage des elektronisch gesteuerten Parameterverstärkers aufgestellt.

Der Grund für das Versagen der klassischen Verstärkertechnik liegt im Prinzip der Verwendung „freier Elektronen". Andere Verstärkerprinzipien wurden erforderlich, die mit „gebundenen Elektronen" und der Theorie nach völlig rauschfrei arbeiten. Von den in Frage kommenden Lösungen hat sich der *parametrische Verstärker (Reaktanzverstärker)* im praktischen Einsatz bereits weitgehend bewährt. Gegenüber dem unter a) genannten Verfahren hat er den Vorteil einer echten Leistungsverstärkung des Nutzsignals. Hierfür werden sogenannte Varactordioden, d. h. spannungsabhängige Siliziumdioden mit Wirkwiderständen von nur 1 Ohm, als Steuerungselemente benutzt. Es sind Blindenergiespeicher, die von der Pumpfrequenzquelle aufgeladen werden. Damit ist eine Leistungsverstärkung durch Parameterresonanz möglich. Derartige HF-Vorverstärker erreichen Grenzrauschzahlen hinunter bis nur 1 dB.

Zum Funktionsprinzip des Parameterverstärkers [M8]
Es handelt sich um eine Sonderform des Überlagerungsempfängers, um einen *Frequenzwandler.* Das Prinzip beruht darauf, daß mittels einer gesteuerten Reaktanz als Blindenergiespeicher aus der zugeführten Pumpfrequenz ω_p der Energiequelle und der Empfangsfrequenz ω_1 eine Kombinationsfrequenz

$$\omega_2 = \omega_p \pm \omega_1$$

gebildet wird.

Der Fall der Bildung der Summenfrequenz wird als up-converter bezeichnet und jener der Differenzfrequenz als down-converter. Hierbei soll die Bedingung fallen gelassen werden, daß die Pumpfrequenz gerade doppelt so hoch ist wie die Resonatorfrequenz.

Zur Wirkungsweise des Parameterumsetzers sei auf die zweikreisige Anordnung in Abbildung 3.22 verwiesen.

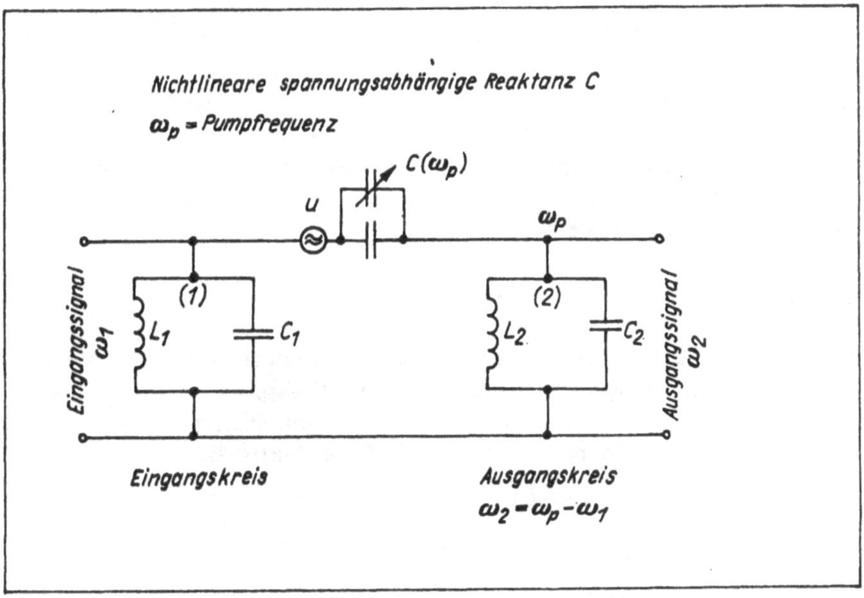

Abb. 3.22. Schema des zweikreisigen Parameterverstärkers mit Frequenzumsetzung (down-converter)

Der Fall der Differenzfrequenz ergibt den rauscharmen Vorverstärker, da der Eingangskreis (ω_1) entdämpft wird (Leistungszufuhr). Der Zwischenkreis (ω_2) dient nicht als Ausgang; er läuft als eine Art Katalysator mit. Da ihm nur Leistung zugeführt wird, erhielt er den typischen Namen „idler" (idle – untätig).

Die Benutzung der Umsetzfrequenz ergab sich aus folgenden Überlegungen: Es ist praktisch unmöglich, die Parameterresonanz zur Signalverstärkung zu benutzen, weil sich die dabei gestellten Frequenz- und Phasenbedingungen nicht einhalten lassen. So ist hier zwar die Frequenz, aber nicht die Phasenlage des Empfangssignals bekannt. Sie schwankt unter dem Einfluß der Übertragungswege regellos. Eine Leistungsverstärkung durch einen mittels der Parameterresonanz induzierten negativen Widerstand ist praktisch ausgeschlossen. Die optimale Phasenlage der Parameteraussteuerung ist nicht einzuhalten. Es entstand die Frage, was passiert, wenn die Eingangsfrequenz ω_1 von der halben Pumpfrequenz *abweicht:* $\omega_1 \neq \omega_p/2$. Die Frequenzdifferenz ist bekanntlich gleich der Änderungsgeschwindigkeit der Phasendifferenz zweier betrachteter Schwingungen. Die Energiezufuhr wechselt also dauernd. Der Blindenergie-Austausch und die Energieentnahme ändern sich periodisch mit der laufenden Verschiebung der Phasenlage. Die entscheidende Erkenntnis war nun, daß die *Energiezufuhr stabilisiert* wird, wenn eine weitere Belastung auf der Kombinationsfrequenz $\omega_2 = \omega_p - \omega_1$ oder $\omega_p + \omega_1$ vorgenommen wird, so daß eine zusätzliche Steuerspannung dieser Frequenz auf den Kondensator C einwirkt. Analyse des Energieumsatzes beim up-converter: $\omega_2 = \omega_1 + \omega_p$.

Nach Abbildung 3.22 wird der Ausgangskreis auf die Summenfrequenz abgestimmt. Man kann näherungsweise annehmen, daß er für die Frequenzen ω_1 und ω_p einen Kurzschluß darstellt, ebenso wie der Eingangskreis für die Frequenzen ω_2 und ω_p. Ferner läßt sich die Reihenschaltung von Pumpspannungsquelle $u_p(t)$ und Varactordiode im Längszweig einfach als eine harmonisch zeitveränderliche Kapazität auffassen, da nur die Hochfrequenzvorgänge analysiert werden; dafür gilt:

$$C_{\omega_p} = \Delta C \cos\omega_p t = \frac{\Delta C}{2} (\exp(j\omega_p t) + \exp(-j\omega_p t)).$$

Darin bedeutet ΔC die von der Pumpspannung ausgesteuerte Kapazitätsamplitude. Die Pumpspannung ist hier groß gegen die Kreisspannungen U_{ω_1} und U_{ω_2}, deren Wirkungen auf die Varactordiode zu vernachlässigen sind.

Die veränderliche Ladung beträgt infolge dieser Aussteuerung

$$Q(t) = C_{\omega_p}(u_1(t) - u_2(t)),$$

und der Strom im gesamten Kreis ergibt sich durch Differentiation von Q(t) zu

$$i(t) = \frac{dQ(t)}{dt} = \frac{d\,C_{\omega_p}}{dt}(u_1(t) - u_2(t)) + C_{\omega_p}\frac{d(u_1(t) - u_2(t))}{dt}$$

mit $u_1(t) = \hat{U}_1 \exp(j\omega_1 t)$ und $u_2(t) = \hat{U}_2 \exp(j\omega_2 t)$ und

$$\frac{d(u_1(t) - u_2(t))}{dt} = j(\omega_1 \hat{U}_1 \exp(j\omega_1 t) - (\omega_p + \omega_1)\hat{U}_2 \exp(\omega_p + \omega_1)t.$$

Der Gesamtstrom besteht aus verschiedenen Frequenzkomponenten, von denen für den Leistungsumsatz nur die Komponenten mit ω_1 und ω_2 interessieren. Man erhält

$$i_1(t) = -\frac{j}{2}\Delta C\omega_1 \hat{U}_2 \exp(j\omega_1 t) \quad \text{und}$$

$$i_2(t) = \frac{j}{2}\Delta C\omega_2 \hat{U}_1 \exp(j\omega_2 t) \qquad \text{mit} \quad \omega_2 = \omega_1 + \omega_p.$$

Eine weitere Umformung und Berechnung der Wirkleistungen P_1 und P_2 ergibt die überraschende Beziehung

$$\omega_1 P_2 = -\omega_2 P_1 = -(\omega_p + \omega_1)\, P_1.$$

Das bedeutet, daß die vom Schwingkreis (2) aufgenommene Wirkleistung P_2 durch die Pumpwirkung der zeitvariablen Kapazität $\Delta C(t)$ um den Faktor

$$\frac{\omega_p + \omega_1}{\omega_1} = \frac{\omega_2}{\omega_1}$$

größer ist als die vom Eingangssignal abgegebene Leistung P_1. Die Leistungsverstärkung beträgt

$$\frac{P_2}{P_1} = \frac{\omega_2}{\omega_1}.$$

Die im Ausgangskreis gewonnene Wirkleistung P_2 stammt aus der Eingangssignalquelle und der Pumpquelle. Weitere Spannungsquellen sind als Energiegeber nicht beteiligt.

Für die Leistungsbilanz des up-converters gilt:

$$P_2 = P_1 + P_p,$$

wie in Abbildung 3.23 dargestellt. Der Eingangskreis wird nicht entdämpft, sondern bedämpft. Je höher die Pumpfrequenz gewählt wird, desto größer ist die Leistungsverstärkung. Umso höher liegt aber auch die Ausgangskreisfrequenz $\omega_2 = \omega_1 + \omega_p$.

Zwischen den Beträgen der drei beteiligten Wirkleistungen besteht die Relation

$$P_1 : P_p : P_2 = \omega_1 : \omega_p : \omega_2.$$

Eine Anwendung dieser Anordnung ist die Frequenzvervielfachung, deren Faktor nicht ganzzahlig zu sein braucht. Da die Signalumwandlung durch einen Blindenergie-Austausch erfolgt, ist dieser Umsetzer weitgehend *rauschfrei.*

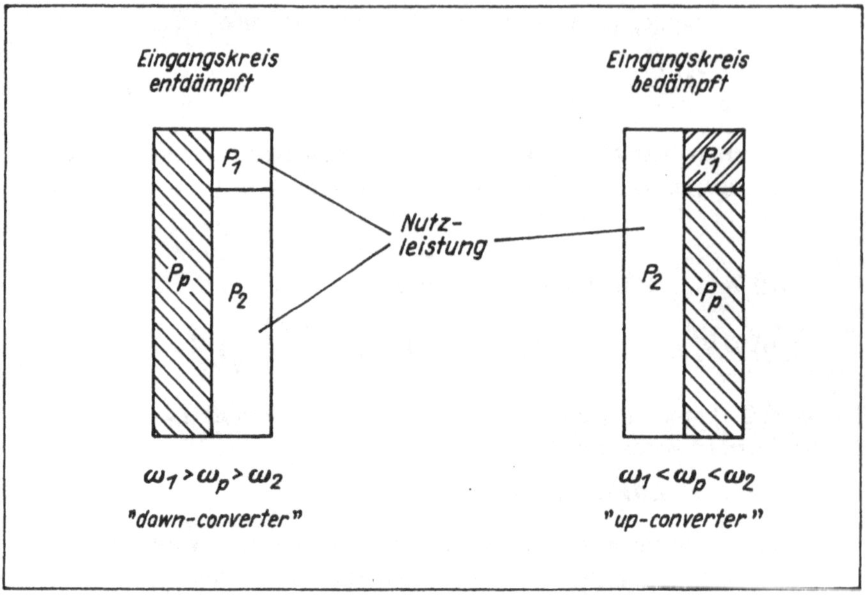

Abb. 3.23. Leistungsbilanz beim Parameterumsetzer

Eine interessante Eigenschaft dieses Frequenzumsetzers ist, daß die Aussteuerung der zeitvariablen Kapazität ΔC keinen Einfluß auf die Leistungsverstärkung hat. Sie wirkt zwar als Katalysator, ist aber als Energiegeber unmittelbar am Prozeß beteiligt.

Wirkungsweise des down-converters: $\omega_2 = \omega_p - \omega_1$.

Diese Anordnung, ein Höchstfrequenz-Vorverstärker, eignet sich als Umsetzer auf niedrigere Frequenzen, und zwar ohne zusätzliche innere Rauschstörungen. Die Leistungsbilanz stellt Abbildung 3.23 ebenfalls dar. Hier liefert die Pumpfrequenzquelle die gesamte Wirkleistung für die Frequenzumsetzung. Der Eingangskreis wird *entdämpft,* außerdem bezieht der Ausgangskreis die restliche Nutzleistung.

Die Theorie entspricht der oben dargelegten. Lediglich in den Leistungsbeziehungen ist ein Vorzeichenwechsel zu verzeichnen, so daß

$$-P_p = P_1 + P_2.$$

Die Verwendung in der Höchstfrequenztechnik entspricht der eines Verstärkers; deshalb die Bezeichnung *Parameterverstärker.* Die technische Realisierung erfordert einen Richtkoppler, da der Eingangskreis das Empfangssignal auf einem Weg zugeführt bekommt und das Ausgangssignal auf einem anderen

Weg, auf der gleichen Frequenz verstärkt (entdämpft), abgeführt werden muß.

Vereinfachte Ausführung des Parameterverstärkers

Abbildung 3.24 zeigt eine vereinfachte Ausführung des Parameterverstärkers. Er entspricht dem mechanischen Analogon der Schaukel, arbeitet also mit der *doppelten* Signalfrequenz als Pumpfrequenz: $f_p = 2f_1$. In diesem Falle ist die Forderung automatisch erfüllt, daß ein Resonanzkreis vorhanden ist, abgestimmt auf die Differenzfrequenz von Pump- und Signalfrequenz. Der Signalkreis übt eine Doppelfunktion aus und der Zwischenkreis (idler) kann entfallen. Abbildung 3.24 zeigt eine schaltungsmäßige Ausführung zum Schema der Abbildung 3.23 mit einer spannungsabhängigen Diode C(u). Zur Ermittlung der Verstärkung ist es üblich, die von der Reaktanz an den Signalkreis abgegebene Leistung durch einen, dieser Reaktanz zugeordneten Leitwert rechnerisch zu erfassen. Im Frequenzbereich um 500 MHz lassen sich Verstärkungen von etwa 10 dB erreichen, falls der Signalkreis hochwertig, d. h. verlustarm, ausgeführt wird.

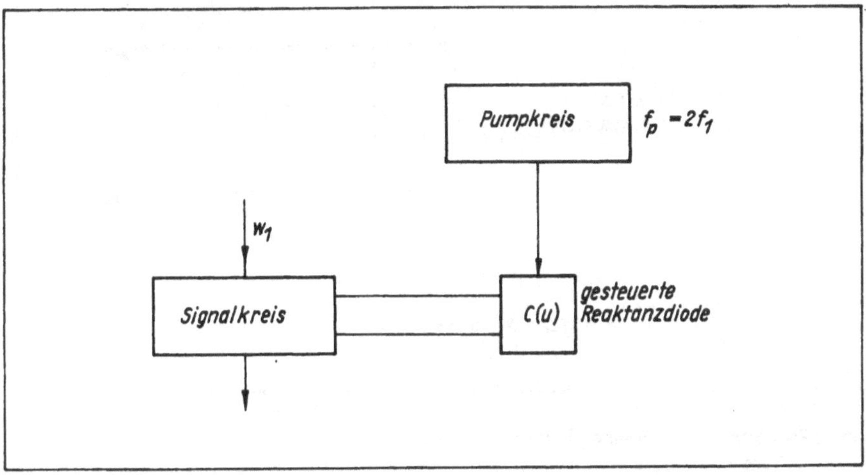

Abb. 3.24. Einfacher parametrischer Verstärker ohne Zwischenkreis (Prinzip einer mechanischen Schaukel)

Berechnung einer Richtfunkverbindung

Nachfolgend sei an einem Zahlenbeispiel gezeigt, wie eine Höchstfrequenz-Richtfunkverbindung zu berechnen ist, wenn ein Mindest-Störabstand verlangt wird. Als wesentlicher Parameter dient die vorgegebene Bandbreite, da die Störrauschleistung entscheidend davon abhängt. Weiterhin wird im allgemeinen die Sendeleistung vorgegeben sein und der Durchmesser der Parabolantennenspiegel zur Strahlenbündelung. Die Bündelung verringert fremde Störeinflüsse und erspart Sendeleistung. Die Verhältnisse einer Sende-Empfangsverbindung werden in einem sogenannten *Pegeldiagramm* dargestellt (Abb. 3.25).

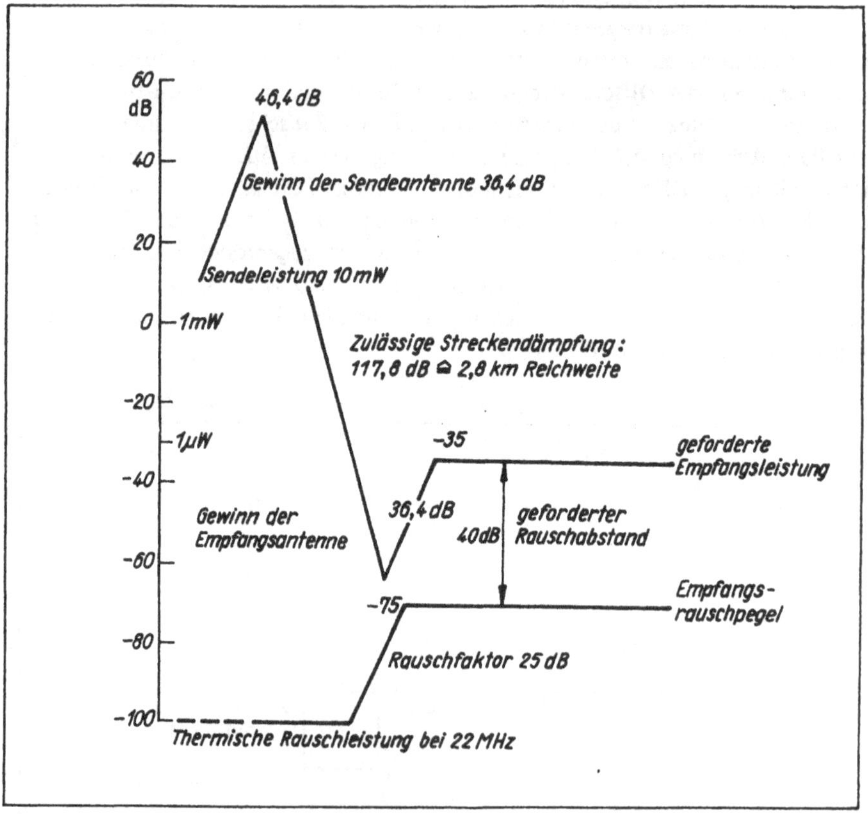

Abb. 3.25. Pegeldiagramm einer Richtfunkstrecke

Ein Zahlenbeispiel [D2] möge die Verhältnisse illustrieren:

Die Sendeleistung betrage P_s = 10 mW, die Modulationsbandbreite für eine Mehrkanalübertragung B = 22 MHz bei der Trägerwellenlänge von 3 cm, entsprechend 10 GHz. Die Parabolantennen sollen einen Durchmesser von 1 m und eine Flächenausnutzung von 0,6 aufweisen. Der Rauschfaktor des HF-Empfängers betrage F = 25 dB, der Rauschabstand vor der Demodulationsstufe soll ca. 40 dB betragen.

Es wird die Entfernung einer Relaisstrecke gesucht, die diesen Rauschabstand gewährleistet.

Bei der nachfolgenden Betrachtung wird vom Ende der Übertragungsstrecke ausgegangen. Der Rauschpegel beträgt bei 22 MHz Bandbreite (mit $kT = 4 \cdot 10^{-21}$ Ws) $P_{st} = 4 \cdot 10^{-21} \cdot 22 \cdot 10^6 \approx 10^{-10}$ mW. Der „Nullpegel" wurde auf 1 mW festgelegt. So sind alle Leistungsverhältnisse in dB auf diesen Nullpegel als Störabstand mit der Maßzahl 10lg P in dB zu beziehen. Dies ergibt hier für den Rauschpegel einen Wert von $10 \lg 10^{-10} = -100$ dB.

Wegen des Eigenrauschens des Empfängers von 25 dB liegt der Rauschpegel um 25 dB höher, d. h. bei −75 dB.

Der Nutzsignalpegel des Senders beträgt bei 10 mW Sendeleistung mit $10 \lg P_{s_{mW}} = 10 \lg 10 = 10$ dB. Es wird gefordert, daß am Empfängerausgang ein Rauschabstand von 40 dB vorhanden sein soll. Daher muß die Empfangsnutzleistung P_e bei dem Wert $-75 + 40 = -35$ dB liegen.

Das ergibt eine Leistungsdifferenz von $10 - (-35) = 45$ dB für die Streckendämpfung:

$$\beta = 10 \lg(P_s/P_e).$$

Für das Verhältnis P_s/P_e gilt ganz allgemein

$$P_s/P_e = A^2/R^2\lambda^2,$$

worin A die wirksame Antennenfläche und R die Entfernung ist. Hieraus folgt für die Streckendämpfung

$$\beta = 20 \lg(A/R\lambda).$$

Dieser Wert soll laut der oben angestellten Überlegung 45 dB betragen. Danach folgt weiter

$$\lg(A/R\lambda) = 45/20 = 2.25$$

und

$$A/R\lambda = 10^{2,25} = 178.$$

Die maximal zulässige Entfernung für den geforderten Störabstand beträgt demnach

$$R_{max} = \frac{A \cdot 178}{\lambda}$$

bei einer effektiven Antennenfläche von

$$A = \eta \frac{\pi D^2}{4} = 0{,}6 \cdot \frac{\pi}{4} 1^2 = 0{,}47 \text{ m}^2.$$

Dies ergibt eine maximale Entfernung von

$$R_{max} = \frac{0{,}47 \cdot 178}{0{,}03} = 2800 \text{ m} = 2{,}8 \text{ km}$$

für den geforderten Rauschabstand von 40 dB.

Die gleiche Antennenbündelung bringt in diesem Falle eine Leistungsverstärkung auf 72,8 dB, also eine $16 \cdot 10^6$fache Verstärkung. Das Beispiel zeigt, daß die geforderte Störsicherheit die Konstruktion erheblich beeinflußt!

Nebensprechen bei Pulsphasenmodulation

Rauschstörungen bestimmen die Leistungsbilanz einer Richtfunkstrecke, eine Maßnahme, die die Hochfrequenzseite anbetrifft. Daneben sind auch auf der Niederfrequenzseite Störungen zu verzeichnen, die vom angewendeten Modulationsverfahren abhängen. Dazu gehört das Nebensprechen, d. h. die Beeinflussung eines Gesprächskanals durch den Nachbarkanal im Pulsrahmen. Dieser Störeffekt ist für die Pulsphasenmodulation charakteristisch (Abb. 3.26). Der Grund ist darin zu suchen, daß jeder ideale Rechteckimpuls eine unendliche Bandbreite erfordert. Die niederfrequente Bandbreite ist aber im Mehrkanalbetrieb begrenzt. Jede Beschränkung des Frequenzbandes eines NF-Kanals hat theoretisch ein unendlich lang andauerndes Nachschwingen des Einzelimpulses zur Folge. Man muß einen Kompromiß finden, um einerseits das Frequenzband zu begrenzen, anderseits dafür zu sorgen, daß nur ein geringes, noch verträgliches Überschwingen in den Nachbarbereich stattfindet (s. Abb. 3.26). Ein ideales Tiefpaßfilter mit scharfer Frequenzbegrenzung zeigt ein besonders starkes Nachschwingen. Besser sind Systeme mit einer abgeflachten Frequenzbegrenzung [H7].

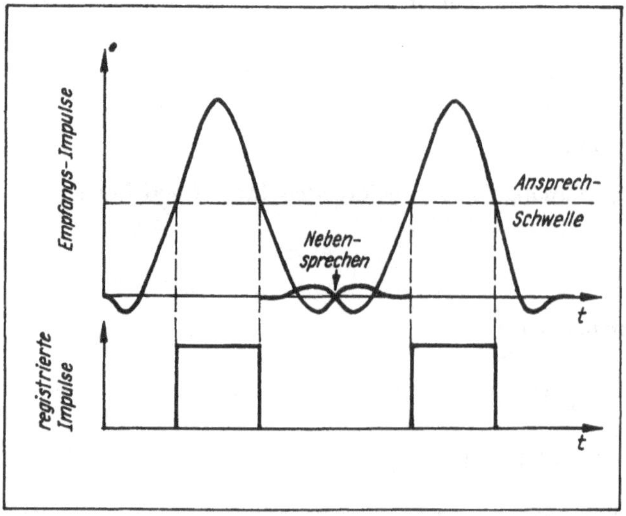

Abb. 3.26. Nebensprechen als Störeffekt der Impulsübertragung

Der gewählte Frequenzgang des Begrenzungsfilters stellt einen Kompromiß zwischen verschiedenen Faktoren dar, zu denen auch das Anwachsen des Störrauschens mit wachsender Bandbreite gehört.

Eine erprobte Maßnahme gegen das Nebensprechen ist die Wahl einer Ansprechschwelle. Bei der Demodulation wird bei der PPM die Abweichung der Stellung des Impulses von der Normallage festgestellt. Um die Vorteile des PPM auszunutzen, muß derjenige Punkt der modulierten Flanke des Einzelimpulses mit der größten Steilheit abgetastet werden. Dieser Punkt liegt ungefähr bei der halben Impulsamplitude. Er kann durch Veränderung der Ansprechschwelle optimal gewählt werden.

3.3.5.2. Informationsübertragung mittels Lichtwellenleitern

Als neues Spezialgebiet der Informationsübertragung ist die *Lichtleitertechnik* zu erwähnen. Sie bedeutet eine Rückkehr von der drahtlosen zur leitergebundenen Übertragungstechnik, der Glasfasertechnik. In theoretischer Hinsicht besteht eine enge Verbindung zur Hohlleitertechnik, besonders in der Frage der „Moden" des elektrischen Feldes. Es werden Wellenlängen von 850 nm, 1,3 und 1,55 µm (Infrarotgebiet) benutzt, und es lassen sich Dämpfungen unter 5 dB/km erzielen. Die Datenrate (Anzahl der Binärimpulse pro s) umfaßt mehr als 10 Mbit/s. Der wirksame Kerndurchmesser beträgt beim Lichtleiterkabel pro Seele nur etwa 50 µm. Die Vorteile der Lichtleitertechnik sind:

a) Einsparung von Kupfer,
b) extreme Gewichts- und Raumeinsparung pro Übertragungskanal,
c) Übertragungsmöglichkeit für breitbandige Informationsflüsse (Fernsehkanäle!) durch Vielfachmodulation,
d) *Unempfindlichkeit gegenüber elektromagnetischen Störungen,*
e) Möglichkeit der *Potentialtrennung* der Sende- und der Empfangsanlage, was gleichfalls eine erhebliche Störsicherheit bedeutet.

Diese neue Technik brachte auch Nachteile mit sich und damit neue Entwicklungsprobleme, u. a. die Entwicklung von dämpfungsarmen Quarzmaterial für die Kabelseelen, die Konstruktion von Leitungsverzweigungen und Steckverbindungen, die Entwicklung von Laserdioden. Im Rahmen dieser methodischen Gesamtübersicht muß auf weitere Details hier verzichtet werden.

3.4. Multiplikative Störungen

3.4.1. Begriff der multiplikativen Verknüpfung

Bisher wurde vorausgesetzt, daß Nutzsignale von den Störungen additiv überlagert sind. In etlichen Fällen ist eine multiplikative Verknüpfung von Nutz- und Störsignal gegeben.

Zur Abgrenzung des Begriffs einer multiplikativen Verknüpfung sei zunächst bemerkt: Rein formal läßt sich eine multiplikative Verknüpfung auch in eine additive Verknüpfung umformen, ohne allerdings eine Trennung von Nutz- und Störsignalanteil zu erreichen. A. A. CHARKEWITSCH [C2] führte eine derartige Umformung aus, die zeigt, daß eine multiplikative Verknüpfung formal auch in eine additive Verknüpfung übergehen kann.

Er stellte fest, daß eine multiplikative Störung der Form $x = s \cdot \nu$ mit x als Empfangssignal, s als zu übertragendes Signal und ν als Störfaktor durch folgende Zerlegung darzustellen ist:

$$x = s\nu = s(\nu_0 + \zeta) = s\nu_0 + s\zeta.$$

Die Komponente ν_0 bedeutet den Mittelwert der Störung, d. h. ihren Gleichanteil, und ζ den Wechselanteil mit verschwindendem Erwartungswert $E\{\zeta\}$.

Somit resultiert eine *additive* Störung der Form $s\zeta$. Diese Umformung hat nur formalen Charakter und verdeckt den grundsätzlichen Unterschied zu den additiven Störungen, für die das Superpositionsprinzip gilt. Der erste Anteil $s\nu_0$ ist meist unbedeutend, aber er gibt das Nutzsignal selbst wieder, da ν_0 nur eine Maßstabsänderung darstellt. Entscheidend ist aber, daß die additiv überlagerte Störung kein reines Störsignal mehr darstellt, sondern nach wie vor eine multiplikative Störung, deren Eigenschaften sowohl vom Störsignal als auch vom Nutzsignal abhängen. Eine Trennung auf Grund des Unterschiedes beider Signalformen, des Nutz- und Störsignals, ist mit den bisher beschriebenen Methoden nicht möglich.

Multiplikative Verknüpfungen in linearen Systemen

Zwei Fälle lassen sich unterscheiden:

a) Die Bildung eines algebraischen Produktes von Zeitfunktionen.
Dies entspricht der Bildung eines Faltungsproduktes im Spektralbereich, wobei die Spektralfunktionen FOURIER-Transformierte der Zeitfunktionen sind.
b) Die Bildung eines algebraischen Produktes von Spektralfunktionen.
Dies entspricht der Bildung eines Faltungsproduktes im Zeitbereich, wobei die Zeitfunktionen FOURIER-Rücktransformierte der Spektralfunktionen sind.

Es ist einfacher, mit algebraischen Produkten zu rechnen, da damit – zumindestens für lineare Systeme – die Eigenschaften des Nutz- und des Störsignals voneinander getrennt als Faktoren des algebraischen Produktes gekennzeichnet sind. Dies erleichtert die Systemanalyse und die Systemsynthese. Das Standardmodell zu a) ist der Multiplikator von Signalen und Systemfunktionen, das Standardmodell zu b) die Reihenschaltung von zwei linearen Netzwerken oder das Ausgangssignal eines linearen Netzwerkes, das von einem Eingangssignal gespeist wird.

Multiplikative Störungen entstehen in Nachrichten- oder in Meßketten (vgl. Abb. 2.1), wenn ein Parameter eines Teilsystems nicht zeitkonstant ist, sondern sich langsam (*Drift*) oder schnell (*Fluktuation*) mit der Zeit ändert. Hierbei handelt es sich meistens um den Verstärkungsfaktor oder um die Dämpfung eines Übertragungskanals (als äußere multiplikative Störungen) oder um Schaltungsparameter (als innere multiplikative Störungen).

Zwischen den additiven und den multiplikativen Störungen besteht also ein wesentlicher Unterschied: Während die additiven Störungen in den meisten Fällen unabhängig von den Nutzsignalen sind und daher leichter von ihnen getrennt werden können, ist dies bei den multiplikativen Störungen nicht so. Entsprechend der Definition wirken die multiplikativen Störungen auf das Nutzsignal ein und verändern sowohl dessen zeitlichen Verlauf als auch sein Spektrum durch die Erzeugung von neuen Frequenzanteilen.

Störeffekte durch Nichtlinearitäten

Es kann noch ein dritter Fall eintreten:

c) Die Verstärkung (oder Dämpfung) kann auch *amplitudenabhängig* sein. Dies stellt ein nichtlineares Modell dar. (Das Modell b) wird als linear und das Modell a) als rheolinear bezeichnet.)

Die nichtlineare Aussteuerung verursacht ebenfalls eine Veränderung des Zeitverlaufs des Nutzsignals und seines Spektrums, was als *nichtlineare Verzerrung* bezeichnet wird.

Diese Störeffekte sind innere Systemstörungen und meistens unvermeidlich. Sie erfordern gezielte Gegenmaßnahmen, die ein Bestandteil der gängigen Schaltungstechnik geworden sind (s. 3.4.3.).

3.4.2. Methoden bei äußeren multiplikativen Störungen

Folgende Formen von äußeren multiplikativen Störungen sind zu unterscheiden:

1. Die *Dämpfungsschwankungen* in Abhängigkeit von der Zeit, die also nichtstationären Charakter haben;
2. die *Phasen- oder Laufzeitschwankungen,* die gleichfalls instationär sind. Sie stören nur die visuelle Informationsübertragung, speziell das Fernsehen und die Impulsübertragung, jedoch nicht rein akustische Übertragungen, da das menschliche Ohr für Phasenschwankungen unempfindlich ist;
3. die Frequenzschwankungen des Trägers, z. B. durch die Eigenbewegung des Senders relativ zum Empfänger. Sie können aber auch Nutzinformationen abgeben (vgl. 4.2.).

3.4.2.1. Reduzierung von Dämpfungsschwankungen eines Übertragungskanals [B1]

Dämpfungsschwankungen des Übertragungskanals sind vor allem in der drahtlosen Übertragung anzutreffen. Bei der drahtgebundenen Übertragung kommen hingegen vor allem keine spontanen, kurzfristigen Schwankungen vor.

Methode der Sendeleistung

Das einfachste Mittel, eine im Empfangsgebiet ausreichende Feldstärke sicherzustellen, ist die Wahl einer für den ungünstigsten Fall (worst case) ausreichenden Sendeleistung. Das begründet die verhältnismäßig große Sendeleistung im Lang- und Mittelwellengebiet zur Rundfunkversorgung. Sie liegt in der Größenordnung von 10–1000 kW ausgestrahlter HF-Leistung und erfordert eine Netzleistung, die derjenigen einer kleineren Ortschaft entspricht. Das garantierte Versorgungsgebiet eines Rundfunksenders läßt sich ausbreitungsseitig nicht begrenzen; besonders im Mittelwellenbereich stören sich die Sender gegenseitig, da die Anzahl der zur Verfügung stehenden und international genormten Frequenzkanäle erheblich geringer ist als der Bedarf, besonders in Europa.

In der Meßtechnik entspricht diese Methode der einer Erhöhung der Testsignalstärke. Sie wirft das Dosierungsproblem auf. Daß hier oft enge Grenzen gesetzt sind, zeigt vergleichend die Röntgenbehandlung von Karzinomen in der Medizintechnik. Rein technische Anwendungen der Diagnostik begegnen analogen Schwierigkeiten: Das Testsignal darf das Meßobjekt nicht beeinflussen oder gar zerstören. Weitere Beispiele geben die Werkstoffprüfung oder die Elektronenmikroskopie. In diesen Fällen sind die Störeffekte nicht von vornherein vorhanden, sondern entstehen erst durch den Einfluß der Übertragungs- oder Meßanordnung.

Methode der Verstärkungsregelung

An die Lautstärke der akustischen Wiedergabe von Sprach- und Musikübertragungen werden unterschiedliche Ansprüche gestellt. Daher ist seit Anbeginn der Übertragungstechnik eine niederfrequente Lautstärkeregelung vorgesehen worden. Das trifft auch heute noch zu. Doch lieferte die durch Hochfrequenzverstärkung des Trägers erheblich verbesserte Empfängerempfindlichkeit und die Steigerung der Sendeleistungen häufig eine Empfangsspannung, die den Empfänger bereits eingangsseitig übersteuerte. Dies bedingt eine hochfrequenzseitige Verstärkungsregelung. Mit einer handbedienten Regeleinrichtung sind aber die schnellen Schwankungen der Empfangsspannung nicht auszugleichen. Sie rühren von Schwundstörungen im Fernempfang her, besonders im Kurzwellenbereich. Eine automatische Verstärkungsregelung, die auch als Schwundregelung oder Fading-Ausgleich bezeichnet wird, ist dagegen in der Lage, den Feldstärkeschwankungen mit der erforderlichen Geschwindigkeit zu folgen. Hierzu wird die hochfrequente Trägerschwingung benutzt, deren Gleichrichtung die Regelspannung liefert. Voraussetzung dafür ist eine höhere Hochfrequenzverstärkung, die eine genügende Empfindlichkeitsreserve bietet. Vorzugsweise werden die Zwischenfrequenzverstärker geregelt, mit dem Ziel, daß die Ausgangs-HF-Spannung über einen möglichst weiten Bereich von der Eingangsamplitude der Trägerschwingung unabhängig bleibt. Diese Regelung beeinflußt nicht die Lautstärkeschwankungen der niederfrequenten Modulation.

Die Realisierung gehört zur längst abgeschlossenen Rundfunk-Empfangstechnik. Dagegen sind im Kurzwellenbereich der kommerziellen Funkdienste erhebliche Dämpfungsschwankungen zu verzeichnen, die folgende Verfahren erfordern:

1. Methode der Frequenzwahl [B8, D3, R1]
In den fünfziger Jahren begann der Ausbau der Ultrakurzwellen-Übertragung (UKW). Die vorher nicht beanspruchten Frequenzbereiche über 30 MHz ($\lambda < 10$ m) wurden benutzt. Ihre Reichweite ist allerdings durch den Horizont begrenzt. Dies wurde ursprünglich als wesentlicher Nachteil für den Fernempfang angesehen. Doch erwies sich dies bald als entscheidender Vorteil. Es gelang damit, die Nahbereichsversorgung ohne Störungen durch entfernte Sender sicherzustellen. Nur bei den meteorologisch bedingten Überreichweiten sind Störungen durch Fremdsender im UKW-Bereich zu befürchten. Ein weiterer Vorteil ergab sich dadurch, daß im UKW-Bereich erheblich größere Kanal-Bandbreiten zur Verfügung stehen, so daß die störfeste Frequenzmodulation benutzt werden konnte.

Richtfunktechnik
Die logische Weiterentwicklung bestand darin, noch freie Frequenzbereiche für Funkdienste auszunutzen. Das traf für den Dezimeter- und Zentimeterwellenbereich unter Benutzung von Relaisstationen zu (s. 3.3.5.). Dadurch konnten alle Störungen weitgehend beseitigt werden. Mittels Relaisstationen wurde die Horizontreichweite überschritten, durch die Antennenbündelung Sendeleistung eingespart und die Ausbreitung auf den nächsten Empfangspunkt konzentriert. Überdies wird dadurch verhindert, daß unerwünschte Empfangspartner an der Nachrichtenvermittlung teilnehmen können. Außerdem ist dieser Bereich weitgehend frei von atmosphärischen und industriellen Störungen. Die Methode der Frequenzwahl löst also eine Reihe von Schwierigkeiten gleichermaßen.

2. Methode des Frequenzwechsels [R1, B8, D3]
Der Fernempfang im Kurzwellengebiet ist eine sehr ökonomische Methode, da sie – dank der Übertragung durch die Ionosphäre – eine extrem geringe Sendeleistung erfordert. Sie liegt unter günstigen Bedingungen in der Größenordnung von nur 10 W, um den halben Erdball zu überbrücken, z. B. für die selten ortsfeste Schiffahrt. Ein wesentlicher Nachteil des KW-Bereiches sind starke und ständig entstehende Schwundstörungen. Die automatische Schwund-

regelung nützt nichts, wenn die Empfangsspannung in den Rauschpegel des Empfängers absinkt. So erfordern die Übersee-Funkverbindungen einen erheblichen Mehraufwand, wenn eine störsichere Übertragung gefordert ist. Seit 1925 erforschten Sir E. V. APPLETON (1892–1965) und andere systematisch die *Wellenausbreitung längs der Ionosphäre.* Dem Nobel-Laureaten APPLETON gelang der direkte Nachweis mehrerer ionisierter Schichten in der hohen Atmosphäre und Troposhäre, an denen die Kurzwellen reflektiert werden. G. BREIT und M. A. TUVE [B18] arbeiteten die Echolotmethode aus, die noch heutzutage die Grundlage der Ionosphärenbeobachtung ist und Aufschlüsse über den Höhenbereich oberhalb 70 km Höhe bis etwa 500 km gibt. Die zeitlichen Änderungen der Ionosphäre lassen sich voraussagen, die tägliche und die jahreszeitlichen. Es werden Funkwetter-Vorhersagen gegeben, aus denen sich optimale Übertragungsfrequenzen entnehmen lassen. Diese werden entsprechend den Ausbreitungsbedingungen gewechselt. Einmalig vereinbarte Frequenzkanäle genügen also nicht.

3. Methode des Mehrfachempfangs (diversity-Verfahren)

Die Veränderungen der Ionosphäre vollziehen sich auch sehr kurzzeitig. Daher wird bei kommerziellen Funkverbindungen im KW-Bereich ein größerer Aufwand zugunsten einer größeren Reichweite und Störsicherheit in Kauf genommen und folgende Methode angewendet:

Es werden mindestens zwei Funkkanäle *gleichzeitig* benutzt und mittels einer Automatik jeweils auf den Kanal mit der größeren Empfangsspannung umgeschaltet. Das wird als Mehrfachempfang bezeichnet. Dazu gibt es unterschiedliche Möglichkeiten des Empfangs:

a) mit mehreren räumlich getrennten Antennen,
b) mit veränderlicher Antennencharakteristik,
c) auf mehreren Frequenzkanälen.

Die automatische Umschaltung läßt sich am einfachsten realisieren, indem die von den Trägerschwingungen erzeugten Gleichspannungen der einzelnen Empfänger addiert werden, um damit eine gemeinsame Schwundregelspannung zu erzeugen. Diese schaltet die Empfänger mit den schwächeren HF-Eingangsspannungen mittels der für sie zu großen Regelspannung ab. Somit wird jeweils das Ausgangssignal des Empfängers mit der größten momentanen Empfangsspannung benutzt. Die Empfängerausgänge werden dabei in Serie oder parallel zusammengeschaltet. Obwohl dieses Prinzip auch Nachteile aufweist, wird es häufig angewandt.

Es kommt bei den Verfahren mit Mehrfachempfang entscheidend darauf an, daß die Schwundstörungen *nicht korreliert* sind, also unabhängig voneinander erfolgen. Man nennt die kurzzeitigen Schwankungen auch Interferenzfading, weil die Feldstärkeschwankungen durch eine Überlagerung von sehr vielen Ausbreitungswegen bei der Reflexion an der Ionosphäre zustande kommen.

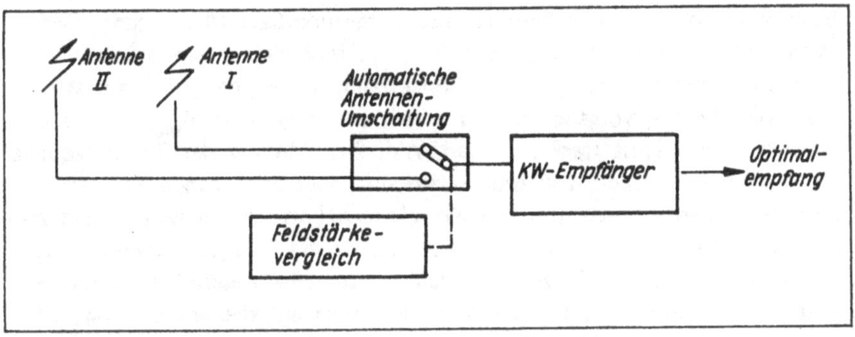

Abb. 3.27. Unterdrückung des Fading-Effekts mittels Antennen-Diversity

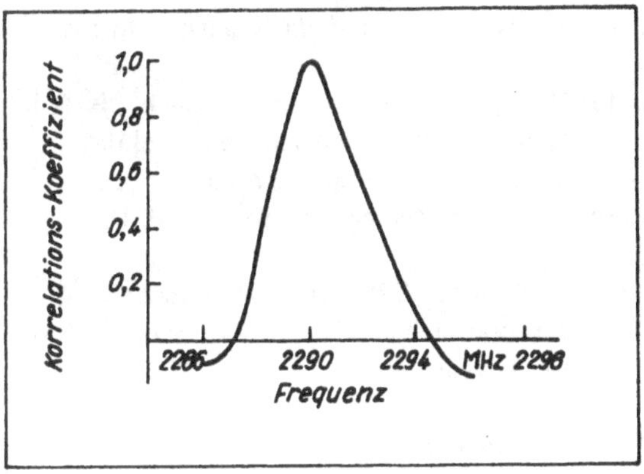

Abb. 3.28. Korrelationsbereich von Fading-Schwankungen im Höchstfrequenzbereich des Frequenz-Diversity-Betriebes

Es bestehen folgende Beziehungen der Signal-Eigenschaften:
Für den automatischen Betrieb mit Mehrfachempfang muß die Schwankung der Feldstärke hinreichend langsam erfolgen, so daß während der Übertragung eines Elementarzeichens (von 1 bit) die Feldstärke annähernd konstant bleibt. Andernfalls wird das Binärsignal verzerrt, z. B. als Störung während des Umschaltvorganges. Die Signaldauer muß dementsprechend kurz gewählt werden, da der Schwankungsprozeß nicht beeinflußt werden kann. Nach dem Reziprozitätsgesetz der Signaltheorie bedeutet dies, daß die Bandbreite der Fading-Schwankungen hinreichend klein sein muß. Für die Bandbreite gilt die Beziehung

$$B_{modul.} \gg B_{fading}$$

als Voraussetzung für eine näherungsweise verzerrungsfreie Übertragung. Das Nutzsignal beansprucht die Bandbreite $B_{modul.}$. Innerhalb dieser Bandbreite muß der Schwankungsvorgang für alle Spektrallinien zeitlich gleichartig erfolgen. Der Schwankungsvorgang muß innerhalb der Bandbreite $B_{modul.}$ – anders ausgedrückt – möglichst *stark korreliert* sein. Der Abstand der Trägerfrequenz-Diversity muß also hinreichend groß gegen die Modulationsbandbreite sein. Erfahrungen haben ergeben, daß ein Korrelationsfaktor der Schwankungen zwischen zwei unterschiedlichen Empfangskanälen bei der Frequenz-Diversity nur etwas kleiner als 1/e = 0,37 zu sein braucht, um eine wesentliche Verbesserung der Störsicherheit durch Frequenzumschaltung auf die jeweils größere Empfangsspannung zu erzielen. Dagegen muß der Korrelationsfaktor innerhalb des Modulationsbandes im Empfangskanal groß gegen 1/e = 0,37 sein.

Die Methode der automatischen Umschaltung auf die jeweils größere Feldstärke wird als Selektionsmethode bezeichnet. Schwierigkeiten beim Diversity-Empfang entstehen durch zu große Laufzeitunterschiede der benutzten Empfangskanäle. Daher wird vorausgesetzt, daß der Laufzeitunterschied beider Kanäle klein gegen die Binärsignaldauer ist. Sonst sind die beiden Informationsflüsse nicht mehr synchron.

Unabhängig davon besteht unter der gleichen Voraussetzung auch die Möglichkeit, auf die Umschaltung zu verzichten und die beiden oder mehrere Empfangssignale gleichzeitig zu benutzen, d. h. als Kombinationsmethode. Diese Methoden werden im Englischen als „switching diversity" und als „combining techniques" bezeichnet.

Die Methoden wurden eingehend analysiert [B1], aber wesentliche Unterschiede nicht gefunden. In der Praxis haben sich beide bewährt, um die Störungen durch Dämpfungsschwankungen zu reduzieren.

3.4.2.2. Reduzierung von Laufzeit- und Phasenverzerrungen

Determinierte Laufzeitverzerrungen: Dispersion

Wenn die Laufzeit über eine Übertragungsstrecke frequenzabhängig ist, nennt man dies in der Physik Dispersion. Das ist in der Optik der Fall, wenn die Brechzahl n von der Wellenlänge λ abhängt. Normale Dispersion entspricht der Beziehung

$$dn/d\lambda < 0.$$

Dieser Effekt ungleicher Laufzeit für unterschiedliche Frequenzen tritt in Telegraphiekabeln der Nachrichtentechnik auf. In pupinisierten Leitungen entsteht bei der Annäherung an die Grenzfrequenz eine beträchtliche Laufzeitverzerrung. Die hohen Frequenzen laufen langsamer als die tiefen. Folglich wird die Rechteckform eines Telegraphieimpulses verzerrt. Da die Laufzeitverzerrung proportional zur Leitungslänge anwächst, begrenzt sie die Reichweite.

Dieser Effekt ist determiniert und kann durch einen sogenannten *Laufzeitentzerrer* teilweise kompensiert werden. Darunter ist ein Netzwerk zu verstehen, das zwischen den Leitungsausgang und das Telegraphenrelais geschaltet wird. Es muß den entgegengesetzten Frequenzverlauf der Laufzeit in der Nähe der Grenzfrequenz aufweisen. Das erfordert ein Allpaßnetzwerk, da keine wesentliche Dämpfung eintreten soll, zumindestens nicht im Durchlaßbereich der Leitung. Hier ist die Gruppenlaufzeit, nicht die Phasenlaufzeit, für die Nachrichtenübertragung maßgebend, die nach Abbildung 3.29 erheblich stärker frequenzabhängig ist als die Phasenlaufzeit.

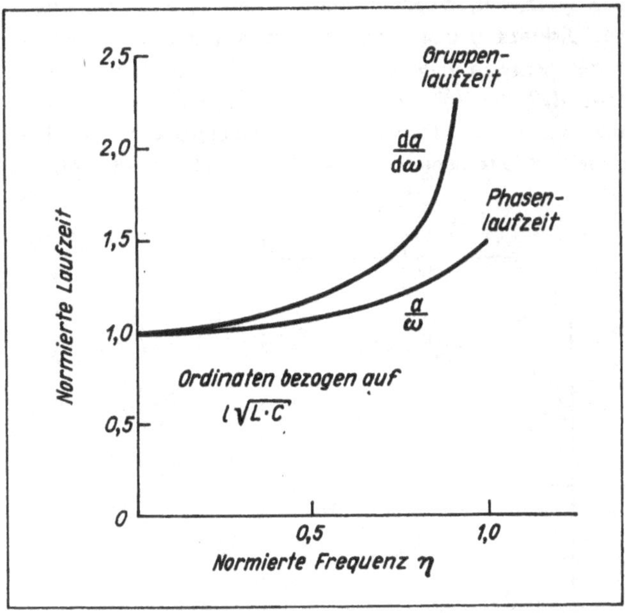

Abb. 3.29. Verlauf der Phasen- und der Gruppenlaufzeit einer Pupinleitung nach WALLOT [W14]

Für die Phasenlaufzeit gilt die Beziehung nach J. WALLOT [W2]

$$\frac{a}{\omega} = l\sqrt{LC}\,\frac{\arcsin \eta}{\eta},$$

mit a als Winkelmaß der ganzen Leitung und η der normierten Kreisfrequenz:

$$\eta = \frac{\omega}{\omega_0} = \frac{\omega}{2}\sqrt{sC_0L_0} = \sin\frac{a}{2}.$$

s ist der Spulenabstand, C_0 die Teilkapazität und L_0 die Teilinduktivität der Längeneinheit der Leitung.

Dagegen ergibt sich die Ableitung des Winkelmaßes nach der Kreisfrequenz zu:

$$\frac{da}{d\omega} = \frac{da}{d\eta} \cdot \frac{1}{\omega_0} = \frac{2n}{\omega_0 \cos(a/2n)} = \frac{l\sqrt{LC}}{\sqrt{1-\eta^2}} .$$

Der Unterschied ist deutlich in Abbildung 3.29 zu erkennen.

Daß für die Nachrichtenübertragung die Gruppengeschwindigkeit maßgebend ist, haben zuerst K. KÜPFMÜLLER und H. F. MAYER 1926 auf Grund von Laufzeitmessungen an Pupinleitungen erkannt.

Laufzeitkompensation durch Allpässe

Ein Allpaß ist ein lineares Netzwerk, dessen Dämpfung gering und frequenzunabhängig ist. Es enthält diskrete Bauelemente, Kombinationen von Induktivitäten und Kapazitäten mit geringen Eigenverlusten. Der Pol-Nullstellenplan ist dadurch gekennzeichnet, daß die Pole in der linken p-Halbebene ($\sigma < 0$) und die Nullstellen in der rechten p-Halbebene ($\sigma > 0$) spiegelbildlich zur $j\omega$-Achse angeordnet liegen, wie es das Schema in Abbildung 3.30 zeigt (vgl. G. WUNSCH [W14]).

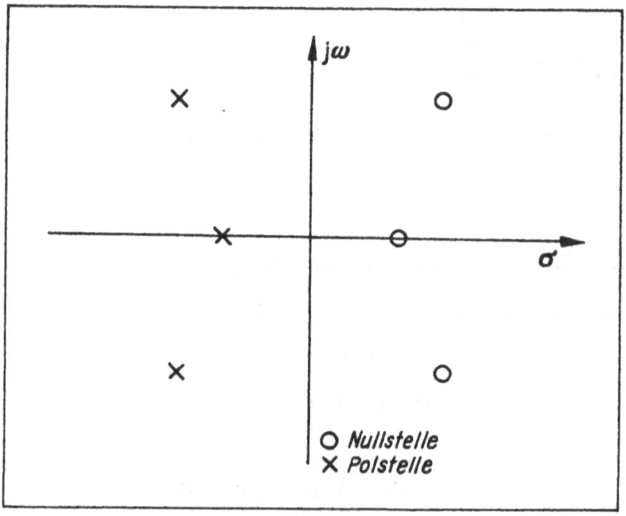

Abb. 3.30. Pol-Nullstellenplan eines Allpasses

Der Schaltstruktur nach werden Kreuzkettenglieder verwendet. Im einfachsten Fall (Abb. 3.31a) sind Induktivitäten in den Längszweigen und Kapazitäten in den Querzweigen gebräuchlich. Dies ergibt einen Gruppenlaufzeit-Verlauf von

$$\frac{da}{d\omega} = \frac{2\sqrt{LC'}}{1+\eta^2} ,$$

wie Kurve 4 in Abbildung 3.32.

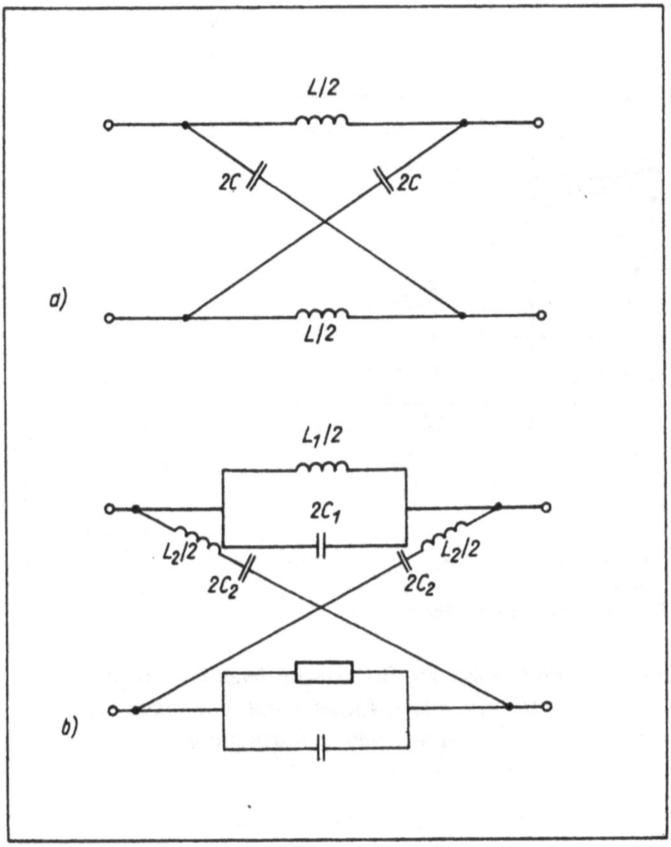

Abb. 3.31. Klassische Allpaßschaltungen zum Laufzeitausgleich

Der Abfall der Gruppenlaufzeit reicht in diesem Falle noch nicht aus, um den Anstieg nahe der Grenzfrequenz zu kompensieren. Daher werden Serienresonanzkreise in den Längszweigen und Parallelresonanzkreise in den Querzweigen verwendet. Dies ergibt die günstigeren Kurvenverläufe (s. Abb. 3.32).

Mit den Abkürzungen

$$\omega^2 L_1 C_1 = \omega^2 L_2 C_2 = \eta^2 \quad \text{und} \quad \kappa = C_2/C_1$$

gilt für die normierte Gruppenlaufzeit der Allpässe nach Abbildung 3.30b:

$$\frac{da}{d\omega} = \sqrt{L_1 C_1}\,\frac{da}{d\eta} = \frac{2\sqrt{\kappa}\,(1+\eta^2)\sqrt{L_1 C_1}}{(1-\eta^2)^2 + \kappa\eta^2}.$$

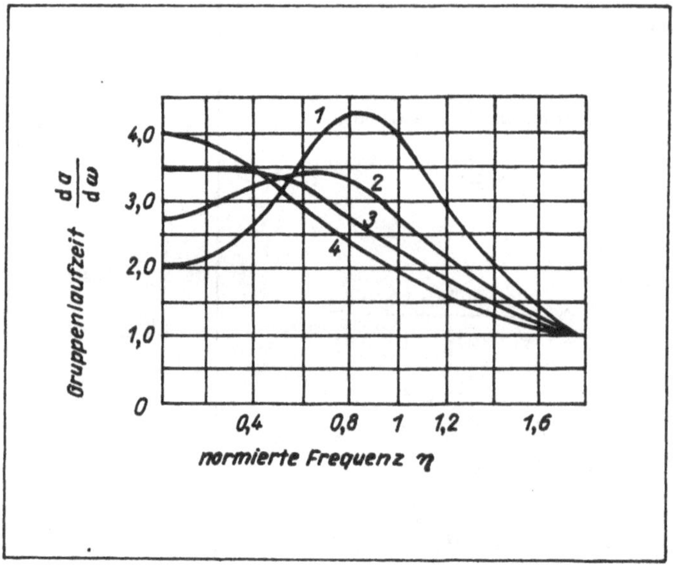

Abb. 3.32. Gruppenlaufzeit von klassischen Allpässen

In Abbildung 3.32 sind die Frequenzgänge für verschiedene κ-Werte aufgetragen. Durch das Zusammenschalten derartiger Allpässe mit unterschiedlichen Frequenzgängen können die Laufzeitverzerrungen auf den pupinisierten Leitungen weitgehend ausgeglichen werden.

Nicht determinierte Laufzeitverzerrungen und Phasenschwankungen

Die bisher betrachtete Frequenzabhängigkeit der Laufzeit ist dadurch kompensierbar, daß sie, dank der bekannten Struktur des Übertragungsweges, im obigen Falle der Pupinleitung, determiniert und zeitinvariant ist. Es gibt aber auch den entgegengesetzten Störeffekt, daß die Laufzeit in erster Näherung zwar frequenzunabhängig ist, aber regellos schwankt, also nicht determiniert ist. Dies ist bei der Ionosphären-Übertragung der Fall, deren Dämpfungsschwankungen (s. 3.3.2.) mit Phasenschwankungen verbunden sind. Sie rühren von einer regellosen Änderung des Übertragungsweges her.

Eine ähnliche Situation ist in der Hydroakustik anzutreffen. Die Fortpflanzungsgeschwindigkeit c der Schallwellen im Wasser ist abhängig von der Wassertemperatur T, vom Wasserdruck p_s und vom Salzgehalt S(%) gemäß:

$$c = 1449{,}2 + 4{,}62\,T + 1{,}605 \cdot 10^{-6}\,p_s + 1{,}4(S-35)\ \text{m/s}$$

mit T (°C) und p_s (Pa).

Die Schallgeschwindigkeit ist orts-, tiefen- und zeitabhängig und schwankt in einem relativ breiten Bereich regellos.

Zusammenfassend ist festzustellen, daß sich der Nullphasenwinkel einer Trägerschwingung nicht als Informationsträger eignet, wenn die Laufzeit nicht zeitinvariant ist, wie im freien Raum. Diese Feststellung steht nicht im Widerspruch zur Phasenwinkelmodulation und gilt vor allem für Phasenortungsverfahren. Nachfolgendes Beispiel zeigt, daß es doch eine Korrekturmöglichkeit gibt.

Phasenstörungen beim Farbfernsehen und das PAL-Verfahren [A2, M2]
Die USA haben mit dem ersten voll elektronischen Farbfernseh-System, dem NTSC-Verfahren (National Television System Committee) wertvolle Pionierarbeit geleistet, insbesondere durch die Farbkodierung mittels nur zwei Farb-Differenzsignalen. Alle nachfolgenden Systeme, z. B. das Secam-Verfahren (sequentiel à memoire), benutzten die gleiche Farbsignalsynthese, um die geforderte Kompatibilität von Schwarz-weiß- und Farbfernseh-Übertragung sicherzustellen. Die Farbfernsehsysteme unterscheiden sich durch das Modulationsverfahren mit dem Ziel, die Empfindlichkeit des NTSC-Verfahrens gegenüber Phasenschwankungen zu reduzieren. Während dort Phasenfehler von ±5° schon erkennbar sind, ist dies bei den neueren Verfahren erst bei ±30° der Fall. Zu diesen gehört das PAL-Verfahren (phase alternating line), das von W. BRUCH vorgeschlagen wurde und die Korrektur auf der Empfangsseite – ohne Eingriff in die Sendeanlage – erreicht.

Beim NTSC-Verfahren werden zwei Parameter der HF-Trägerschwingung moduliert, die Amplitude und der Nullphasenwinkel. Es erwies sich, daß der Nullphasenwinkel als Bezugsgröße nicht völlig konstant gehalten werden kann, sondern durch äußere Einwirkungen Schwankungen unterliegt, die sich als Farbton-Schwankungen auswirken. Deshalb kursiert die scherzhafte Interpretation des Verfahrens: „Never The Same Colour".

Als Abhilfe wird versucht, entweder die Driftabhängigkeit der Phasenmodulation zu reduzieren, wie beim PAL-Verfahren, oder auf die Phasenmodulation zu verzichten, wie beim Secam-Verfahren.

Das PAL-Verfahren nutzt auf der Empfangsseite die Information der vorhergehenden Zeile des Bildes aus, um den Phasenfehler auszugleichen. Zur Erklärung dienen die Abbildungen 3.33 bis 3.37.

Beim NTSC-Verfahren wird ein Farbträger von 4,4 MHz gewählt. Es findet eine kombinierte Amplituden- und Phasenmodulation des Farbträgers statt, die sogenannte Quadraturmodulation. Hierbei wird die gleiche Trägerschwingung in der Phasenlage 0° von einem Farbdifferenzsignal und – 90° phasenverschoben – vom anderen Farbsignal amplitudenmoduliert. Die Addition dieser beiden modulierten Schwingungen ergibt den Farbträger, der die Farbart und die Farbsättigung bestimmt (Abb. 3.34). Das Farbdiagramm zeigt, daß der Farbträger eine Zeigergröße darstellt, deren Phasenwinkel beim Umlauf um 360° alle Farben des Spektrums Blau, Purpur, Rot, Gelb, Grün, Türkis überstreicht. Die Farborte werden durch die Koordinaten R-Y und B-Y dargestellt. Diese

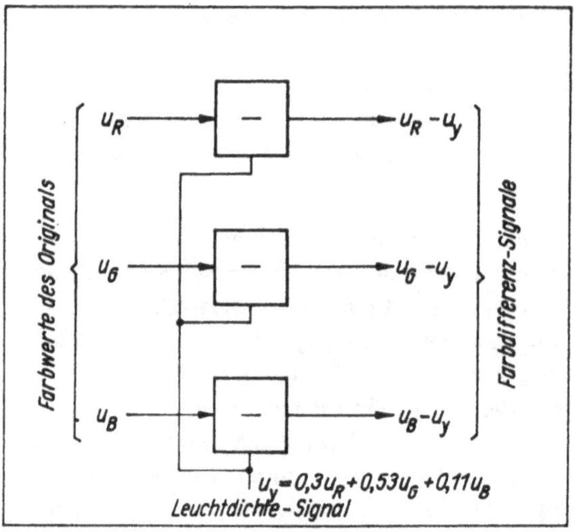

Abb. 3.33. Farbdifferenzsignalbildung

Komponenten werden durch die Matrix in Abbildung 3.33 aus den Farbwerten R (rot), B (blau) und G (grün) gebildet. Das Lumineszenzsignal Y entsteht aus den drei Farbwerten R, B und G mit folgenden Gewichtsfaktoren:

$$U_Y = 0{,}59\ U_G + 0{,}30\ U_R + 0{,}11\ U_B$$

entsprechend der subjektiven Helligkeitsempfindung des menschlichen Auges. Das Helligkeitssignal U_Y genügt zur Aussteuerung eines Schwarzweiß-Fernsehempfängers und erfüllt damit die Kompatibilitätsbedingung. Komplizierter ist die Erfüllung der Rekompatibilitätsbedingung, daß ein Schwarzweiß-Bild von einem Farbempfänger über eine Rot-Grün-Blau-Kombination wiedergegeben wird. Die Graustufen müssen als Mischung gleich großer Anteile der Primärfarben gebildet werden.

Wichtig ist, daß die Farbdifferenzsignale nicht zur Leuchtdichte des reproduzierten Fernsehbildes beitragen dürfen. Im Farbzeigerdiagramm liegt der ideale Weißpunkt im Nullpunkt des Koordinatensystems der Chrominanzsignale R-Y und B-Y.

Es hat sich als vorteilhaft erwiesen, eine Achse in die Vorzugsrichtung der Erkennbarkeit von Farbübergängen zu legen. Man nennt diese die I-Achse und die senkrecht dazu stehende die Q-Achse. Das Koordinatensystem wird also um 33° gedreht. Es gilt:

$$I = 0{,}88\ (U_R - U_Y) \cos 33° - 0{,}5\ (U_B - U_Y) \cos 57° \quad \text{und}$$

$$Q = 0{,}88\ (U_R - U_Y) \cos 57° + 0{,}5\ (U_B - U_Y) \cos 33°.$$

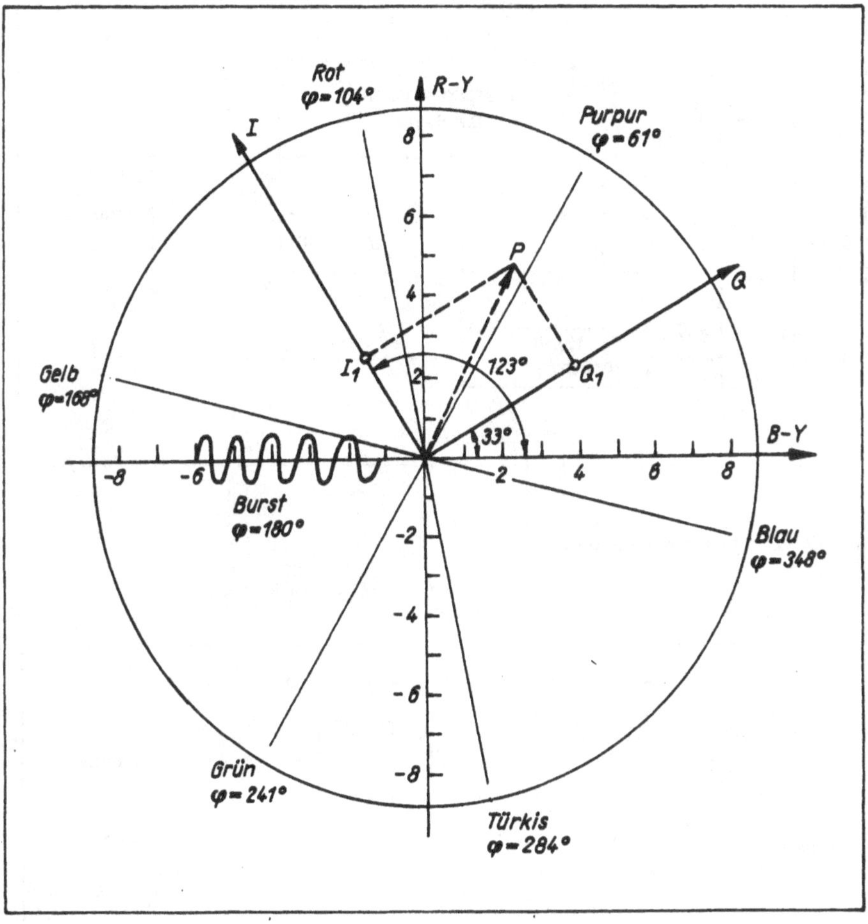

Abb. 3.34. Farbzeigerdiagramm

Die Grundidee des *PAL-Verfahrens* besteht darin, die Achse I in jeder zweiten Zeile um 180° zu drehen. Daher stammt die Bezeichnung „phase alternating line". Dies geschieht durch einen automatischen Umschalter im Koder des Senders. Auf der Empfängerseite bringt ein gleichartiger Umschalter das Signal I oder $U_R - U_Y$ wieder in die richtige Phasenlage (Abbildungen 3.35 und 3.36). Mit Hilfe einer Verzögerungsleitung, entsprechend der Zeitdauer einer Zeile von 64 μs werden die Signale zweier aufeinanderfolgender Zeilen addiert, so daß sich die Drift-Phasenfehler aufheben (Abb. 3.37). Wenn in einer Zeile a) der Vektor V_1 auf Grund einer Phasenänderung nach V_2 verschoben wird, dann wird in der nachfolgenden 2. Zeilen b) in der die I-Achse umgekehrt liegt, der gleiche Fehler erzeugt. Im Dekoder des Empfängers wird die I-Achse

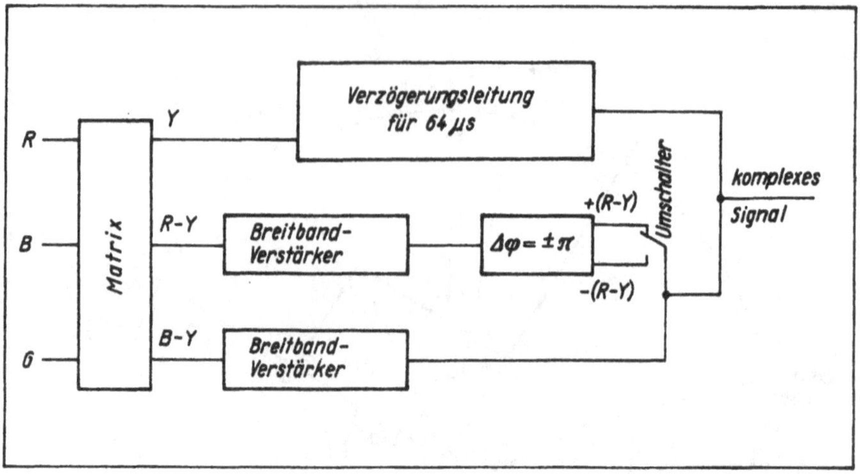

Abb. 3.35. Prinzip des PAL-Koders

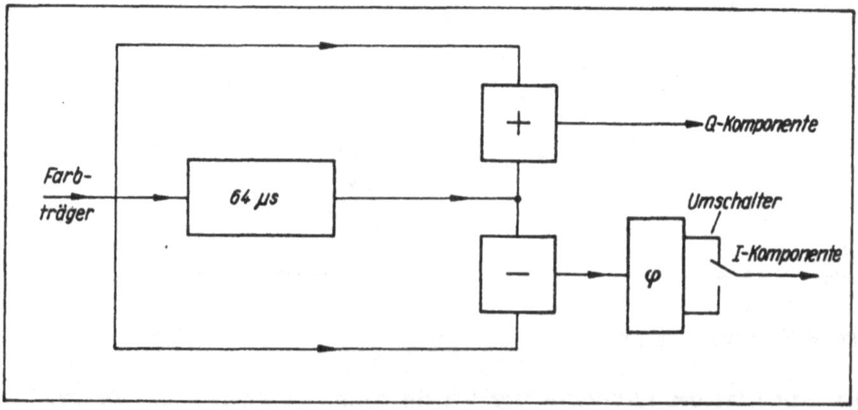

Abb. 3.36. Prinzipschaltung des PAL-Dekoders zum Ausgleich der Phasenverzerrungen

des Signals der zweiten Zeile erneut umgekehrt c) und zum Signal der ersten Zeile addiert d). Die jeweils vorangegangene Zeile wird während 64 µs vor der Addition in der Verzögerungsleitung aufbewahrt.

Die Addition hebt den Phasenfehler weitgehend auf, denn die Phasenfehler haben in beiden Zeilen den gleichen Wert, aber das umgekehrte Vorzeichen. Beim PAL-System ist es daher möglich, den genauen Farbton des übertragenen Bildes beim Empfang wiederherzustellen. Da sich die Amplitude des Zeigers

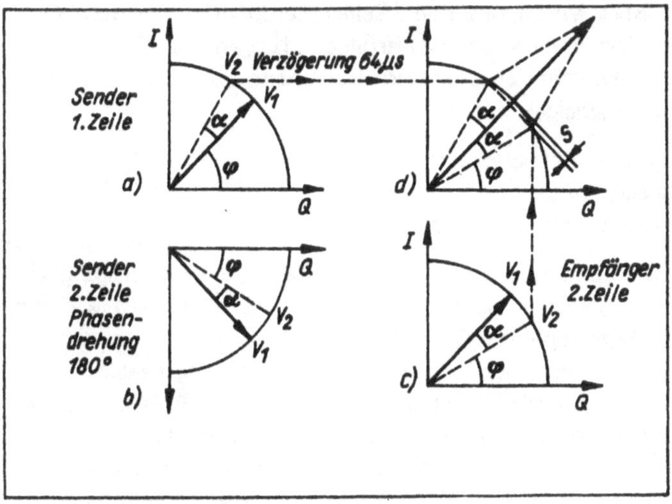

Abb. 3.37. Phasenfehlerkompensation beim PAL-Verfahren

etwas ändert, ändert sich auch die Farbsättigung ein wenig. Doch ist dies kaum wahrnehmbar.

Das Farbfernsehsystem PAL bietet ein Beispiel einer ausgefeilten Methode zur Erhöhung der Störsicherheit gegenüber Phasenschwankungen im Übertragungskanal und in den Teilgeräten.

3.4.3. Methoden bei inneren multiplikativen Störungen

3.4.3.1. Das Prinzip der Gegenkopplung

Diese Betrachtung der Störsicherheit beschränkt sich auf schaltungstechnische Methoden, während die Weiterentwicklung der *Technologie der Elektronik* ausgeklammert wird. Der Übergang von der Röhrentechnologie zur Halbleitertechnologie bedingte erhebliche Rückwirkungen auf die Schaltungstechnik. Die Halbleitertechnik ersetzte die Elektronenröhre weitgehend durch den Transistor und später durch den viele Bauelemente enthaltenden Chip. Die extrem große Raum-, Gewicht- und Energieersparnis überwiegt bei weitem den Nachteil, daß der Transistor Parameterstreuungen aufweist, ferner Nichtlinearität und Temperaturempfindlichkeit in einem Umfang wie ihn die Elektronenröhre nicht hat. Diese nachteiligen Eigenschaften stellten *innere Störungsquellen* dar, die durch Schaltungsmaßnahmen überwunden werden mußten. Das geschieht durch die sogenannte *Gegenkopplung,* die zur Rückkopplung entgegengesetzte Maßnahme. Die Rückkopplung dient zur Selbsterregung eines Oszillators, zur Erhöhung der Empfindlichkeit eines Verstärkers sowie seiner Selektivität, aber auf Kosten seiner Stabilität. Die Gegenkopplung verringert dagegen die Eigenverstärkung und erhöht die Stabilität. Speziell sind drei Entstörungseffekte bei der Gegenkopplung zu unterscheiden.

a) *Stabilisierung* des Verstärkungsfaktors,
b) *Kompensation* linearer Verzerrungen,
c) *Kompensation* nichtlinearer Verzerrungen.

Das Prinzip der Gegenkopplung besteht darin, daß dem Verstärkerausgang ein Teil der verstärkten Spannung entnommen und dem Eingang entgegenwirkend geschaltet wird. Die Gegenkopplung eines Verstärkers verbessert nicht nur seine Eigenschaften, sie ändert auch seinen Eingangs- und Ausgangswiderstand zur Anpassung an vor- und nachgeschaltete Teilsysteme einer Anlage. Die hierfür erwünschten Anpassungswerte bestimmen die Art der Gegenkopplung als Spannungs- oder Stromgegenkopplung. Der zur Realisierung einer Gegenkopplung erforderliche *Mehraufwand* ist eine größere Spannungseigenverstärkung, die ohne Gegenkopplung zu erzielen wäre. Dies ist mit den Hilfsmitteln der Halbleitertechnik stets möglich. Nachfolgend werden die Kennwerte der Gegenkopplung mit dem Index ' bezeichnet. Es gilt generell: $V' < V_0$ mit V_0 als Eigenverstärkung ohne und V' mit Gegenkopplung.

Stabilisierung des Verstärkungsfaktors
Meßgeräte erfordern oft Verstärker, deren Spannungsverstärkung von den Kennwerten des aktiven Bauelements – z. B. des Transistors – möglichst wenig abhängt und auch von Umwelteinflüssen, z. B. der Umgebungstemperatur, kaum beeinflußt wird. Um dies zu erreichen, wird die *Gegenkopplung* angewendet. Abbildung 3.38 zeigt die Prinzipschaltung eines Spannungsverstärkers mit Gegenkopplung.

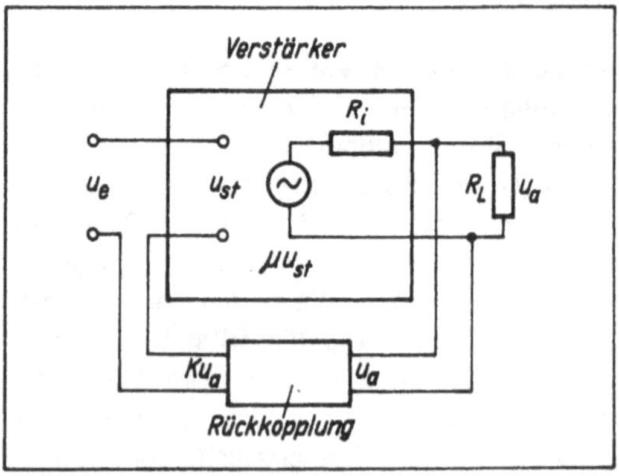

Abb. 3.38. Verstärker zur Verzerrungskompensation durch Spannungsgegenkopplung

Mit den Bezeichnungen: U_e – Eingangsspannung
U_a – Ausgangsspannung
$U_K = K \cdot U_a$ – rückgeführte Gegenkopplungsspannung
K – Spannungsteilverhältnis der Rückführung
V_o – Eigenverstärkung ohne Gegenkopplung

gilt: $U_e - KU_a = U_a/V_o$,
woraus die resultierende Spannungsverstärkung folgt:

$$V' = V_{res} = U_a/U_e = \frac{1}{K + 1/V_o} .$$

K ist bei einer Gegenkopplung hier als positiver Wert einzusetzen, da die Differenz der Spannungen U_e und U_K bereits im Ansatz berücksichtigt wurde. Für die Mitkopplung wäre also $K < 0$.

Im gegengekoppelten Verstärker muß also die Eigenverstärkung möglichst groß sein. Im Grenzfall $V_o \to \infty$ ergibt sich die Näherungsformel

$$V' = V_{res} = 1/K \quad \text{wobei } 0 < K < 1 \text{ ist.}$$

Dies bedeutet eine *vollständige Unabhängigkeit* der resultierenden Verstärkung mit Gegenkopplung von den Kenndaten des aktiven Zweipols. Drifteinflüsse, z. B. durch Alterung oder durch Temperaturschwankungen, wirken sich somit kaum noch auf die gewünschte Verstärkerfunktion aus. Die Schaltungseigenschaften hängen damit weitgehend nur von passiven Bauelementen ab, die erheblich geringeren Änderungen unterworfen sind. Ein *Zahlenbeispiel* mag dies illustrieren:

Es sei $V_o = 100$ und $K = 1/10$. Die resultierende Verstärkung beträgt $V' = V_{res} = \frac{100}{11} = 9{,}1$. Mit $K = 1/100$ resultiert $V' = 50$ anstelle vom Grenzfall $V' = 100$ für $V_o \to \infty$. Eine merkbare Unabhängigkeit der resultierenden Verstärkung wird erst durch sehr hohe Eigenverstärkungen, $V_o \gg 1/K$, erreicht.

Für die Abhängigkeit der relativen Änderung der Verstärkung V_{res} von der relativen Änderung der Eigenverstärkung V_o ergibt sich

$$\frac{\Delta V_{res}}{V_{res}} = \frac{1}{(1+KV_o)} \cdot \frac{\Delta V_o}{V_o} .$$

Der Faktor $(1+KV_o)$ ist der wirksame Schwächungsfaktor der hier betrachteten Spannungsgegenkopplung nach Abbildung 3.38.

Kompensation von nichtlinearen Verzerrungen
Halbleiterkennlinien verlaufen aus physikalischen Gründen ausgeprägt nichtlinear. Dies bedeutet bei harmonischer Aussteuerung mit einer Kreisfrequenz ω die Erzeugung von zusätzlichen Frequenzen $n\omega$, vor allem von 2ω als

quadratische Verzerrung, neben der Grundfrequenz ω als Nutzkomponente. (Allerdings kann diese Tatsache auch zur Frequenzverdopplung ausgenutzt werden.)

Die Kompensation der nichtlinearen Verzerrungen durch eine Gegenkopplung beruht darauf, daß der Verstärker eingangsseitig nur mit der Grundwelle gespeist wird. Aber er wird ausgesteuert durch die Summe dieser Eingangsspannung und der rückgeführten Gegenkopplungsspannung. Letztere enthält zwei Komponenten, die mit der Grundfrequenz und außerdem die mit der Harmonischen, z. B. 2ω. Dadurch wird der Entstehung der 2. Harmonischen bereits vorgebeugt. Es verbleibt nur die Restkomponente von 2ω als Gleichgewichtszustand.

Es läßt sich zeigen, daß sich das Verhältnis der quadratischen Klirrfaktoren durch die Gegenkopplung – bei gleicher Stromaussteuerung – im Verhältnis $1 : (1+KV_0)$ verringert, bei gleicher Eingangsspannung im Verhältnis $1 : (1+KV_0)^2$. Im letzteren Falle geht durch die Gegenkopplung einerseits die Stromaussteuerung um den Faktor $1 : (1+KV_0)$ zurück, anderseits nochmals um den gleichen Faktor durch die Reduzierung des quadratischen Anteils der Stromaussteuerung, bedingt durch die Gegenwirkung der an der nichtlinearen Kennlinie entstehenden Oberwelle bei periodischer Grundwelle.

Die Klirrfaktoren – und damit auch der gesamte Klirrfaktor – nehmen also durch die Gegenkopplung erheblich stärker ab als der Verstärkungsfaktor. Das bedeutet, daß eine Gegenkopplung die Kennlinien eines Verstärkers stark linearisiert. Mit extrem starker Gegenkopplung läßt sich sogar erreichen, daß die Kennlinie bis zu den Grenzen des möglichen Aussteuerbereiches linear bleibt und erst dann unstetig umknickt. Dagegen nimmt die Kennlinienkrümmung bei einer Mitkopplung stärker als der Verstärkungsgewinn zu. Darin liegt der Grund dafür, daß die Mitkopplung (positive Rückkopplung) in der Verstärkertechnik vermieden und nur für den Zweck der Selbsterregung von Oszillatoren benutzt wird. Sie wirkt destabilisierend.

Die genannten Eigenschaften der Gegenkopplung beziehen sich auf den ungünstigsten Fall, daß die Grundwelle und die Oberwellen auf den gleichen, rein ohmschen Lastwiderstand arbeiten. Wenn aber der Belastungswiderstand ein Resonanzkreis (Fall des Sendeverstärkers) und dieser auf die Grundwelle abgestimmt ist, dann arbeitet die Oberwelle auf einen niedrigen kapazitiven Blindwiderstand. Daher lassen sich Senderöhren im Halbwellenbetrieb („B-Betrieb") oder noch stärker negativ vorgespannt („C-Betrieb") aussteuern, womit ein höherer Wirkungsgrad erzielt wird. In einem Sender erfolgt eine zusätzliche Oberwellenunterdrückung im Antennenkreis, eine Maßnahme, die notwendig ist, damit keine falschen Frequenzen ausgestrahlt werden.

Beispiel für die Kompensation nichtlinearer Verzerrungen

Ein einfaches Beispiel möge die Wirkung der Gegenkopplung auf die Nichtlinearität eines Verstärkers veranschaulichen:

Als Modell für einen nichtlinearen Verstärkungsfaktor sei folgende Beziehung angenommen

$$V = V_0(1-\alpha \cdot |U_e|)$$

mit U_e als Eingangsspannung. α ist der Nichtlinearitätsparameter. Bei $\alpha = 0$ ist der Verstärker linear. Für α gilt:

$$\alpha = -\frac{1}{V_0}\frac{dV}{dU_e}.$$

Bei Gegenkopplung beträgt die Verstärkung

$$V' = \frac{1}{K+1/V} = \frac{1}{K+1/V_0(1-\alpha|U_e|)}.$$

Hieraus ergibt sich der reduzierte Nichtlinearitätsparameter zu

$$\alpha' = -\frac{1}{V'}\cdot\frac{dV'}{dU_e} = \frac{1}{1+KV_0(1-\alpha|U_e|)}\cdot\frac{1}{1-\alpha|U_e|}\cdot\alpha$$

oder

$$\alpha' \approx \frac{\alpha}{KV_0}.$$

Folglich verringert sich der Nichtlinearitätsfaktor durch die Gegenkopplung um den Faktor $1/KV_0$.

Kompensation linearer Verzerrungen: Frequenzgangkompensation
Bei den erwähnten nichtlinearen Verzerrungen handelt es sich um die Entstehung von neuen Frequenzanteilen des Nutzsignals. Das bedeutet eine *Formverzerrung des Signals* und wird quantitativ durch den Klirrfaktor erfaßt. Formverzerrungen des Signals können aber auch durch sogenannte lineare Verzerrungen entstehen. Diese sind von der Amplitude des Nutzsignals unabhängig, können daher auch im linearen Aussteuerbereich entstehen. Sie beruhen auf einer Änderung des Signalspektrums durch den Frequenzgang des betreffenden linearen Netzwerks. Gewisse Frequenzanteile werden hervorgehoben, andere unterdrückt. Das klassische Beispiel ist die Resonanzabstimmung, deren Bedeutung für eine nichtlineare Stromaussteuerung erwähnt wurde. Damit wird erreicht, daß trotz unerwünschter spektraler Komponenten (Oberwellen), im Ausgangsstrom des Verstärkers keine Spannungsaussteuerung stattfindet und damit keine oder nur eine sehr geringe Oberwellenleistung abgegeben wird.

Bei Breitbandsignalen, die in der Meß- und Nachrichtentechnik überwiegend im niederfrequenten „Basisband" auftreten, läßt sich das Frequenzspektrum des Nutzsignals erhalten und vor linearen Verzerrungen schützen, indem eine *Frequenzgangkorrektur* des angeschlossenen Verstärkers vorgenommen wird. Das Nutzsignalspektrum kann aber auch bewußt durch eine Frequenzgangkorrektur verändert werden, z. B. durch ein Tiefpaßfilter zur Unterdrückung von hochfrequenten Signalkomponenten oder von tieffrequenten Signalkomponenten durch ein Hochpaßfilter.

Beispiel für die Kompensation linearer Verzerrungen

Der korrigierende Effekt der Gegenkopplung sei veranschaulicht. Als Beispiel werde das Tiefpaßverhalten eines Verstärkers angenommen:

$$V = \frac{V_o}{1+j\omega\tau} = \frac{V_o}{1+j\omega/\omega_g}$$

mit $\omega_g = 1/\tau$ als Kreisgrenzfrequenz.

Durch eine Gegenkopplung ergibt sich

$$V' = \frac{1}{K+1/V} = \frac{1}{K+\frac{1+j\omega/\omega_g}{V_o}} = \frac{1}{K+1/V_o} \cdot \frac{1}{1+\frac{j\omega}{(1+KV_o)\omega_g}} .$$

Das bedeutet, daß die Grenzfrequenz ω_g des gegengekoppelten Verstärkers um den Faktor (KV_o+1) größer ist als die des Verstärkers ohne Gegenkopplung.

Frequenzgangverzerrungen als Nutzeffekt [W7]

Ein häufiger und determinierter Störeffekt der Meßtechnik besteht darin, daß ein Meßfühler, z. B. ein Temperaturmeßwertgeber zu träge anspricht. Das Zeitverhalten kann durch ein Korrekturnetzwerk verbessert werden (Abb. 3.39).

Der Überbrückungskondensator C, parallel zum Widerstand R_1 geschaltet, wirkt nur bei hohen Frequenzen, verstärkt also die Einwirkung dieser spektralen Komponenten als Differenzierglied.

Die Leerlaufübertragungsfunktion eines Netzwerkes lautet

$$G_{korr}(p) = a\frac{1+T_i p}{1+aT_i p} \quad \text{mit } a = \frac{R_2}{R_1+R_2} \quad \text{als Spannungsteilverhältnis}$$

für die tieffrequenten Anteile und $T_1 = CR_1$ als Zeitkonstante des Vorschaltgliedes.

Nach E. G. WOSCHNI [W7] ergibt sich für einen Wassertemperatur-Meßgeber mit einem Übertragungsverhalten gemäß der Differentialgleichung

$$T_{th}\frac{dx_a(t)}{dt} + x_a(t) = x_e(t) \quad \text{folgendes:}$$

Die Systemzeitkonstante lautet:

$$T_{th} = \frac{q\gamma V}{\alpha A}$$

mit x_a – Wassertemperatur, x_e – Umgebungstemperatur, V – Volumen,

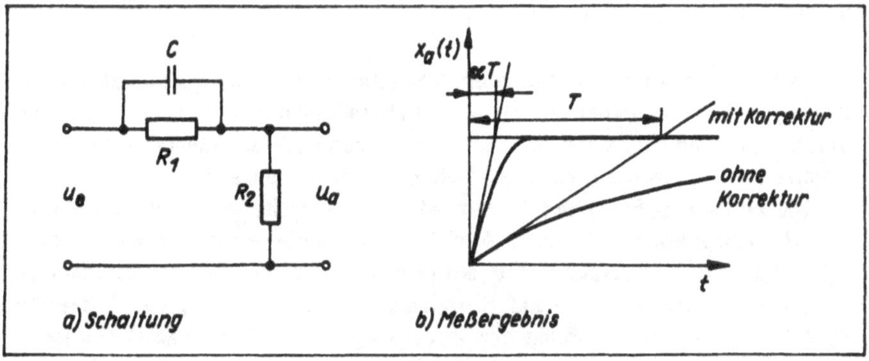

Abb. 3.39. Verbesserung des Übertragungsverhaltens eines Meßfühlers durch ein Korrekturnetzwerk

q – spezifische Wärme, γ – Dichte, α – Wärmeübergangszahl und A – Fläche des Wandlers.

Daraus folgt die für die Wirkungsweise maßgebende Übertragungsfunktion im Bildbereich mit $p = j\omega$:

$$G(p) = \frac{1}{1+T_{th}p}.$$

Schaltet man das Korrekturnetzwerk rückwirkungsfrei mit dem Wandler in Reihe, so ergibt sich als gesamte Übertragungsfunktion

$$G_{ges} = G(p) \cdot G_{korr}(p) = a\,\frac{1+pT_1}{(1+apT_1)(1+pT_{th})} = a\,\frac{1}{(1+apT_{th})} \quad \text{für } T_1 = T_{th}$$

unter Anpassung der Zeitkonstanten.

Da das Spannungsteilerverhältnis $a < 1$ ist, erkennt man, daß die Zeitkonstante um den Faktor a vermindert ist. Zugleich verringert sich aber auch die Empfindlichkeit um den gleichen Faktor. Die Systemträgheit – als Störung aufgefaßt – wurde herabgesetzt; daher spricht der Wandler um den Faktor a schneller an. Sofern der Spannungspegel weit genug über dem Rauschpegel des angeschlossenen Verstärkers liegt, bedeutet der Empfindlichkeitsverlust einen geringen Nachteil gegenüber dem Gewinn an Ansprechgeschwindigkeit. Das interessante Ergebnis ist der Nachweis, daß die Ansprechempfindlichkeit im Zeitverhalten und der Verlust an Verstärkung gegeneinander im gleichen Verhältnis austauschbar sind. Das Produkt von Systemzeitkonstante und Spannungsteilungsfaktor bleibt dabei konstant.

3.4.3.2. Begriff der Systemredundanz

Die bisher betrachteten nachrichtentechnischen Methoden zeigten, daß eine Erhöhung der Störsicherheit nicht nur durch redundante Signale, sondern auch durch redundante Systeme erreicht werden kann. Dieser Mehraufwand an systemtechnischen Mitteln kann als *Systemredundanz* bezeichnet werden.

Die einfachste Form der Systemredundanz besteht in der Bereitstellung von *Reservesystemen,* die beim Ausfall eines Bauelements oder einer Baugruppe deren Funktion – möglichst mit automatischer Umschaltung – übernehmen.

Ein derartiger Mehraufwand dient auch zur Überwindung von irreversiblen Ausfällen, d. h. zur Erhöhung der Zuverlässigkeit im Sinne der Definition von Abschnitt 1.1. Solche Teilsysteme werden nur dann eingeschaltet, wenn das primäre System versagt. Sie werden als *Sekundärsysteme* bezeichnet.

Ausgleich multiplikativer Fehler

Das nachfolgende Beispiel multiplikativer Fehler und ihrer Korrektur birgt den Ansatz zu einer neuen Methodik in sich. Es stammt von dem sowjetischen Forscher P. P. ORNATZKI [O2], der sich speziell mit meßtechnischen Problemen beschäftigt hat.

Nach dem Schema von Abbildung 3.40 handelt es sich um die unerwünschten Änderungen eines Übertragungsfaktors durch äußere oder innere Einflüsse an einer entscheidenden Stelle eines Systems, das aus einer Serienschaltung von mehreren Teilgeräten besteht.

Vorgegeben sei ein Meßumformer, der aus einem aktiven Bauelement besteht. Die Steilheit S als Proportionalitätsfaktor sei nicht ausreichend zeitkonstant und weist daher regellose Schwankungen ΔS auf, die ausgeglichen werden sollen.

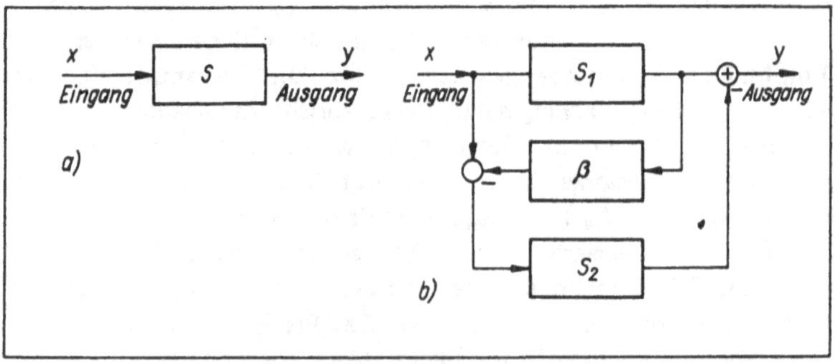

Abb. 3.40. Kompensation multiplikativer Driftfehler mittels Systemredundanz nach ORNATZKI [O2]

Nach Abbildung 3.40a gelte die Beziehung

$$y = Sx$$

mit x als Eingangsgröße und y als Ausgangsgröße. Hieraus folgt

$$\frac{\Delta y}{y} = \frac{\Delta S}{S},$$

d. h., die relative Änderung des Ausgangssignals ist gleich der relativen Änderung der Übertragungssteilheit des Meßumformers.

Dieser störende Einfluß läßt sich prinzipiell durch die Schaltung nach Abbildung 3.40b reduzieren, indem als Systemredundanz ein zweiter gleichartiger Meßumformer und ein passives Schwächungsglied mit dem Übertragungsfaktor β hinzugeschaltet wird. (Die Schaltung wurde von ORNATZKI speziell für Meßwandler (Sensoren) angegeben.)

Dann beträgt das Ausgangssignal

$$y = (S_1 + S_2 - S_1 S_2 \beta)x = Sx$$

mit der resultierenden Verstärkung

$$S = S_1 + S_2 - S_1 S_2 \beta.$$

Die zeitvarianten Anteile werden mit dem Index o gekennzeichnet. Für diese gilt:

$$S_o \doteq S_{1o} + S_{2o} - S_{1o} S_{2o} \beta_o.$$

Es kommen die Schwankungsanteile

$$\Delta S \text{ und } \Delta\beta$$

hinzu. Dafür ergibt sich

$$\Delta S_1 = S_1 - S_{1o},\ \Delta S_2 = S_2 - S_{2o} \text{ und } \Delta\beta = \beta - \beta_o$$

sowie

$$S = S_o + \Delta S = S_{1o} + \Delta S_1 + S_{2o} + \Delta S_2 - (S_{1o} S_{2o} + S_{1o} \Delta S_2 + S_{2o} \Delta S_1 + \Delta S_1 \Delta S_2)\,(\beta_o + \Delta\beta_o).$$

Folgende Dimensionierung wird vorgenommen

$$S_{1o} = S_{2o}.$$

Nach einfacher Umformung lautet die Verstärkungs-Restschwankung

$$\frac{\Delta S_o}{S_o} = \underbrace{-\frac{\Delta\beta}{\beta_o}}_{\text{Fehler 1. Ordnung}} + \underbrace{\frac{\Delta S_1 + \Delta S_2}{S_o} - \frac{\Delta S_1 \Delta S_2}{S_o^2}}_{\text{Fehler 2. Ordnung}} - \underbrace{\frac{\Delta S_1 \Delta S_2 \Delta\beta}{S_o^2 \beta_o}}_{\text{Fehler 3. Ordnung}}.$$

Man erkennt, daß nur das passive, also zeitkonstantere Teilsystem β, den Fehler 1. Ordnung des Gesamtsystems bestimmt.

Die Schwankungen der aktiven Systeme ΔS_1 und ΔS_2 gehen nur als Fehler 2. und 3. Ordnung ein. Damit wird der Zweck erreicht, die Konstanz (Stabilität) des gesamten Systems zu verbessern.

Es ist bemerkenswert, daß es sich nicht um eine Gegenkopplungsmaßnahme mit hoher Eigenverstärkung handelt, wie sie sonst in Operationsverstärkern üblich ist. Im vorliegenden Fall ist keine erhöhte Eigenverstärkung notwendig, nur ein zweiter aktiver Umformer. Die resultierende Verstärkung des doppelten Systems mit der Dimensionierung $\beta = 1/S_1 = 1/S_2$ ergibt sich zu $S = S_1 = S_2$. Die resultierende Verstärkung ist gleich der Einzelverstärkung.

Wegen des Rückführungsgliedes β müssen Eingangssignal und Ausgangssignal gleichartig sein. Die Anordnung kommt also entweder nur für Verstärker oder für Meßwandler mit indirekter Einwirkung auf die physikalische Meßgröße in Frage.

Induzierte Störsicherheit mittels reversibler Signalverzerrung

Zur Ergänzung der Betrachtungen über die multiplikativen Störeffekte sei darauf hingewiesen, daß es – umgekehrt – auch multiplikativ einwirkende *Nutzeffekte* gibt, um Störeffekte auszuschalten oder zumindest zu reduzieren. Hierzu sind die mehrfach erwähnten Netzwerke zur Kompensation des Frequenzganges bzw. zur Verbesserung des dynamischen Verhaltens von Systemen dienlich. Diese wirken sich u. a. auf das Ansprechverhalten von Meßsystemen vorteilhaft aus, wie auf die Verbesserung des Zeitverhaltens von Thermometern mittels differenzierender Netzwerke. Das wäre in die Gruppe der Methoden innerer multiplikativer Störungen einzuordnen (3.4.3.), kann aber auch auf äußere multiplikative Störungen angewendet werden, wenn ein Übertragungskanal eine starke Frequenzabhängigkeit aufweist.

Methoden mit reversiblen Frequenzgangverzerrungen

Zwei Fälle sind zu unterscheiden: Entweder werden die Frequenzgangverzerrungen ausgangsseitig wieder rückgängig gemacht, z. B. in der Übertragungstechnik mit Frequenzmodulation, um die Störsicherheit von der niederfrequenten Tonhöhe unabhängig zu machen, also mit den Methoden der Preemphasis und der Deemphasis bei der Frequenzmodulation. Allgemein trifft dies für die Informationsübertragung zu. Dabei wird die Möglichkeit der Reversibilität ausgenutzt. Oder man macht von der Möglichkeit der Rückwandelbarkeit keinen Gebrauch. Auch diese Situation ist häufig gegeben:

In der Meßtechnik wird bewußt darauf verzichtet, um neue Eigenschaften des Meßobjekts oder Meßinstruments zu erreichen, wie im erwähnten Fall der Korrektur des Ansprechverhaltens von Sensoren. So wird es stets dann gehandhabt, wenn nur eine Information zu verarbeiten ist, bei der die Güte, also die Verzerrungsfreiheit, als Optimierungskriterium belanglos ist.

Eine neuartige Methode der Frequenzverzerrung ist die Frequenzspreizung („frequency sharing"). Hierzu gehört auch die Frequenzmodulation in der Form einer Schmalbandvariante. Es gibt jedoch auch die *Breitbandfrequenzspreizung,* um gewisse Übertragungsaufgaben zu lösen, deren diskrete Frequenzkanäle wenig gestört werden. H. F. HARMUTH [H2] hat dies auf die Trägerfrequenzspreizung ausgedehnt, um Ortungsaufgaben im Zentimeterwellengebiet mittels Impulsen zu lösen, deren Frequenzspektrum einen extrem weiten Bereich überstreicht. Damit wird auf einen harmonischen Träger verzichtet, wie er sonst in der Hochfrequenztechnik üblich ist.

Methoden mit reversiblen Amplitudenverzerrungen

Der Vollständigkeit halber sei erwähnt, daß gegenüber den Methoden mit Frequenzverzerrungen (Spektrumverzerrungen), die Methoden mit Amplitudenverzerrungen zu unterscheiden sind, die ebenfalls reversibel sind. Es wird ein logarithmischer Amplitudengang (als Verhältnis von Ausgangs- zu Eingangsamplitude) angenähert, um kleine und große Amplituden mit dem gleichen relativen Fehler zu übertragen. Damit läßt sich u. a. eine Übersteuerung des Übertragungssystems vermeiden.

Zusammenfassend ist hervorzuheben, daß jede Methodik nach unterschiedlichen Gesichtspunkten ausgebaut werden kann, je nachdem, welche Gesichtspunkte und Optimierungskriterien vorrangig betrachtet werden.

Zähle, was Du zählen kannst,
messe, was Du messen kannst,
mache meßbar, was noch nicht meßbar ist!

Galileo Galilei (1564–1642)

4. Beitrag der Kybernetik: Signalverarbeitung mit Informationsverzicht und Rückkehr in den Zeitbereich

In der bisherigen Betrachtung der historischen Entwicklung der Verfahren der Informationstechnik begegneten wir einer bunten Vielfalt von Möglichkeiten, die Störsicherheit zu erhöhen. Sie bezogen sich meistens auf die Aufgaben der Nachrichtentechnik, auf die *Informationsübertragung.* Diese ist durch die Bedingung belastet, daß keine oder nur wenig Informationen durch die Übertragung verloren gehen dürfen. Die Methoden mit *Informationsreduktion* sind davon frei. Das 4. Kapitel bringt Beiträge der Kybernetik zur Weiterentwicklung der Informationstechnik. Mit diesen Methoden zur Informationsverarbeitung wird eine Signalwandlung vorgenommen. Dabei geht der primäre Informationsfluß verloren. Er wird auch nicht benötigt. Das Ziel ist: Gewinnung einer diskreten Information aus dem Informationsfluß, d. h. *Parameteridentifikation.*

a) *ohne* Informationsverlust
↓
Problem der Nachrichtentechnik
↓
Verzerrungen sind nicht zugelassen
↓
„Optimale Übertragungsgüte"
u. a. mittels spektraler Filter
zur Informationswiedergabe

b) *mit* Informationsverlust
↓
Problem der Meßtechnik
↓
Verzerrungen sind zugelassen
↓
„Optimale Informationsreduktion"
u. a. mittels Optimalfilter
zur Kenngrößenbildung
(Parameteridentifikation)

Abb. 4.1. Alternative zur Erhöhung der Störsicherheit

Abbildung 4.1 soll den Unterschied zwischen den Methoden des 3. und 4. Kapitels verdeutlichen. Es gilt das gleiche *primäre Optimierungskriterium* der Störsicherheit, während das *sekundäre Optimierungskriterium* in der Nachrichtentechnik die *Übertragungsgüte* und in der Kybernetik die *Meßgenauigkeit* ist.

Der Begriff der Informationsgewinnung ist gewissermaßen dem Eingang einer Meßkette (vgl. Abb. 4.2) zugeordnet. Die Informationsquelle ist das

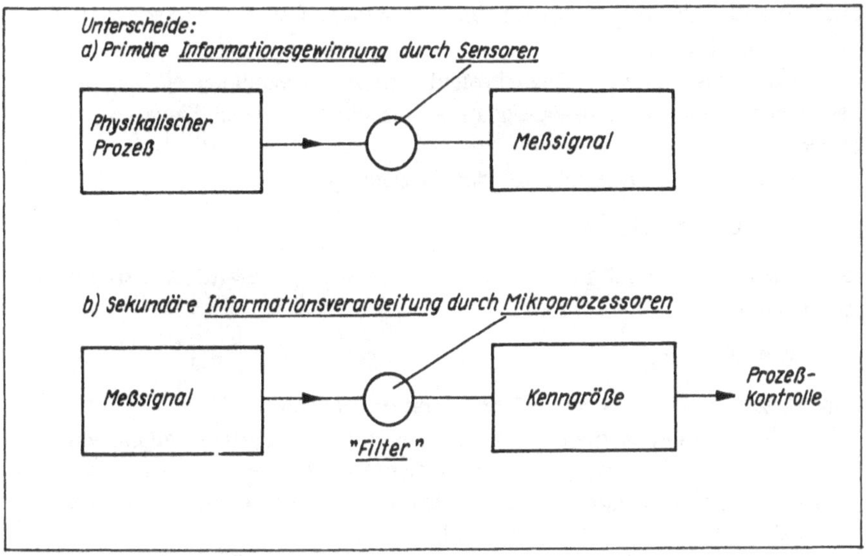

Abb. 4.2. Zur Begriffsbildung
a) Information*sgewinnung* mittels Sensoren und
b) Informations*verarbeitung* mittels Filtern

Meßobjekt, die Informationsgewinnung geschieht durch Sensoren (Meßfühler), beispielsweise durch ein Mikrophon oder eine Bildkamera.

4.1. Begriff des Verbundsystems

Eine *Signalwandlung* zum Zweck der Informationsübertragung oder zur Informationsverarbeitung kann auf zwei Arten erfolgen: Entweder wird das Eingangssignal mit einem System verknüpft, das eine *passive* Information hinzufügt – in Form einer Systemfunktion – oder das Eingangssignal wird mit einem zweiten Signal (Referenzsignal) verknüpft, das eine *aktive* Information hinzufügt. Die Verknüpfung wird im zweiten Fall ebenfalls mit einem System vorgenommen, das nachfolgend als *Verbundsystem* bezeichnet wird. In der Nachrichtentechnik stellen der Modulator und der Kodierer derartige Verbundsysteme dar. Unter dem Einfluß der Kybernetik wurde dieses Prinzip verallgemeinert, und zwar in folgender Form:

4.1.1. Signalwandlung mittels Operatoren

Aus der großen Menge von an sich möglichen Signaloperationen greifen wir zur Beschreibung der Methoden der Informationstechnik eine spezielle Klasse heraus, die wir als *Verbundoperatoren* bezeichnen. Das zugehörige System heißt Verbundsystem.

In überraschend vielen Fällen besteht eine Signalwandlung einfach aus einer Verknüpfung des Eingangssignals X mit einem zweiten Signal R, dem Referenzsignal.

Dann lautet die Beziehung für das Ausgangssignal Y

$$Y = \mathrm{Op}\,\{X, R\}.$$

Störeinflüsse sind hierbei zunächst nicht berücksichtigt. Stattdessen läßt sich auch schreiben:

$$Y = X \bigcirc R,$$

worin $\bigcirc$ eine gewählte Verknüpfungsoperation bedeutet.

Für die Realisierung dieser Aufgaben dient in der Systemsynthese ein Schema, eben das *Verbundsystem.* Es erleichtert die Klassifizierung aller Maßnahmen und gibt eine gute Übersicht über die grundsätzlichen Möglichkeiten zur Signalselektion und zur Signalwandlung.

Das Schema eines Verbundsystems zeigt Abbildung 4.3. Es dient zur Verknüpfung des primären Informationsflusses (des Nutzsignals) mit einem *Referenzsignal,* stellt also ein doppelt ausgesteuertes System dar. Zwei Dinge charakterisieren das Verbundsystem, die Verknüpfungsoperation und die Verknüpfungsinformation (Referenzsignal). Die *Verknüpfungsoperation* wird a priori festgelegt und ist zeitinvariant. Die *Verknüpfungsinformation* wird dem System zugeführt und kann zeitvariant sein. Diese Situation entspricht dem Vorgehen

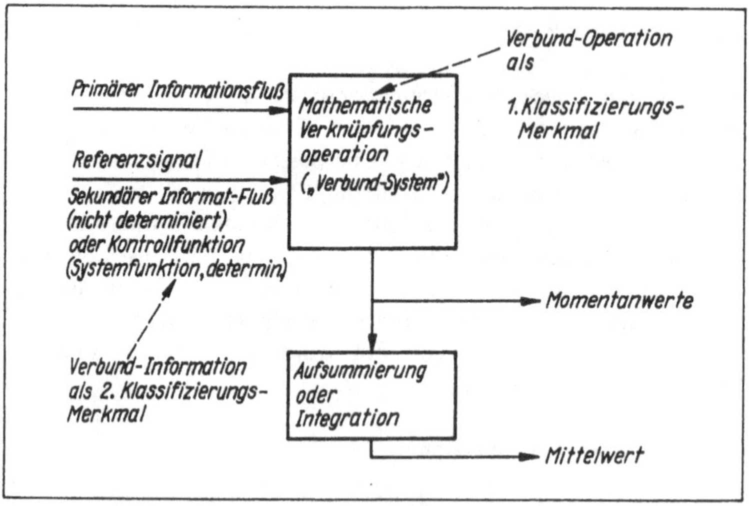

Abb. 4.3. Modell eines Verbundsystems mit Informationsreduktion

bei der Aufstellung des zugehörigen Computerprogramms. In dieses müssen einerseits die mathematischen Operationen, anderseits die zusätzlichen Eingabewerte, beispielsweise aus einem Speicher, eingegeben werden. Damit charakterisiert das Verbundsystem den elementaren Bauteil meßverarbeitender Systeme. Es führt im Rahmen einer algebraischen Struktur eine mathematische Operation aus, die die beiden Informationen oder Informationsflüsse als Eingangssignale zu einem Ausgangssignal (Ausgangsinformationsfluß) verknüpft.

Die Klassifizierung aller Verfahren der Signalwandlung, die hiermit angestrebt wird, erfolgt in zwei Richtungen:

1. Klassifizierung nach dem Typ der verwendeten mathematischen *Verknüpfungsoperation,*
2. Klassifizierung nach der benutzten *Verknüpfungsinformation,* die auch als Referenzsignal oder als Referenzprozeß bezeichnet wird; der neue Begriff umfaßt jedoch weitere Möglichkeiten.

Zu 1.: *Klassifizierung der mathematischen Verknüpfungsoperationen*

Das Ziel der Verknüpfung ist entweder die Bildung eines neuen Ausgangsprozesses, d. h. die Umwandlung des primären Informationsflusses in einen sekundären *Informationsfluß,* also die Bildung einer zeitvariablen Größe, oder die Bildung einer Ausgangs*information,* d. h. einer zeitkonstanten Größe als Kenngröße des primären Prozesses, ein Funktional. Diese Kenngröße kann parameterabhängig sein und wird dann als Kennfunktion bezeichnet. Das erstgenannte Ziel ist meist eine Syntheseaufgabe; diese dient oft als A-priori-Maßnahme (Modulation, Kodierung). Das zweitgenannte Ziel ist eine Analyseaufgabe und stellt eine A-posteriori-Maßnahme, z. B. zur Informationsauswertung, dar. Die mathematische Verknüpfungsoperation, die den primären Informationsfluß mit einem Referenzsignal, einem Referenzprozeß oder einer Systemfunktion verbindet, charakterisiert das signalwandelnde System *nicht eindeutig.* Vielmehr ist sie für ein und dasselbe System verschieden, je nachdem, ob es im Zeit- oder im Spektralbereich betrachtet wird.

Ein einfaches Beispiel hierfür bietet das lineare Netzwerk.

Ein lineares System beantwortet die Einwirkung eines kurzen Impulses $x(t) = \delta(t)$ (mit $\delta(t)$ als DIRAC-Impuls) mit dem Ausgangssignal $y(t) = g(t)$. Die Funktion $g(t)$ wird als Impulsreaktion des linearen Systems oder auch als Gewichtsfunktion bezeichnet.

Bemerkung: Der DIRAC-Impuls ist definiert durch die Beziehung:

$$\delta(t) = \lim_{\epsilon \to \infty} 1/\epsilon \quad \text{für } t = 0 \text{ mit der Nebenbedingung } \int_{-\infty}^{\infty} \delta(t)dt = 1.$$

Für die praktische Realisierung genügt es, daß die Impulsdauer klein gegen die Reaktionszeit des linearen Systems ist. Als lineare Systeme werden lineare Netzwerke betrachtet, die aus passiven Bauelementen der Form R, L und C bestehen (vgl. G. WUNSCH [W11].

Ein lineares System beantwortet die Einwirkung eines endlich lang andauernden Eingangssignals x(t) mit dem Faltungsintegral

$$y(t) = x(t) * g(t) = \int_0^t x(\tau)g(t-\tau)d\tau$$

$$= g(t) * x(t) = \int_0^t g(\tau)x(t-\tau)d\tau.$$

Nach der FOURIER-Transformation ergibt sich als Beziehung im Spektralbereich

$$\underline{Y}(f) = \underline{X}(f) \cdot \underline{G}(f),$$

mit $\underline{Y}(f)$, $\underline{X}(f)$ und $\underline{G}(f)$, den im allgemeinen komplexen FOURIER-Transformierten von y(t), x(t) und g(t).

Daran erkennt man, daß die mathematische Verknüpfungsoperation von Eingangssignal und Systemfunktion von der Wahl des Darstellungsbereiches abhängt. Im Zeitbereich ergibt sich die Faltungsoperation, im Spektralbereich die algebraische Produktbildung der jeweils zugehörigen Zeit- oder Spektralfunktionen!

Es gibt jedoch auch ein System mit inversen Operationen, die algebraische Multiplikation im Zeitbereich und die Faltungsoperation im Spektralbereich. Das ist der gewöhnliche Multiplikator für Zeitfunktionen.

Hieraus entsteht die Frage nach den mathematischen Verknüpfungsoperationen für Zwecke der Signaltrennung und der Signalwandlung.

Die mathematische Verknüpfungsoperation kann jedoch nicht willkürlich ausgewählt, sondern muß den verarbeiteten Signalen sinnvoll angepaßt werden, und zwar derart, daß die benutzten Relationen für die Signalmengen gelten. Die Relationen ergeben sich ihrerseits aus den betreffenden mathematischen Strukturen der Signalmengen. Diese Tendenz, bestimmte mathematische Strukturen in Form von Gruppen, Ringen und Körpern zur Lösung von Aufgaben der Signalwandlung heranzuziehen, ist in der Digitaltechnik besonders bei der Benutzung von Binärsignalen verfolgt worden. Durch diese Erweiterung des mathematischen Werkzeugs der Informationstechnik ist überdies ein erheblicher Unterschied zwischen der klassischen Analogtechnik und der modernen Binärsignaltechnik entstanden.

Folgende *mathematische Verknüpfungsoperationen* zur Signaltrennung und zur Signalwandlung lassen sich unterscheiden:

a) Faltungsintegration (lineare Systeme),
b) algebraische Multiplikation bzw. Werteproduktbildung,
c) Matrixmultiplikation,
d) Polynommultiplikation,
e) logische Verknüpfungen.

Nach Abbildung 4.3 kann entweder eine Momentanwertbildung erfolgen oder durch eine nachfolgende Summier- oder Integrierstufe eine Mittelwertbildung, die meist als Tiefpaß realisiert wird. Diese kann entweder aus einer algebraischen Aufsummierung oder aus einer Addition modulo 2 (Antivalenz-Relation) für binäre Werte (0, 1) bestehen.

Zwischen der Verarbeitung zeitkontinuierlicher und zeitdiskreter Prozesse besteht kein grundsätzlicher Unterschied, da ein zeitkontinuierlicher Prozeß im Prinzip durch Abtastung in einen zeitdiskreten Prozeß umgewandelt werden kann, die Frequenzbegrenzung vorausgesetzt. Wohl aber ist für die genannten Operationen wesentlich, ob die einlaufende Signalmenge aus endlich vielen, disjunkten Elementen besteht oder als eine unendlich große Menge vorliegt. Für technische Prozesse wird man meistens eine Begrenzung der Zeitdauer und des Amplitudenbereiches vornehmen müssen. Da, mathematisch betrachtet, kein Prozeß gleichzeitig zeitlich und spektral begrenzt sein kann, muß bei der Signalverarbeitung ein Informationsverlust in Kauf genommen werden, der in vielen Fällen jedoch tragbar oder sogar erwünscht ist.

Zu den wichtigsten *Verbundsystemen* der Informationstechnik gehören Summierstufen und Integratoren, lineare Netzwerke, Zeitfunktionsmultiplikatoren (ohne Mittelwertbildung) und Korrelatoren (mit Mittelwertbildung), Austaststufen, Frequenzumsetzer, Modulatoren und Demodulatoren, Kodierer und Dekodierer.

Zu 2.: *Klassifizierung der Verknüpfungsinformationen*
Neben der mathematischen Verknüpfungsoperation in einem vorgegebenen Darstellungsbereich (Zeit- oder Bildbereich) lassen sich die Verbundsysteme durch die *Verknüpfungsinformation* (bzw. Referenzsignal) charakterisieren.

Zwei Gruppen sind zu unterscheiden:

1. *Verbundsysteme mit einem determinierten Referenzsignal oder einer Systemfunktion* und
2. *Verbundsysteme mit einem nichtdeterminierten Referenzsignal.*

Die weitere Untergliederung kann wie folgt geschehen:

1.1. Referenzsignal als festes Programm, z. B. als Gewichtsfunktion oder als Frequenzgang eines linearen Systems, z. B. zur Signaltrennung,
1.2. Referenzsignal als variables Programm durch eine fremdgesteuerte Einwirkung, z. B. als Trägersignal eines Modulators zur Frequenzumsetzung oder als Austastspannung einer Abtaststufe zur Zeitdiskretisierung,
1.3. Referenzsignal als ausgewähltes Standardsignal (harmonische Schwingung oder als WALSH-Funktion) zur Signalanalyse,
1.4. Referenzsignal als Testsignal zur Signalentdeckung.

In der zweiten Gruppe, also den nichtdeterminierten Referenzsignalen, ist zu unterscheiden:

2.1. Verknüpfung mit dem *gleichen,* jedoch *zeitverschobenen* Prozeß, z. B. zur Autokorrelationsanalyse bei nachfolgender Mittelwertbildung,

2.2. Verknüpfung mit einem *fremden, nichtdeterminierten Prozeß,* z. B. ohne Mittelwertbildung bei den logischen Bauelementen oder mit Mittelwertbildung bei der Kreuzkorrelationsanalyse und beim Polaritätskorrelator (vgl. 4.2.).

Zusammenfassend kann festgestellt werden, daß der Begriff des Verbundsystems mit der Doppelgliederung nach der *Verbundoperation* und der *Verbundinformation* eine gute Übersicht über die Systeme der Informationstechnik gibt.

Diese Betrachtungsweise soll nachfolgend benutzt werden, um die Systemeigenschaften der potentiellen und der effektiven Störfestigkeit zu analysieren und Hinweise zur Systemsynthese störfester Informationsanlagen zu geben.

Abbildung 4.4 charakterisiert den Unterschied zwischen der klassischen „Einzelanalyse" und der modernen „Verbundanalyse".

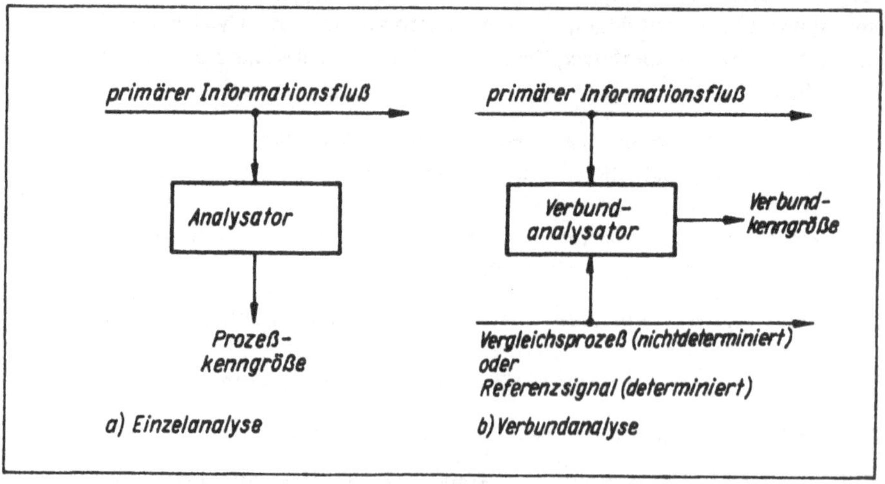

Abb. 4.4. Prinzip der Einzel- und der Verbundanalyse

4.1.2. Kenngrößen der Verbundanalyse

Die Ergänzung der Aufgaben der Informationsübertragung durch die der Informationsverarbeitung brachte nicht nur die Lösung zahlreicher meßtechnischer Aufgaben, also die Erweiterung der Meßtechnik, sondern auch die Erweiterung der theoretischen Grundlagen.

Dies bewirkte die wachsende Bedeutung der Kybernetik in den fünfziger Jahren.

Die Erweiterung der Prozeßkenngrößen kann auf verschiedene Weise erfolgen, je nachdem, in welchem Darstellungsbereich der Prozeß mathematisch modelliert wird:

1. Im statistischen Bereich eines Ensembles wird die Verbundwahrscheinlichkeit eingeführt.
2. Im Zeitbereich benutzt man die Korrelationsfunktion.
3. Im Spektral- oder Bildbereich wird das Leistungsspektrum verwendet. Besonders die spektrale Betrachtungsweise, von NORBERT WIENER (1894–1964) eingeführt, bildete eine wesentliche Ergänzung zu den klassischen Arbeitsmethoden der mathematischen Statistik, wie sie vor allem in der Betriebswirtschaft noch überwiegen.

Wir bezeichnen die genannten Kenngrößen als Verbundkenngrößen, da sie für die Verbundanalyse charakteristisch sind.

Sie charakterisieren den inneren „statistischen" Zusammenhang eines Prozesses in sich oder zweier, miteinander verglichener Prozesse, besonders hinsichtlich ihres zeitlichen Ablaufs. Darüber sagt beispielsweise das Gesetz der Normalverteilung absolut nichts aus. Dort ist noch nicht festgelegt, mit welcher Wahrscheinlichkeit ein Amplitudenwert einem anderen Amplitudenwert in gewissem Zeitabstand folgt.

Dies legt für „in weiterem Sinn stationäre" Prozesse die sogenannte Verbundwahrscheinlichkeit fest.

Für zwei Zufallsgrößen x und y wird als Wahrscheinlichkeitsdichte ihres gemeinsamen Auftretens bei Normalverteilung die sogenannte zweidimensionale GAUSS-Verteilung definiert:

$$p(x,y) = \frac{1}{2\pi\,\sigma_x\sigma_y\sqrt{1-\rho^2}}\exp\{-\frac{1}{2(1-\rho^2)}[\frac{(x-\bar{x})^2}{\sigma_x^2}-\frac{2\rho(x-\bar{x})(y-\bar{y})}{\sigma_x\sigma_y}-\frac{(y-\bar{y})^2}{\sigma_y^2}]\}.$$

Darin bedeuten $\bar{x}$ und $\bar{y}$ die Erwartungswerte der Zufallsgrößen x und y und σ_x sowie σ_y die zugehörigen Standardabweichungen.

Der Faktor ρ heißt *Korrelationsfaktor* und ist ein Maß des statistischen Zusammenhanges der beiden Zufallsgrößen. Er umfaßt den Wertebereich $-1 < \rho < +1$.

Der Faktor ρ ist als normierter Korrelationsfaktor definiert durch die Beziehung

$$\rho = \frac{\overline{(x-\bar{x})\ (y-\bar{y})}}{\sigma_x\sigma_y} \qquad \overline{}: \text{statistischer Mittelwert.}$$

Tritt die Zufallsvariable x als Amplitude eines zufälligen Prozesses auf, der stationär und ergodisch ist, dann ist es sinnvoll, zwei Amplituden des gleichen Prozesses im Zeitabstand τ zu betrachten. Der normierte Korrelationsfaktor hängt von der Zeitdifferenz τ ab: $\rho = \rho(\tau)$ stellt die normierte Autokorrelationsfunktion (AKF) dar.

Für die „in weiterem Sinn stationären" Prozesse besteht nur die Bedingung, daß $\rho(\tau)$ von der Zeit t unabhängig ist. Das ist eine schwächere Bedingung als die der Stationarität, für die alle statistischen Eigenschaften zeitunabhängig sind.

Die Verbundwahrscheinlichkeit eines stationären Prozesses steht mit der Autokorrelationsfunktion $\kappa(\tau)$ in folgender Beziehung:

$$\kappa(\tau) = \int_{-\infty}^{\infty} x x_\tau \, p(x x_\tau) \, dx \, dx_\tau .$$

x_τ bedeutet die gegen x und τ zeitverschobene Amplitude.

Dies ergibt die Möglichkeit, für ergodische Prozesse aufgrund von statistischen Eigenschaften, gegeben durch die Verbundwahrscheinlichkeit, die Autokorrelationsfunktion zu berechnen. Diese aber steht in enger Beziehung zu den spektralen Eigenschaften des stochastischen Prozesses. Damit besteht die Möglichkeit, bei Kenntnis der Verbundwahrscheinlichkeit eines Prozesses, seine spektralen Eigenschaften zu analysieren. In ergodischen Prozessen läßt sich der statistische Mittelwert eines Ensembles bei Stationarität durch den zeitlichen Produktmittelwert ersetzen. Für praktische Anwendungen ist es von großer Wichtigkeit, die AKF zu messen.

Die Untersuchung zeitvariabler Zufallsgrößen, die Zufallsprozesse bilden und dazu die Korrelationsbeziehungen benutzen, wird als Korrelationsanalyse bezeichnet [L1, L3, W3].

4.2. Korrelationsanalyse

4.2.1. Autokorrelationsanalyse

Begriff des Leistungsspektrums

Das Leistungsspektrum eines stochastischen Prozesses war um die Jahrhundertwende für die Strahlungsoptik entscheidend. Seinerzeit wurden die Gesetzmäßigkeiten der Wärmestrahlung untersucht. Die Analyse der Temperaturabhängigkeit ergab das STEFAN-BOLTZMANNsche-*Gesetz,* wonach die gesamte von einem schwarzen Körper emittierte Energie mit der vierten Potenz der absoluten Temperatur zunimmt. Aus der Analyse der Frequenzabhängigkeit des Strahlungsmaximums folgte das WIENsche *Verschiebungsgesetz,* nach welchem sich das Strahlungsmaximum mit steigender Temperatur nach kürzeren Wellenlängen verschiebt, derart daß $\lambda_{max} \cdot \theta$ = constant. Die große Leistung von MAX PLANCK (1858–1947) bestand in der Aufstellung des nach ihm benannten *Strahlungsgesetzes,* dessen Frequenzabhängigkeit Abbildung 4.5 darstellt. Die Kurve verläuft asymmetrisch: Auf einen steilen Anstieg im niederfrequen-

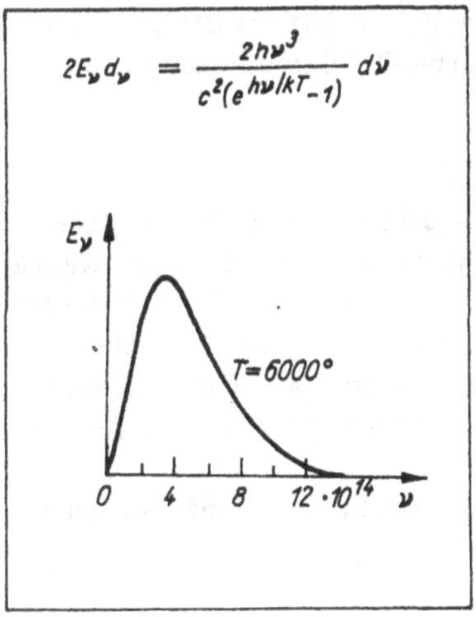

Abb. 4.5. Frequenzabhängigkeit der spektralen Leistungsdichte des schwarzen Körpers nach MAX PLANCK

ten Bereich zu einem Maximum, folgt ein exponentieller Abfall für hohe Frequenzen ν. Die exponentielle Abnahme ist für die Quantentheorie charakteristisch. Der Gleichverteilungssatz der klassischen Statistik würde, da die Anzahl der in einem vorgegebenen Intervall möglichen Wellen mit ν quadratisch zunimmt, ein fortwährendes Anwachsen der Energie nach hohen Frequenzen, d. h. nach dem ultravioletten Spektralgebiet ergeben, im Gegensatz zur Erfahrung. Das PLANCKsche Strahlungsgesetz schließt alle anderen Strahlungsgesetze ein, auch wenn diese aus anderen Überlegungen abgeleitet wurden.

In der Informationstechnik ist der Abfall des Leistungsspektrums im ultravioletten Teil kaum von Einfluß. Abgesehen vom tieffrequenten Teil des NF-Bereichs, – wird bis zum Millimeterwellenbereich mit dem NYQUIST-Gesetz gerechnet, nach dem das elektronische Rauschen proportional zur Bandbreite zunimmt. Die technisch bedingten Bandbreiten der zu übertragenden Informationen sind auch im Höchstfrequenzbereich im Vergleich zur Trägerfrequenz relativ klein, so daß die spektrale Rauschleistungsdichte des Störrauschens als annähernd konstant angesehen werden kann. Da aber die Angabe der Grenzfrequenzen unzureichend ist, ergab die Suche nach einem äquivalenten Merkmalparameter eine neue Richtung, nämlich die Rückkehr von der spektralen Darstellung in den Zeitbereich. Das leistet die FOURIER-Rücktransformation der spektralen Leistungsdichte und ergibt als neue, aber äquivalente Merkmalskenngröße die *Autokorrelationsfunktion.* Die Korrelationsanalyse war der erste Schritt in dieser Richtung, aber nicht der einzige und letzte. Die Rückkehr in den Zeitbereich ist der Beitrag der Kybernetik zur Theorie der Störsicherheit, verbunden mit einer Erweiterung der Stochastik. Damit fanden neue Kenngrößen Eingang in die Meßtechnik.

Autokorrelationsanalyse

Die ursprüngliche Erwartung, daß das Leistungsspektrum als spektrale Kenngröße die Eigenschaften eines stochastischen Prozesses – wie z. B. der Wärmestrahlung – in allen Fällen ausreichend beschreibt, erwies sich als unzutreffend. Daher nahm die Weiterentwicklung der Meßstochastik eine andere Richtung, eben die Rückkehr in den Zeitbereich. Der erste Schritt war die Einführung der Korrelationsanalyse in der Mitte dieses Jahrhunderts im Rahmen des Ausbaues der Kybernetik.

Die FOURIER-Rücktransformierte des Leistungsspektrums wurde als neue Kennfunktion im Zeitbereich näher analysiert (Abb. 4.6).

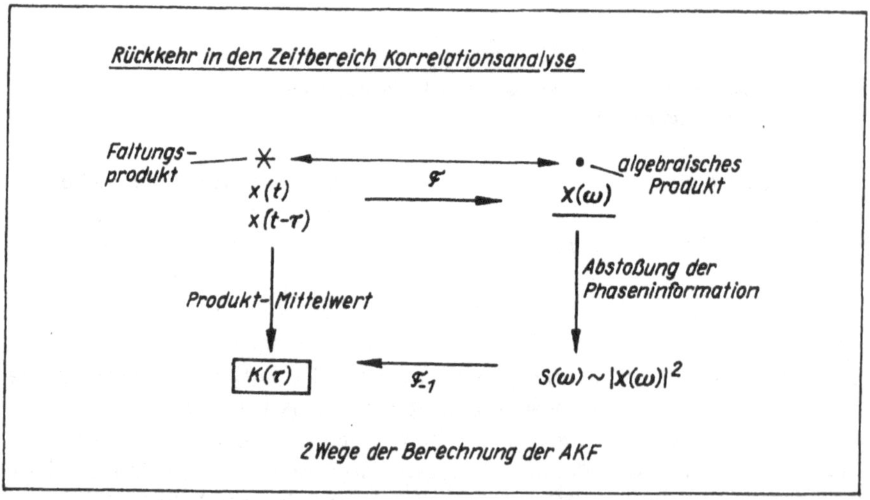

Abb. 4.6. FOURIER-Transformation als Basis der spektralen Abbildung

Anhand dieser Beziehung wiesen NORBERT WIENER (1894–1964) und ALEXANDER CHINTSCHIN (1894–1959) nach, daß sich die Korrelationsfunktion auch als Zeitmittelwert zweier um τ zeitverschobener Zeitvorgänge berechnen läßt, also ohne Benutzung der spektralen Darstellung. In dieser Form stellt die Korrelationsfunktion eine unmittelbare Verallgemeinerung des Korrelationsfaktors dar. Diese Kenngröße wurde in den zwanziger Jahren als statistisches Maß der Verwandtschaft zweier Zeitvorgänge eingeführt. Der Korrelationsfaktor ist in normierter Form definiert als:

$$r = \frac{\overline{x(t) \cdot y(t)}}{x_{eff} \cdot y_{eff}}.$$

Der Wertebereich beträgt $-1 < r < +1$; der Querstrich bedeutet den Zeitmittelwert.

Die Autokorrelationsfunktion (AKF) $K(\tau)$[1] wird meist nichtnormiert für $y(t) = x(t-\tau)$ in der Form definiert:

$$K(\tau) = \overline{x(t) \cdot x(t-\tau)}.$$

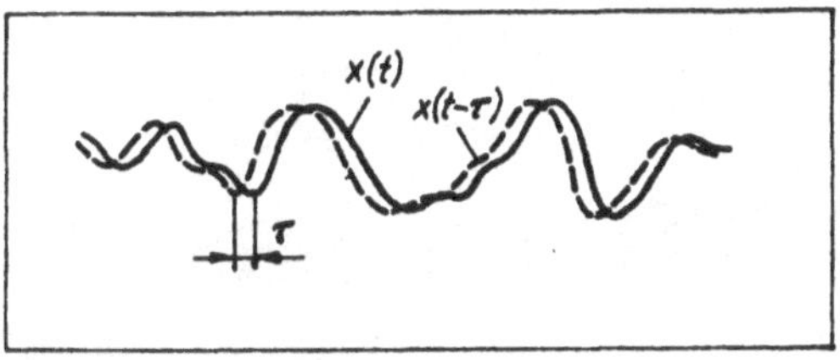

Abb. 4.7. Zur Bildung der Autokorrelationsfunktion

Die Kenngrößen r und $K(\tau)$ stellen ein Maß für die Übereinstimmung zweier verglichener Prozesse dar [L1, L3].

Falls der Prozeß x(t) keine Gleichkomponente enthält, d. h. wenn $\overline{x(t)} = 0$, bezeichnet man die AKF auch als Kovarianzfunktion. Dann gilt

$$K(\infty) = \bar{x}^2 = 0.$$

Für den Fall der Verknüpfung zweier unterschiedlicher Prozesse spricht man von einer Kreuzkorrelationsfunktion (KKF):

$$K_{xy}(\tau) = \overline{x(t)\, y(t-\tau)}.$$

Diese Betrachtungen sind heutzutage Bestandteil der Grundausbildung; daher verzichten wir hier auf die detaillierte Ableitung der nachfolgenden Beziehungen. Sie lauten:

a) Zusammenhang mit dem Effektivwert

$$K(0) = x_{eff}^2.$$

b) Symmetrie:
Es gilt $K(+\tau) = K(-\tau)$.
Bemerkung: Dies gilt nicht für die obenstehende Kreuzkorrelationsfunktion.

1 Die Bezeichnung der Korrelationsfunktion ist in der Fachliteratur uneinheitlich. Die vom Autor früher benutzte Symbolik $\psi(\tau)$ wird meist durch $R(\tau)$ oder $K(\tau)$ ersetzt. R steht jedoch einheitlich für den ohmschen Widerstand. Daher wurde hier $K(\tau)$ übernommen, weitgehend übereinstimmend mit der internationalen Literatur. G. WUNSCH benutzt $s(\tau)$ für die FOURIER-Transformierte des Leistungsspektrums $S(\omega)$. Doch gibt dies Anlaß zur Verwechslung mit der Bezeichnung s(t) für Zeitvorgänge.

c) Maximalwert:

$$K_{max}(\tau) = K(0).$$

Für die Berechnung der Autokorrelationsfunktion stehen zwei Beziehungen zur Verfügung:

(I) Man berechnet für einen determiniert vorgegebenen Zeitvorgang x(t) die AKF als Mittelwert des Zeitproduktes x(t) und x(t+τ):

$$K(\tau) = \lim_{T\to\infty} \frac{1}{2T} \int_{-T}^{+T} x(t)\, x(t+\tau)\, dt,$$

T – Zeitintervall.
Daraus ergibt sich:

a) AKF periodischer, harmonischer Vorgänge:
Für eine harmonische Schwingung $x(t) = \hat{X} \sin(\omega t + \phi_o)$ gilt

$$K_{xx}(\tau) = \frac{\hat{X}^2}{2} \cos(\omega\tau)$$

unter Fortfall der Nullphaseninformation ϕ_o.
Die AKF enthält also nur die Leistungs- und die Frequenzinformation. Die Phaseninformation entfällt. Daher ist die AKF eine gegen Phasenschwankungen unempfindliche Kennfunktion.

b) AKF periodischer, nicht harmonischer Vorgänge:

$$K_{xx}(\tau) = \sum_{i=1} \frac{\hat{X}_i^2}{2} \cos(i\omega\tau), \quad i = 1, 2, 3, \ldots$$

(II) Man berechnet für einen stationären statistischen Vorgang, dessen spektrales Leistungsspektrum S(ω) bekannt oder in seinem Frequenzverlauf a priori als vorgegeben angenommen wird, die Autokorrelationsfunktion als FOURIER-Rücktransformierte des Leistungsspektrums:

a) Zusammenhang zwischen der AKF und dem Leistungsspektrum S(f):
Nach N. WIENER und A. CHINTSCHIN gilt

$$S(f) = \int_{-\infty}^{\infty} K(\tau) \exp(-j\omega\tau)\, d\tau = \int_{-\infty}^{\infty} K(\tau) \exp(-j2\pi f\tau)\, d\tau$$

und als FOURIER-Rücktransformierte:

$$K(\tau) = \frac{1}{2\pi} \int_{-\infty}^{\infty} S(f) \exp(j\omega\tau) d\omega = \int_{-\infty}^{\infty} S(f) \exp(j2\pi f\tau) df.$$

b) AKF eines frequenzbegrenzten homogenen Breitbandrauschens:

$$K_{xx}(\tau) = K(0)\,\frac{\sin\omega_{gr}\tau}{\omega_{gr}\tau} \qquad \text{mit } K(0) = x^2_{eff} = 2S_0\cdot f_{gr}$$

$$= \frac{S_0\,\omega_{gr}}{\pi}\,sp(\omega_{gr}\tau)$$

mit S_0 als spektrale Leistungsdichte in W/Hz und ω_{gr} als Grenz-Kreisfrequenz. (Die Spaltfunktion der physikalischen Optik wird abgekürzt mit

$$sp(x) = \frac{\sin x}{x}$$

bezeichnet.)

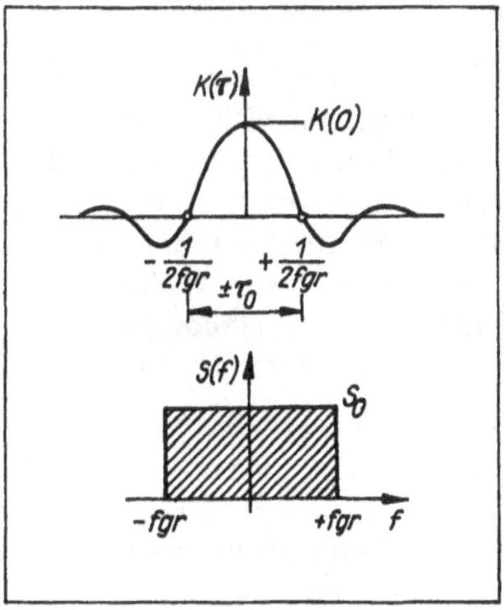

Abb. 4.8. Leistungsspektrum und Autokorrelationsfunktion eines homogenen Rauschprozesses begrenzter Bandbreite

Abbildung 4.8 stellt den Zusammenhang zwischen einem homogenen Leistungsspektrum und der zugehörigen Autokorrelationsfunktion dar. Es ist ein sehr wichtiges Modell für viele technische Prozesse. Die ersten Nulldurchgänge liegen bei $\tau = \pm 1/2\ f_{gr}$. Deren Abstand von $\tau = 0$ wird auch als Korrelationsdauer definiert: $\tau_0 = 1/f_{gr}$. Er gibt die Größenordnung des Zeitintervalls an, in dem der Prozeß in sich noch statistisch abhängig ist.

Einige Autoren verwenden bei zeitbegrenzten Signalen auch die „Energie-Autokorrelationsfunktion", bei analogen Signalen als Zeitintegral (ohne den Faktor 1/2T) und bei diskreten Signalen als Summe der Produkte diskreter Amplituden.

Man beachte, daß S(f) stets positiv sein muß! Das Leistungsspektrum S(f) erstreckt sich über den Frequenzbereich $-\infty < f < +\infty$. Für technische Rechnungen wird es auch in der Form

$$w(f) = 2S(f)$$

im Frequenzbereich $0 < f < +\infty$ definiert.

Mit der spektralen Amplitudendichte X(f) einer im Zeitintervall –T bis +T als determiniertes Signal aufgefaßten Realisierung eines Prozesses besteht folgender Zusammenhang:

$$S(f) = \lim_{T\to\infty} \frac{1}{2T} \cdot |X(f)|^2$$

$$\text{mit } \underline{X}(f) = \int_{-\infty}^{\infty} x(t) \exp(-j\omega t)\, dt$$

als Amplitudenspektrum.

Dieser Weg zur Berechnung des reellen Leistungsspektrums aus der komplexen spektralen Amplitudendichte ist bei Zufallsprozessen *nicht* gangbar. Die Amplitudendichte enthält noch die Phaseninformation, die für diese Prozesse a priori nicht festgelegt ist. Das Leistungsspektrum gilt für eine *Klasse* von Zeitvorgängen, die durch diese Kenngröße charakterisiert werden. Dagegen gilt die spektrale Amplitudendichte für die *Realisierung* eines bestimmten Zeitvorganges dieser Klasse, für den zusätzlich die Phaseninformation vorgegeben ist. In diesem Falle ist auch von einem *Musterprozeß* die Rede.

Voraussage zufälliger Wechselprozesse („Prädikationstheorem")

Die erwähnte Symmetrie der AKF bedeutet, daß ein Momentanwert x(t) zum Zeitpunkt t mit einem Momentanwert $x(t-\tau)$, der um τ zurückliegt, ebenso statistisch verwandt ist wie mit einem zukünftigen Momentanwert $x(t+\tau)$ im gleichen Zeitabstand τ. Statistisch verwandt bedeutet hier, daß der statistisch verwandte Momentanwert im Abstand $\pm\tau$ einen „korrelierten Anteil" $\rho(\tau)x(t)$ im statistischen Mittel enthält. Für einen stationären stochastischen Prozeß ist der Effektivwert konstant:

$$\overline{x^2(t)} = \overline{x^2(t+\tau)}; \qquad \text{Nebenbedingung: } \overline{x(t)} = 0.$$

Der zweite Anteil ist nichtkorreliert. Bezeichnen wir einen nichtkorrelierten Prozeß gleicher Leistung mit y(t), so gilt

$$K_{xy}(\tau) = 0 \text{ für alle } \tau.$$

Sein Wert im statistischen Mittel lautet:

$$y(t) \cdot \sqrt{1 - \rho(\tau)^2}.$$

Daher kann man den für den Zeitpunkt $t + \tau$ vorausgesagten Wert $x(t+\tau)$ durch folgenden Schätzwert angeben:

$$\hat{x}(t+\tau) = x(t)\,\rho(\tau) + y(t)\cdot\sqrt{1-\rho(\tau)^2}.$$

Beweis:

Wir wählen $\hat{x}(t+\tau) = ax(t) + by(t)$ als Schätzwert mit

$\overline{x^2(t)} = \overline{x^2(t+\tau)} = \overline{y^2(t)}$ für einen stationären und ergodischen Prozeß und

$\overline{x(t)\ y(t)} = 0$ für unkorrelierte Prozesse. Als AKF ergibt sich:

$$K_{xx}(\tau) = \overline{x(t)\ x(t+\tau)} = a\ \overline{x^2(t)} + b\ \overline{x(t)\ y(t)} = a\overline{x^2(t)}.$$

Daher ist der erste Koeffizient gleich

$$a = \frac{K_{xx}(\tau)}{K_{xx}(0)} = \rho(\tau)$$

als normierte AKF.

Der Faktor b folgt aus der Bedingung der Stationarität:

$$\overline{x^2(t)} = \overline{x^2(t+\tau)} = \overline{(\rho\ x(t) + b\ y(t))^2}$$

$$= \overline{\rho^2 x^2(t)} + \overline{2\rho x(t)\ y(t)} + \overline{b^2 y(t)^2} = 0.$$

Hieraus folgt wegen $\overline{x^2(t)} = \overline{y^2(t)}$: $b = \sqrt{1-\rho^2(\tau)}$.

Über den unkorrelierten Anteil von $x(t+\tau)$ ist keine weitere Aussage möglich.

Interpretation der Korrelationsdauer

Bekanntlich ist das mittlere Produkt zweier harmonischer Schwingungen ungleicher Frequenz gleich Null; es ergeben sich keine Gleichanteile, sondern nur Wechselanteile, die Summen- und die Differenzfrequenzkomponenten. Nur frequenzgleiche Komponenten ergeben einen Gleichanteil bei der Produkt-Mittelwertbildung. Das wird bekanntlich bei der FOURIER-Reihendarstellung periodischer Vorgänge zur Bestimmung der FOURIER-Koeffizienten benutzt. Dies erlaubt folgende Interpretation für den Verlauf der AKF: Wenn die AKF mit wachsendem Zeitabstand τ abnimmt, wie es bei den realen Schwankungsprozessen der Fall ist, so bedeutet dies nichts anderes, als daß sich im Prozeßverlauf ständig neue Frequenzanteile bilden, die infolge der Zeitdifferenz τ nicht korreliert sind.

Dafür hat sich der Begriff der *Korrelationsdauer* eingeführt, jedoch mit unterschiedlichen Definitionen. Er dient zur groben Abschätzung, wie weit die Dekorrelation vorangeschritten ist. Meist wird dazu für ein homogenes Breitbandspektrum der Zeitabstand zwischen den ersten Nulldurchgängen neben dem Hauptmaximum bei $\tau = 0$ gewählt. Hieraus ergibt sich folgender Satz: *Die Korrelationsdauer eines homogenen Breitbandrauschspektrums ist gleich dem reziproken Wert der Grenzfrequenz*

$$\tau_0 = 1/f_{gr}.$$

Diese Eigenschaft der Breitbandspektren wird vor allem bei den Testsignalen für Laufzeitmessungen ausgenutzt.

4.2.2. Kreuzkorrelationsanalyse

Die Autokorrelationsfunktion in der Form

$$K_{xx}(\tau) = \lim_{T\to\infty} \frac{1}{2T} \int_{-T}^{+T} x(t)x(t-\tau)dt$$

läßt sich auf zwei verschiedene Prozesse x(t) und y(t) erweitern:

$$K_{xy}(\tau) = \lim_{T\to\infty} \frac{1}{2T} \int_{-T}^{T} x(t)\ y(t-\tau)dt.$$

Die KKF ist nicht symmetrisch: $K_{xy}(\tau) \neq K_{xy}(-\tau)$.
Das Maximum von $K_{xy}(\tau)$ liegt meistens nicht bei $\tau = 0$. Die FOURIER-Transformierte der KKF wird als Kreuzspektrum bezeichnet. Diese Größe ist nicht reell wie S(f), sondern im allgemeinen komplex.
Die KKF wird auch in der Form definiert

$$K_{xy}(\tau) = \lim_{T\to\infty} \frac{1}{2T} \int_{-T}^{+T} x(t)y(t+\tau)\ dt.$$

Da sie nicht symmetrisch ist, besteht ein Unterschied zur erstgenannten Fassung.

Die wichtigste Anwendung findet die KKF zur Laufzeitmessung von Signalen. Die Laufzeit wird als Abstand des Maximums der KKF zwischen dem Nullpunkt $\tau = 0$ und $\tau = \tau_{max}$ gemessen.

Der Korrelationsdetektor als analoger Rechner
Zur Bestimmung der Autokorrelationsfunktion bestehen zwei Möglichkeiten, entweder die Berechnung als Mittelwert des Produktes der Zeitfunktionen x(t) und x(t–τ) oder aus dem Leistungsspektrum durch die FOURIER-Rücktransformation (Abb. 4.6).

Im ersten Falle wird der Korrelationsdetektor nach dem Schema von Abbildung 4.9 benutzt. Er besteht aus folgenden Teilsystemen:

1. dem Zeitverzögerungssystem,
2. dem Analogmultiplikator und
3. dem Integrator zur Mittelwertbildung.

Abbildung 4.10 zeigt das Oszillogramm eines rechteckförmigen HF-Signals und seiner Autokorrelationsfunktion, die einen dreieckigen Verlauf hat.

Der gleiche Aufwand wird für einen Kreuzkorrelationsdetektor benötigt, mit dem Unterschied, daß dem Eingang nicht eine einzige, sondern zwei Zeitvorgänge zugeführt werden. Wegen des gerätetechnischen Aufwandes wird

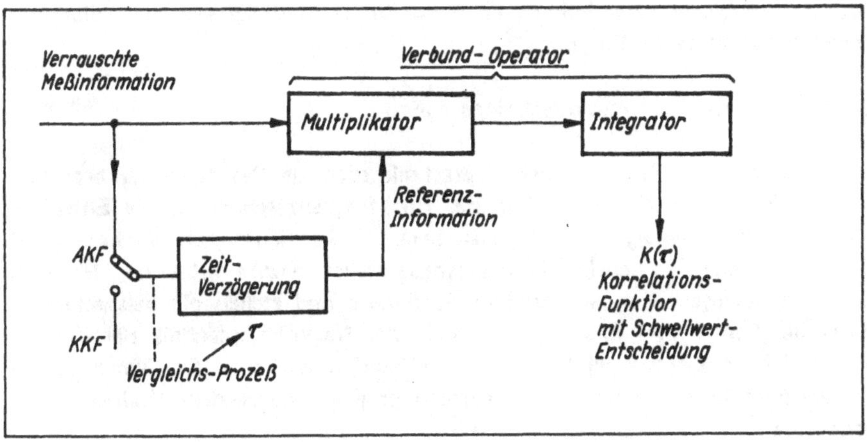

Abb. 4.9. Schema des Korrelators in klassischer Ausführung für Analogprozesse

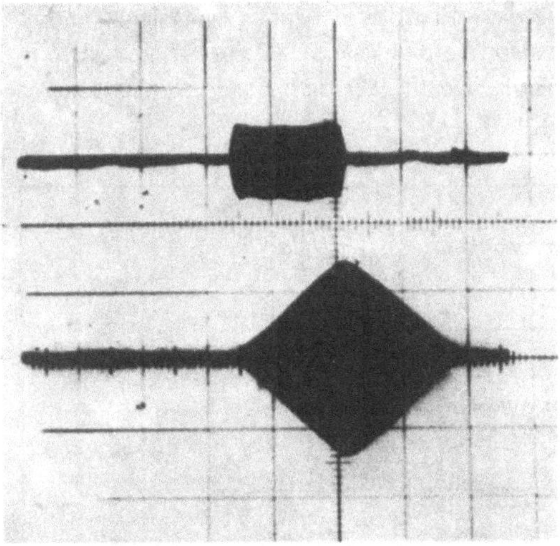

Abb. 4.10. Autokorrelationsfunktion eines Rechteckimpulses

der Rechenprozeß heutzutage meistens mit einem Mikroprozessor modelliert. Dazu wird ein Analog-Digital-Umsetzer (A/D-Wandler) als Vorsatzgerät benötigt, das als Chip angeboten wird.

Bei der zweiten Methode, der Rücktransformation durch die FOURIER-Analyse, erfolgt die Berechnung ausschließlich mit einem Mikroprozessor. Es besteht jedoch zwischen der Auto- und der Kreuzkorrelationsanalyse der Unterschied, daß das Leistungsspektrum reell ist, das Kreuzleistungsspektrum dagegen komplex. Daher kommt für diese zweite Methode wohl nur die Autokorrelationsanalyse in Frage.

4.2.2.1. Praxis der Kreuzkorrelationsanalyse

Selektive spektrale Filter, in der Meßtechnik auch als Resonanzfilter bezeichnet, werden in der Nieder- und in der Hochfrequenztechnik für die Entstörung von schmalbandigen Nutzsignalen benutzt. Sie eignen sich am besten für harmonische Testsignale. Resonanzkreise stellen *passive Filter* dar. Mehrkreisfilter verfügen über eine größere Bandbreite und stellen die klassischen Filter der Sende- und Empfangstechnik in der Nachrichtentechnik dar. Sie eignen sich vorwiegend für kleine relative Bandbreiten, d. h. für Signale, deren Träger- oder Mittenfrequenzen hinreichend groß gegenüber dem Modulationsband sind.

Wenn jedoch die auszufilternde Nutzfrequenz nicht konstant vorgegeben, sondern variabel ist, dann sind *aktive Filter* in Form eines gleichartigen Referenzsignals im Gebrauch. In der Niederfrequenztechnik bilden sie das Selektionsmittel bei der *Suchtonanalyse* nach GRÜTZMACHER: Damit wird das variable harmonische Testsignal mit dem zu untersuchenden Nutzsignal multipliziert und das Produkt durch einen Tiefpaß geleitet. Diese Anordnung entspricht völlig einem Kreuzkorrelator. Damit läßt sich das Frequenzspektrum des Nutzsignals ausmessen (Abb. 4.11).

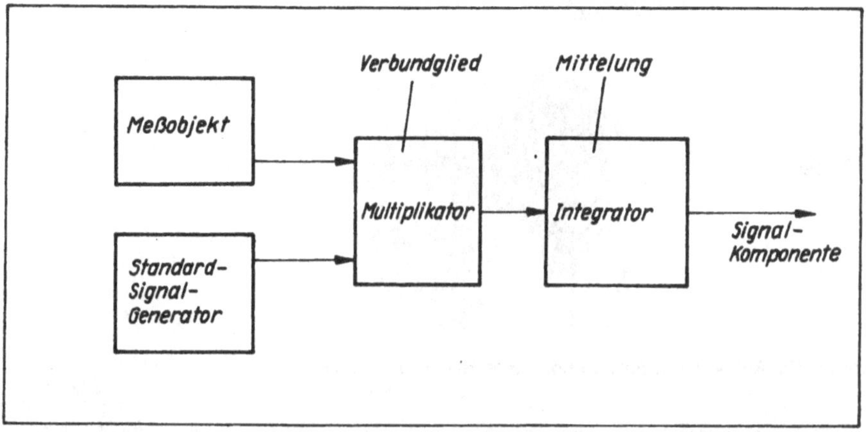

Abb. 4.11. Signalanalyse mittels orthogonaler Signalsysteme nach dem Prinzip der Tonfrequenzanalyse (Suchtonanalyse)

Im Kreuzkorrelator ist dieses altbekannte Meßprinzip verallgemeinert, jedoch mit einer anderen Zielrichtung, nämlich der Signalselektion aus einem Störrauschen.

Die einfachere Ausführungsform stellt – wie in der Suchtonanalyse – die Selektion einer harmonischen Schwingung dar (Abb. 4.12).

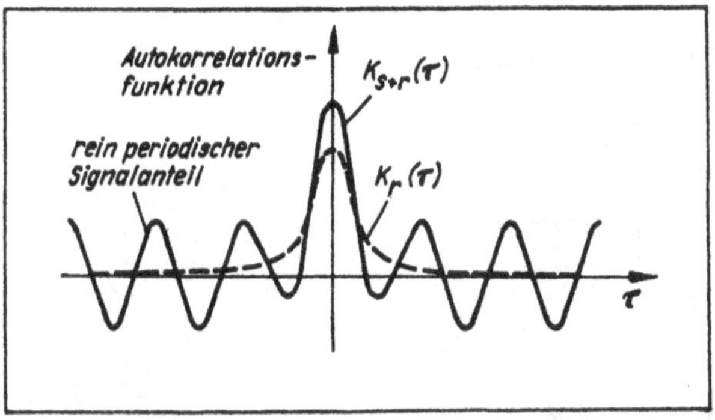

Abb. 4.12. Autokorrelationsfunktion einer harmonischen Schwingung bei additivem breitbandigem Störrauschen

Da die AKF einer harmonischen Schwingung periodisch ist, wiederholt sich das Maximum der AKF bei einer Zeitverschiebung τ um ganzzahlige Vielfache der Periodendauer: $\tau = n \cdot T$.

Das Nutzsignal s(t) soll hierbei von einem Breitbandrauschen der Korrelationsdauer τ_0 überlagert sein. Dafür soll gelten:

$$\tau = nT \gg \tau_0,$$

mit T als Periodendauer des harmonischen Testsignals.

Die gesamte Korrelationsfunktion $K_{ges}(\tau)$ setzt sich aus der AKF des Nutzsignals und der AKF des Rauschens zusammen, wie es Abbildung 4.12 schematisch zeigt. Die Kreuzkorrelation zwischen Nutz- und Störsignal verschwindet, wenn – wie angenommen – beide Signalanteile unkorreliert sind. Es gilt:

$$K_{ges}(\tau) = K_{nutz}(\tau) + K_{stör}(\tau).$$

Hierbei muß nur die Bedingung eingehalten werden, daß $\tau \gg \tau_0$ ist.

Suchtonanalyse stark verrauschter tonfrequenter Testsignale

Abbildung 4.13a zeigt das Schema einer Methode zum Signalnachweis nach dem Korrelationsprinzip. Es werden zwei Testsignale benutzt, die einen extrem geringen und völlig stabilen, aber regulierbaren Frequenzabstand haben (< 1 Hz). Das ebenfalls variabel einstellbare tonfrequente Testsignal wird in bekannter Weise durch die Mischung zweier Hochfrequenzen mit nachfolgender Tiefpaßfilterung erzeugt. Das für den Signalnachweis benötigte 2. Testsignal nach der Suchtonmethode wird durch Mischung – wie das 1. Testsignal – erzeugt. Jedoch wird die eine Hochfrequenz über ein mechanisch langsam angetriebenes

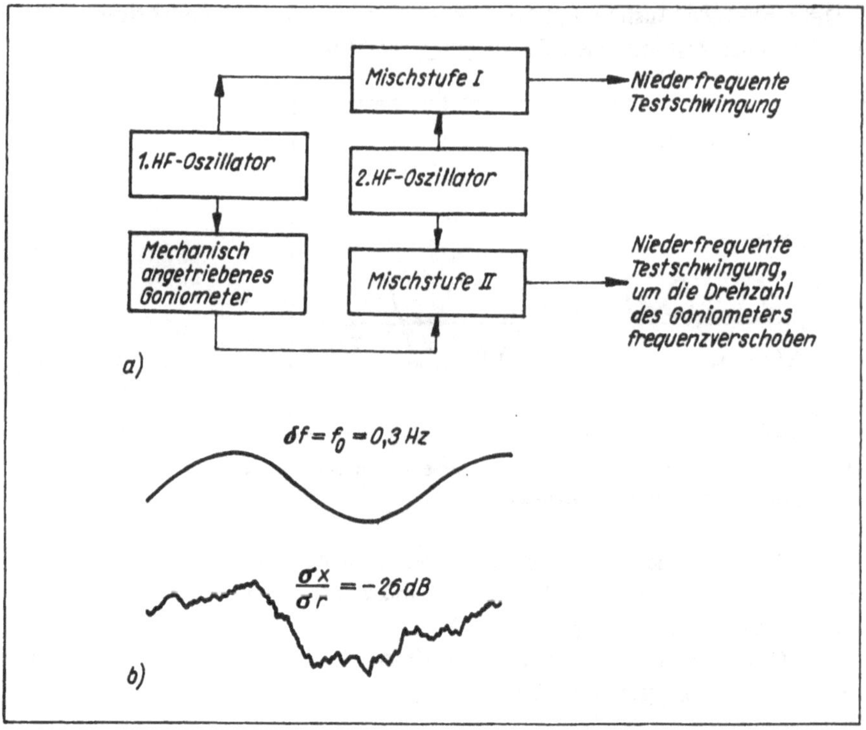

Abb. 4.13. Nachweis harmonischer Schwingungen im Störrauschen mittels der Schwebungsmethode nach dem Korrelationsprinzip
a) Schema der Methode; b) registrierte Signale

Goniometer (< 1 Hz) geleitet und um die gewünschte Differenzfrequenz verschoben. Der Signalnachweis geschieht durch Registrierung gemäß Abbildung 4.13b. Die Auswertung erfolgt durch die Ausmessung der Schwebungsamplitude, die die Ausgangsmischstufe liefert. Die Schwebung durchläuft die ebenfalls periodische Autokorrelationsfunktion. Die τ-Verschiebung rührt von der laufenden Verschiebung der Nulldurchgänge der beiden *frequenzungleichen* Testsignale her.

Eine Anwendung

Diese Methode wird angewendet, um jene Rauschschwelle zu messen, bei der ein biologisches Empfangsorgan noch auf ein Testsignal anspricht. Als Beispiel sei aus dem Gebiet der Elektromedizin die Ansprechschwelle des Hörorgans genannt [L1]. Hierbei wird auf das Trommelfell eine harmonische Schallwelle gegeben, während die ebenfalls noch harmonische Nervenreaktion der zum Zentralhirn führenden Nervenleitung von einer Sonde entnommen und rauschfrei verstärkt wird. Eine Detektion mit der gleichen Frequenz ergäbe eine Gleichkomponente, die nicht meßbar ist. Der beschriebene Schwebungsempfang ergibt hingegen eine Wechselspannung etwa nach Abbildung 4.13b, deren Amplitude auch bei starker Rauschstörung noch erkennbar ist. Dank der geringen Frequenzdifferenz von Test- und Referenzsignal und der Tiefpaßfilterung gelingt es, die Bandbreite des Rauschens und damit seine Leistung so zu verringern, daß der Bereich der Ansprechschwelle erreicht wird. Dabei wird der Schallpegel des Testsignals laufend weiter reduziert. Die Rauschstörung rührt vom bioelektrischen Grundrauschen (Hintergrundrauschen) des Nervensystems her.

Entscheidungsfindung mittels eines Polaritätskorrelators

Der Übergang vom Analogkorrelator zum Polaritätskorrelator besteht darin, daß der Analogkorrelator die Amplitudeninformation des Vorganges vollständig verarbeitet, während mit dem Polaritätskorrelator nur die Polarität, d. h. das Vorzeichen der Amplitude zur Informationsgewinnung ausgenutzt wird.

In diesem Falle wird sowohl der Meßprozeß als auch der Referenzprozeß vor der Produktmittelwertbildung in der Amplitude extrem begrenzt, derart, daß praktisch nur zwei binärwertige Prozesse miteinander verknüpft werden. Das entspricht formal der Informationsverarbeitung von Binärprozessen mittels logischer Bauelemente. Die logische Verknüpfung ist die Äquivalenzrelation: Gleiches Vorzeichen wird positiv bewertet, ungleiches Vorzeichen negativ. Der Mittelwert ergibt einen Wert der Polaritätskorrelationsfunktion (PKF). Er hängt von der Zeit- oder Taktverschiebung ab, je nachdem, ob analoge oder digitale Prozesse verarbeitet werden. Wir beschränken uns hier auf Analogprozesse, d. h. auf Prozesse, die zeitkontinuierlich ablaufen.

Definitionsgemäß gilt für die PKF

$$K_{pol}(\tau) = \lim_{T \to \infty} \frac{1}{2T} \int_{-T}^{+T} \operatorname{sgn} x(t) \operatorname{sgn} x(t-\tau) dt.$$

Der Zusammenhang zwischen der PKF und der normierten AKF lautet:

$$\rho(\tau) = \frac{K(\tau)}{K(0)} = \sin \{\frac{\pi}{2} K_{pol}(\tau)\}.$$

Diese Beziehung gilt jedoch nur für zweidimensionale normalverteile GAUSS-Prozesse sowie für eine Klasse von „symmetrischen elliptischen Prozessen".

Es ist zu erkennen, daß der Polaritätskorrelator die wahre Korrelationsfunktion nicht unmittelbar liefert. Die angegebene Beziehung wurde von B. P. VELTMANN und H. KWAKERNAAK abgeleitet [V1]. Der Beweis befindet sich auch in [L3].

Eine andere Methode benutzt das Prinzip der Signalwandlung gemäß Abbildung 4.14. Die zu vergleichenden Prozesse werden zunächst in pulsdauer-

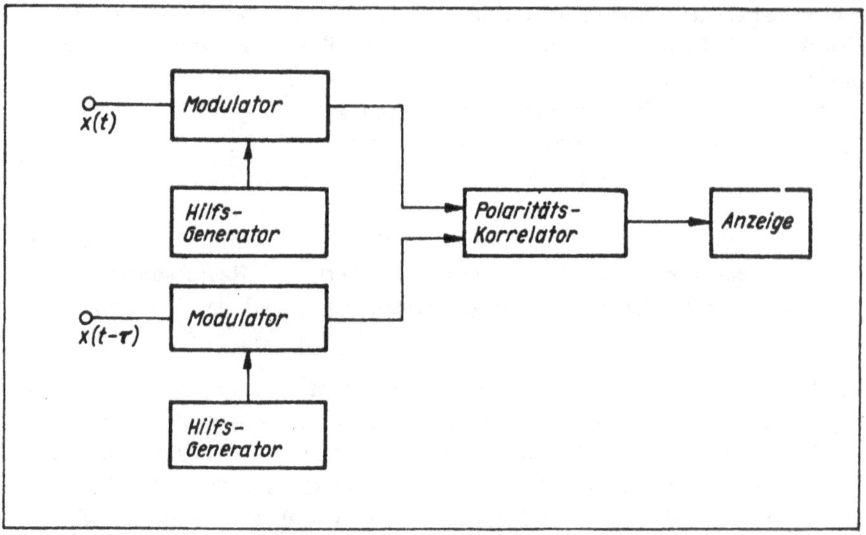

Abb. 4.14. Schema eines Polaritätskorrelators

modulierte Vorgänge umgewandelt (vgl. Abb. 3.18). Dadurch entstehen binärwertige Vorgänge. Mittels eines logischen Bausteins, der die Äquivalenzrelation realisiert, ergibt sich bei gleicher Polarität ein positiver, bei ungleichem Vorzeichen der Prozesse ein negativer, im Betrag gleicher Wert. Es gilt das Schema:

	Bewertung	
	$y>0$	$y<0$
$x>0$	+1	-1
$x<0$	-1	+1

Die Summierung ergibt ein Maß für die Korrelationsfunktion. Dank der Signalumwandlung liefert eine derartige Anordnung mit der PKF zugleich die wahre Korrelationsfunktion.

4.2.2.2. Anwendungen der Korrelationstechnik

Zwei Gruppen lassen sich unterscheiden: Die erste Gruppe betrifft die Ermittlung von klassischen Kenngrößen, z. B. Abstände oder Entfernungen, Geschwindigkeiten, Azimut, Materialeigenschaften usw. Einige nachfolgend behandelte Beispiele sind für die Methodik typisch.

Außerdem sind Korrelationsmeßverfahren verfügbar, womit *Korrelationskenngrößen* ermittelt werden, aus denen dann Rückschlüsse auf das betrachtete Signal oder System gezogen werden. Diese Verfahren sind eng mit der dargelegten Theorie verknüpft. Dieser Umstand betrifft jene Aussagen, die die Korrelationsfunktion und die Korrelationsdauer liefern. Hierbei ist die Denkweise im τ-Bereich, d. h. im Korrelationsbereich, neuartig. Sie tritt an die Stelle der spektralen Darstellung und stellt eine Rückkehr in den Zeitbereich dar.

Die Anwendungen der Korrelationsanalyse lassen sich in Verfahren zur Bestimmung der AKF und der KKF unterteilen. Es zeigt sich, daß die Kreuzkorrelation für die bisher erprobten Anwendungen äußerst wichtig war. Der Hauptvorteil liegt im Gewinn an Störsicherheit und Meßgenauigkeit unter schwierigen Versuchsbedingungen.

Eine weitere Unterteilung der Verfahren ergibt sich aus der Frage, ob die Korrelationsamplitude $K_{max}(\tau)$ selbst den Meßwert darstellt oder denjenigen Korrelationsabstand, bei dem $K_{max}(\tau)$ auftritt. Nach einem Vorschlag des Autors hat man in diesem Falle die K-Auswertung und die τ-Auswertung zu unterscheiden. Die τ-Auswertung ist die Basis der Ortungsverfahren, die K-Auswertung liefert Materialkenngrößen. Nachfolgende Beispiele erläutern die Eigenarten der Korrelationstechnik [L1].

Ortung von Radiosternen

Die Ortungsmöglichkeit von Radiosternen hat für die Astronomie erhebliche Bedeutung gewonnen. Methodisch betrachtet, handelt es sich um eine passive Ortung; am Boden ist nur eine Empfangseinrichtung mit einer hochselektiven Antennenpeilanlage vorhanden, der Radiostern wirkt, dank seiner Eigenstrahlung, selbst als Sender. Abbildung 4.15 stellt das Meßprinzip schematisch dar. Das Maximum der Kreuzkorrelation beider Empfangsstrahlen wird beim Zenitdurchgang des Radiosternes erreicht, wenn die Laufzeit zu den beiden Antennen übereinstimmt.

Eine ausreichende Ortungsgenauigkeit wird aber nur mit einer ausgedehnten Meßbasis erreicht, die über 100 km betragen kann, je nach den gegebenen Möglichkeiten. Dies erschwert die Kreuzkorrelationsmessung. Die Rauschspannung eines Empfängers muß über eine Relaislinie zum zweiten Empfänger übertragen werden, wo der Korrelator angeordnet wird. Die benutzten Rauschspektren liegen im Zentimeterwellenbereich ($\lambda = 21$ cm). Die sehr umfangreichen Anlagen werden meist in Wüstengebieten aufgestellt, z. B. in Australien. Sie bieten nicht nur genügend Raum, sondern zeichnen sich auch durch geringe Störungen aus der Umgebung aus.

Messung akustischer Materialeigenschaften mittels der Korrelationsanalyse

W. K. GOFF hat bereits 1955 auf die Möglichkeit hingewiesen, daß mittels der Korrelationsanalyse in der Akustik Messungen durchführbar sind [G4] (Abb. 4.16a). Diese erfordern keinen schalltoten Raum. Das ist ein entscheidender Vorteil. Als Testsignal wird ein Breitbandrauschspektrum mit möglichst

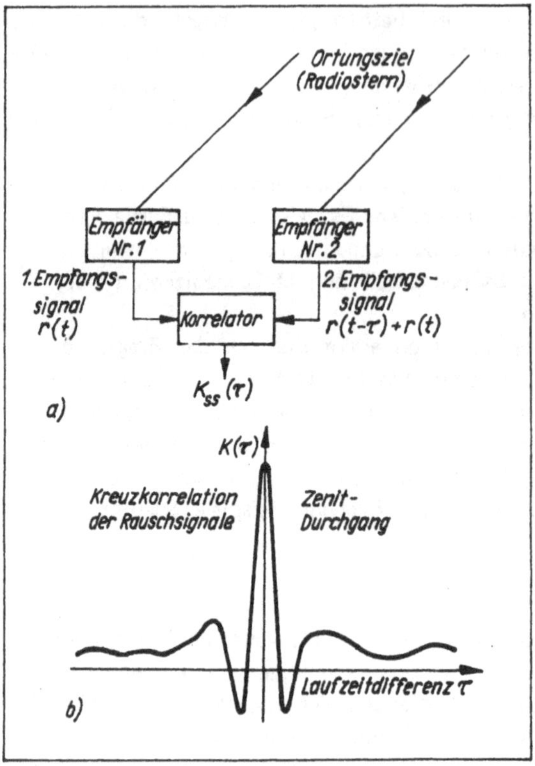

Abb. 4.15. Korrelationsortung von Radiosternen in der Astronomie
a) Prinzip; b) Kreuzkorrelation

kleiner Korrelationsdauer verwendet, verglichen mit den auftretenden Laufzeiten. Einmal wird der direkt durch das Meßobjekt (Prüfplatte) laufende Schallstrahl gemessen, anderseits die um die Platten herumlaufende und später eintreffende Schallwelle. Der Amplitudenvergleich ergibt ein Maß für das Absorptionsvermögen. Dies ist ein Beispiel für eine *Laufzeitselektion* mit *Amplitudenauswertung,* gegenüber der sonst meist angewendeten *Laufzeitauswertung* bei anderen Korrelationsmeßverfahren. Abbildung 4.16b zeigt eine entsprechende Anordnung für die Messung des Reflexionsvermögens, ebenfalls nach GOFF.

Analyse von Schallquellen in lärmerfüllten Werkhallen

In der Anordnung von Abbildung 4.17 wird das Geräusch der zu untersuchenden Maschine als Meßobjekt zur Ortung benutzt (Mikrophon 2). Es liefert das Referenzsignal am Aufstellungsort. Als Meßsignal dient der Gesamtschall (Mi-

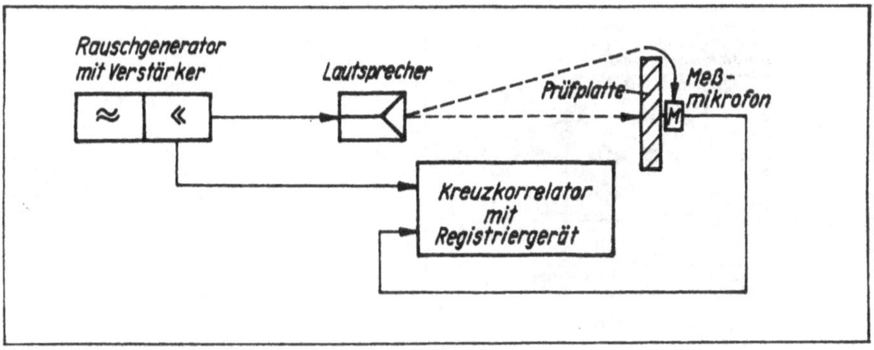

a) Absorptionsvermögen

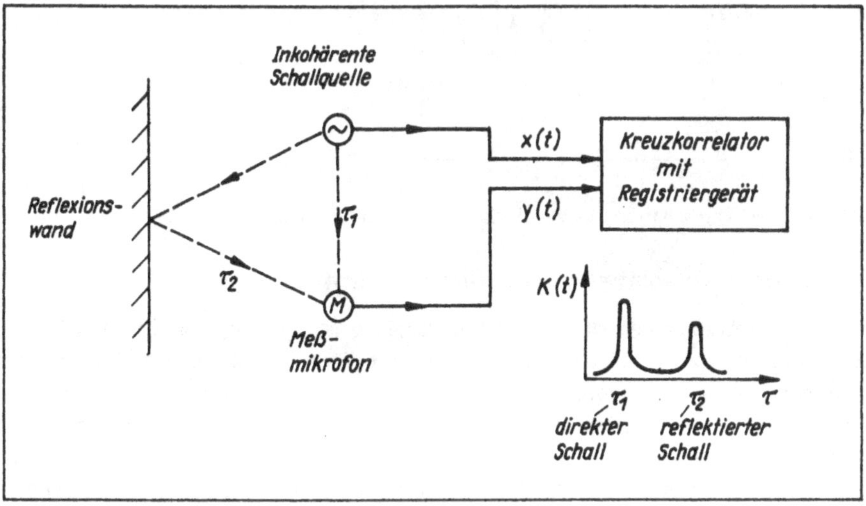

b) Reflexionsvermögen

Abb. 4.16. Messung von Materialeigenschaften mittels Kreuzkorrelation

krophon 1). Mittels einer Laufzeitselektion wird die Geräuschkomponente der betreffenden Maschine aus dem Gesamtschall durch Kreuzkorrelation nachgewiesen und ausgemessen. Die Signaltrennung der Maschinengeräusche ist möglich, wenn unterschiedliche Ausbreitungswege und Laufzeiten auftreten. Alle übrigen Störquellen sind dazu unkorreliert und werden unterdrückt.

Bei beiden genannten Verfahren wurde mit erheblichem Aufwand eine Verstellung der Laufzeit vorgenommen, z. B. durch Laufzeitkettenschaltungen. Mittels Tonbandaufnahme und Mikrocomputerauswertung gelingt dies heutzutage leichter. Diese Methoden haben auch eine Perspektive für anderweitige Anwendungen.

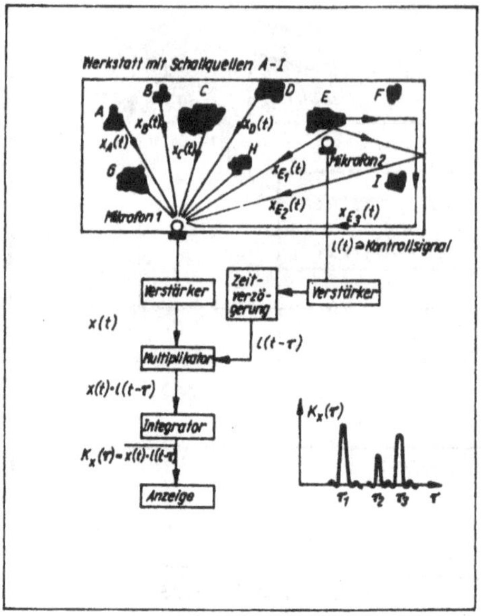

Abb. 4.17. Raumschallortung in Werkhallen mittels Laufzeitselektion

Beispiel einer Kohärenzselektion (Flammenwärteranordnung)

Für viele Anwendungen der Korrelationsanalyse ist typisch, daß im Amplitudenbereich nur eine Ja-Nein-Aussage gefordert wird. Hierfür liefert Abbildung 4.18 ein Beispiel. Es handelt sich um einen automatischen Flammenwärter. Eine senkrecht aufsteigende heiße Luftsäule (Flamme) zeichnet sich durch starke Turbulenz aus. Ein bestimmtes Meßvolumen im Turbulenzfeld wird von zwei horizontal und senkrecht zueinander verlaufenden Lichtstrahlen beleuchtet; jeweils hinter dem Meßvolumen ist beiderseits im Lichtstrahl je eine Fotozelle angeordnet. Beide geben infolge der durch die Flammenturbulenz gestörten Bestrahlung je einen stochastischen Prozeß als elektrisches Signal ab. Die Gleichkomponenten werden mittels eines Hochpaßfilters unterdrückt. Die Wechselkomponenten der Fotoströme werden einem Korrelator zugeführt. Die korrelierten und kohärenten Komponenten liefern eine Kreuzkorrelation als Gleichkomponente, damit anzeigend, daß die Turbulenz vorhanden ist und die Flamme brennt. Andernfalls wird ein Alarmsignal ausgelöst oder die Gaszufuhr automatisch eingeschaltet. Das hier angewendete Prinzip kann als *Kohärenzselektion* bezeichnet werden und erlaubt auch andere Anwendungen; es ist ein typisches Beispiel für die Meßstochastik.

Entscheidung als Meßaufgabe

Die Korrelationsanalyse stellt ein Beispiel dafür dar, wie eine *binärgetroffene*

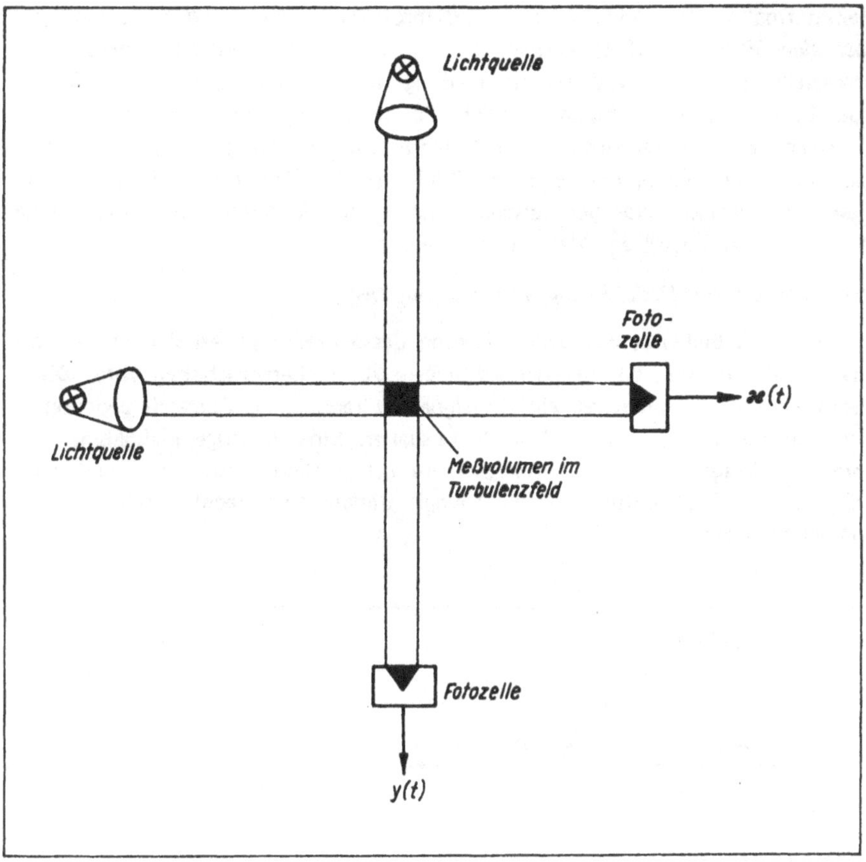

Abb. 4.18. Flammenwärteranordnung mittels Kohärenzselektion

Entscheidung das Resultat einer Meßaufgabe liefert. Während die Entscheidung im Amplituden- oder Leistungsbereich gefällt wird – in Form der Auswertung, ob ein erwartetes Signal einen Rauschpegel übertrifft oder nicht –, ergibt sich der gesuchte Meßwert im Zeitbereich. Dies bedeutet eine *neue Entwicklungsrichtung,* die noch ungelöste Aufgaben umfaßt und sich wohl nur durch den Einsatz der Mikroprozessortechnik lösen läßt (vgl. Kap. 5). Hierfür gibt die organische Informationsverarbeitung der Lebewesen ein Vorbild: Wird ein Informationsfluß optisch an das Auge oder akustisch an das Ohr abgegeben, so gelingt es dem Zentralhirn, daraus in kürzester Zeit Schlußfolgerungen zu ziehen. Eine Klapperschlange nimmt thermische Informationen wahr, da sie Temperaturänderungen von wenigen tausendstel Grad unterscheiden kann.

Die klassische Auffassung der Meßtechnik muß also nach dem Vorbild der Bionik erweitert werden. Vielfach kommt es nicht nur auf die Abgabe einer

Meßinformation an, sondern auf Grund ihres Wertes muß eine *Entscheidung über eine Situation* gefällt werden, z. B. in einer Prozeßkontrolle. Diese Fragestellung heißt Hypothesenentscheidung. In diesem Falle sind gegensätzliche Entscheidungen möglich, nämlich die richtige Entscheidung über das Eintreten oder Nichteintreten einer Gefahrensituation. Da diese Entscheidung auch falsch sein kann, existieren vier Fälle. In der Ortungstechnik nennt man diese den richtigen oder den falschen Alarm und die richtige oder die falsche Ruhe, die den verpaßten Alarm charakterisiert.

Dekorrelation zur Reduzierung von Störrauschen

Dekorrelation bedeutet die Unterdrückung des korrelierten Anteils, im Gegensatz zur Korrelation, bei der der korrelierte Anteil hervorgehoben wird. Die Dekorrelation ermöglicht es, ein Störsignal zu reduzieren. Zugleich bedeutet dies eine Verringerung seiner Korrelationsdauer. Eine derartige Maßnahme kommt in Frage, wenn das Nutzsignal nur gelegentlich auftritt, während das Störsignal die Beobachtung des Nutzsignals ständig beeinträchtigt oder sogar unmöglich macht.

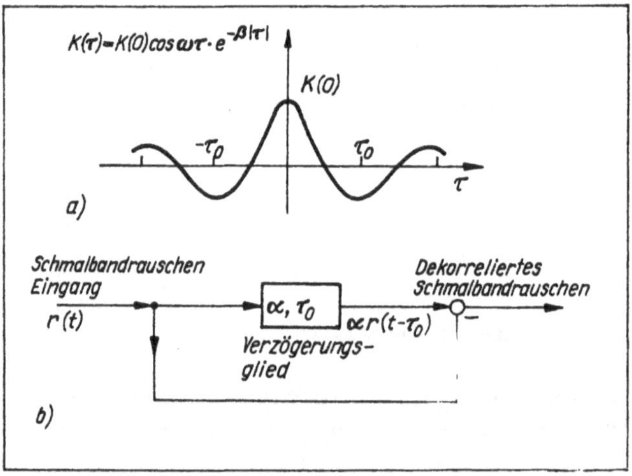

Abb. 4.19. Reduktion des Grundrauschens durch Korrelationskompensation
a) AKF des Schmalbandrauschens; b) Kompensationsschaltung

Rauschleistungsreduktion durch ein analoges Kompensationsverfahren
Mit diesem Verfahren wird der Momentanwert des Grundrauschens um den um τ_0 zurückliegenden und bewerteten Amplitudenwert reduziert. Der Zeitabstand τ_0 muß noch im Korrelationsbereich des Rauschprozesses liegen, bedeutet also hier nur einen festen τ-Wert und nicht die Korrelationsdauer. Es wird nur ein einziger τ-Wert ausgewählt, und zwar der günstigste. Das System

nach Abbildung 4.19 ist ein „einstelliges Dekorrelationsfilter". Die dargestellte Kompensation setzt voraus, daß der Korrelationskoeffizient negativ ist.

Gegeben sei ein schmalbandiges Rauschsignal mit nur zeitweilig auftretenden Nutzimpulsen. Abbildung 4.19a zeigt den Verlauf der normierten AKF. Es ist eine mit τ gedämpft abklingende Schwingung:

$$\rho(\tau) = \exp(-|\tau|B) \cos \omega_0 \tau.$$

$\rho(\tau)$ klingt umso schneller gegen Null ab, je größer die Bandbreite B des Störrauschens ist. Im Grenzfall $B \to \infty$ geht sie in einen DIRAC-Impuls über und stellt ein unkorreliertes Rauschen dar. Je kleiner jedoch die Bandbreite des Rauschens ist, desto länger hält die Korrelation an. Nach Abbildung 4.19b wird das Rauschsignal r(t) durch ein Verzögerungsglied um die Zeitdifferenz τ_0 verzögert und mit dem Gewicht α bewertet. Anschließend wird diese Komponente dem unverzögerten Rauschsignal überlagert.

Es entsteht das Ausgangssignal

$$y(t) = r(t) + \alpha r(t-\tau_0),$$

falls $K_{yy}(\tau_0) < 0$, als Fall einer *negativen* Korrelation. Dabei wird τ_0 so gewählt, daß der Korrelationsabstand τ_0 den ersten negativen Maximalwert erreicht. Dies ist der Fall bei

$$\tau_0 \omega_0 = \pi,$$

ω_0 – Mittenfrequenz des Rauschspektrums.

Die AKF des Ausgangsrauschsignals lautet

$$K_{yy}(\tau) = \overline{y(t)\ y(t-\tau)}$$

$$= \overline{r(t)\ r(t-\tau)} + \alpha^2\ \overline{(r(t-\tau_0)r(t-\tau_0-\tau)}$$

$$+ \overline{\alpha r(t) r(t-\tau_0-\tau)} + \overline{\alpha r(t-\tau)\ r(t-\tau)} \quad \text{mit } \alpha \leqslant 1.$$

Dies ergibt weiter:

$$K_{yy}(\tau) = (1+\alpha^2)K_{rr}(\tau) + \alpha(K_{rr}(\tau_0+\tau) + K_{rr}(\tau_0-\tau)).$$

Der Wert $K_{yy}(0)$ ergibt die Leistung (Varianz):

$$K_{yy}(0) = y^2_{eff} = (1+\alpha^2)K_{rr}(0) + 2\alpha K_{rr}(\tau_0) = r^2_{eff}(1+\alpha^2 - 2\alpha e^{-B\tau_0}) < r^2_{eff}.$$

Der Gewinn an Störabstand beträgt für dieses Modell:

$$k = \frac{r^2_{eff}}{y^2_{eff}} = \frac{1}{1+\alpha^2-2\alpha \exp(-B\tau_0)}.$$

Für eine volle Gegenschaltung $\alpha = 1$ ergibt sich

$$k = \frac{1}{2(1-\exp(-B\tau_0))}.$$

Da $\tau_0 = \pi/\omega_0$ gewählt wird, stellt der Exponent $B\tau_0$ die relative Bandbreite des Rauschens dar. B ist die HF-Bandbreite, B/2 die äquivalente NF-Bandbreite. Je kleiner also die relative Bandbreite ist, desto größer ist der Gewinn an Störabstand.

Für einen erwünschten Gewinn an Störabstand k lautet die relative Bandbreite

$$B\tau_0 = \ln\,(1+1/(2k-1)) \approx \frac{1}{2k-1},$$

wegen $\ln(1+x) \approx x$ für $x \ll 1$.

Bei einem gewünschten Gewinn von k = 10 darf die relative HF-Bandbreite nur $B\tau_0 = 0{,}05 = 5\,\%$ betragen. Dieses Ergebnis wurde von G. SCHOMMARTZ bestätigt.

Beseitigung von Nebenechos und Mehrfachreflexionen

In der Ortungstechnik kommen Fälle vor, bei denen ein oder mehrere Nebenechos unterdrückt werden sollen. Anwendungen dazu finden sich in der Seismographie und in der Hydroakustik, in Spezialfällen auch in der zerstörungsfreien Werkstoffprüfung. Abbildung 4.20 zeigt das Schema für diesen *Störeffekt* in der Hydroakustik, wenn zwei Schichten im Meerwasser die Ausbreitung beeinflussen. In der Seismographie sind es entsprechend zwei Erdbodenschichten.

Die Totalreflexion an einer Wasserschicht kann auch ein *Nutzeffekt* sein und die Reichweite erhöhen, wie er in der Tat in der Hydroakustik auch vorkommt und extreme Überreichweiten in Ozeanen hervorruft.

Wenn derartige Ausbreitungserscheinungen wirksam werden und stören, lassen sich die Mehrfachechos durch ein Zusatzfilter unterdrücken.

Gegenüber den genannten Ortungsverfahren ist die Laufzeitdifferenz – hier von Haupt- und Nebenecho – nicht die gesuchte Größe. Sie muß vielmehr a priori bekannt sein oder durch einen Vorversuch ermittelt und eingestellt werden.

Nachfolgend werden die Korrelationseigenschaften der Signale nicht direkt genutzt; wohl aber sind das Haupt- und das Nebenecho als weitgehend korreliert anzusehen. Nach Abbildung 4.20 besteht das Empfangssignal (Index e) aus zwei Komponenten, dem Haupt- und dem Nebenecho. Letzteres ist um den Reflexionsfaktor $\alpha \ll 1$ geschwächt und bei der Laufzeitdifferenz t_d um die Phasendifferenz ωt_d verzögert.

Für die spektralen Amplitudendichten gilt in spektraler Darstellung:

$$\underline{X}_e(\omega) = \underline{X}_0(1+\alpha\exp(-j\omega t_d)).$$

In der Digitaltechnik wird auch die z-Transformation in der Form definiert:

$$z = \exp(-p) \quad \text{mit } p = \sigma + j\omega.$$

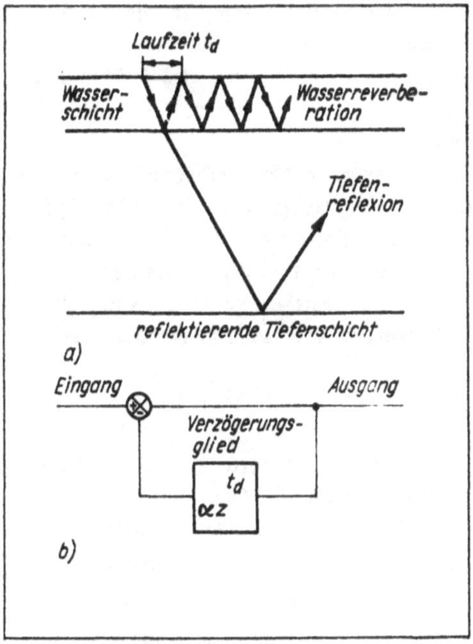

Abb. 4.20. Nebenechokompensation
a) Schema der Doppelreflexion; b) Rückführungsschaltung

Dann lautet die Beziehung zwischen Hauptecho und Empfangssignal:

$$\underline{X}_e(z) = \underline{X}_o(z) \cdot (1 + \alpha z^{t_d}).$$

Das Echounterdrückungsfilter soll aus dem Eingangssignal $\underline{X}_e(z)$ das reine Testsignal $\underline{X}_o(z)$ herstellen. Dazu muß die z-transformierte Übertragungsfunktion H(z) des Filters die Bedingung erfüllen:

$$\underline{X}_e(z) \cdot H(z) = \underline{X}_o(z).$$

Dies gelingt, wenn die Filterfunktion folgende Größe hat:

$$H(z) = \frac{1}{1+\alpha z^{t_d}}.$$

Das Filter läßt sich nach Abbildung 4.20b als Rückführungsschaltung realisieren (Gegenkopplungsprinzip; vgl. 3.4.). Hierbei wird der Filtereingang mit dem Differenzsignal

$$\underline{X}_e - \underline{X}_o(z) \cdot \alpha z^{t_d}$$

ausgesteuert. Am Ausgang erscheint das reine Testsignal $\underline{X}_o(z)$.

Da die Geradeausverstärkung gleich 1 ist, besteht das Filter nur aus dem Laufzeitglied αz^{t_d} mit der Amplitudenschwächung $\alpha < 1$.

Der Abgleich erfolgt an einem Bildschirm, auf dem man das Verschwinden des Nebenechos erkennen und einstellen kann. Dazu ist sowohl die Laufzeit t_d als auch die Dämpfung α abzugleichen.

Diese Methode eignet sich auch für äquidistante Mehrfachechos, wobei jedes Echo den Rückführungszweig mehrfach durchläuft. Diese Methode eignet sich allerdings nicht zur Bestimmung der Laufzeitdifferenz t_d, die an sich mittels der Laufzeiteinstellung als Kompensationswert ermittelt werden kann, wenn sich Hauptecho und Nebenecho teilweise überdecken. Dann kann die nachfolgend beschriebene Methode der Cepstrum-Analyse angewendet werden.

Mehrstellige Dekorrelationsfilter

Zahlreiche Aufgaben veranlassen in der Meßstochastik dazu, die Korrelationsfunktion eines Prozesses zu verändern. Hier brachte die Digitaltechnik Fortschritte. Es entstanden sogenannte Korrelationsfilter bzw. Dekorrelationsfilter, einerseits zur Synthese von Testsignalen, anderseits zur Signalverarbeitung.

Zwei Aufgaben sind zu lösen:

a) die Umwandlung eines korrelierten Signals in ein unkorreliertes mittels eines digitalen *Dekorrelationsfilters* und
b) die Umwandlung eines unkorrelierten Prozesses (weißen Rauschens) in einen korrelierten mit Hilfe eines digitalen *Korrelationsfilters.*

Hierfür gibt es zwei unterschiedliche Ausführungsformen (Abb. 4.21)

1. *Transversale* Digitalfilter und
2. *rekursive* Digitalfilter.

Die Transversalfilter haben keine innere Rückkopplung und sind deshalb absolut stabil, d. h. die Ausgangsfolge schaukelt sich nicht auf. Das kann allerdings beim rekursiven Digitalfilter der Fall sein.

Spezielles Interesse besteht an monoton abfallenden Korrelationsfunktionen. Da das Leistungsspektrum stets positiv sein muß, besteht die Forderung, daß die Korrelationsmatrizen positiv definit sein müssen (vgl. hierzu [S6] und [L5]).

Anwendungen finden die Dekorrelationsfilter u. a. in der Radartechnik. Zwei Arten von Störungen sind hier zu verzeichnen, die Rausch- und die Clutterstörungen. Letztere sind Echosignale an unerwünschten Fremdzielen, z. B. am Seegang und an Regenwolken. Aber auch hier gibt es Ausnahmen.

Zu meteorologischen Zwecken können Gewitterwolken auch Nutzsignale liefern, z. B. für die Wettervorhersage. Bei Nutzsignalen läßt sich durch Summierung korrelierter Signalkomponenten eine Verbesserung des Störabstandes erreichen, bei Störsignalen können nach dem Prinzip von Abbildung 4.19

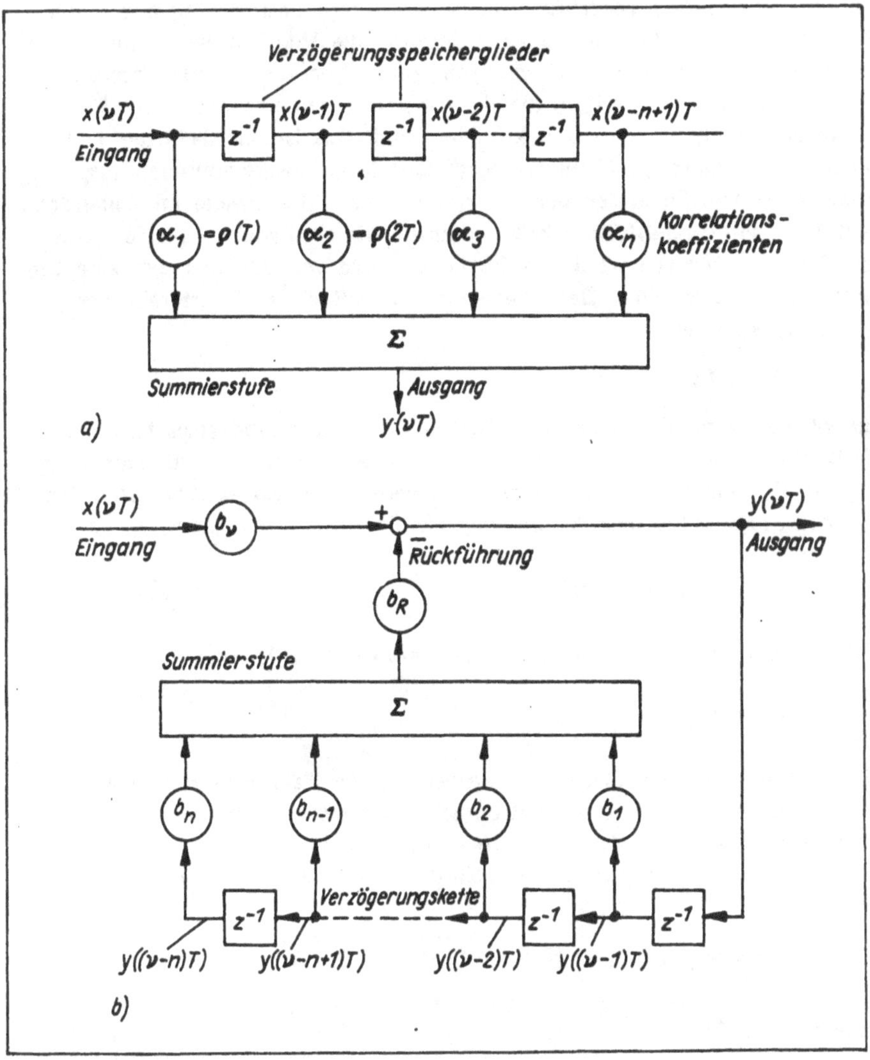

Abb. 4.21. Digitale mehrstellige Dekorrelationsfilter
a) Transversalfilter; b) Rekursivfilter

(einstelliges Dekorrelationsfilter) korrelierte Anteile abgezogen werden. Das zu bearbeitende Signal durchläuft nach Abbildung 4.21 eine mehrstufige Laufzeitspeicherkette, die synchron mit der Abtastfrequenz getaktet wird. Die Abtastwerte werden gewichtet und (mit positivem oder negativem Vorzeichen) aufsummiert. Das kann als Computerprogramm abgearbeitet werden. Entscheidend ist hier, ob in der Signalfolge überhaupt eine Korrelation zu erwarten ist und wieviele Abtastwerte sie erfaßt. Das ist eine Frage nach der zu erwartenden Korrelationsdauer. Betrachtet man quantitativ die Verhältnisse in einer Rundsichtradaranlage, so ergibt sich beispielsweise folgendes: Es muß untersucht werden, ob die Impulsfolgen, die die rotierende Antenne mit ihrem Richtstrahl aufnimmt, untereinander korreliert sind. Das ist nur dann der Fall, wenn mittels eines „Entfernungsringes" Signale gleicher Entfernung ausgeblendet werden. Sie treten bei 150 km maximaler Reichweite im Zeitabstand von 1 ms auf (Impulsfolge 1 kHz). Nehmen wir als Zahlenbeispiel an, daß die Antenne eine Halbwertbreite in der Leistung von 3,6° hat und eine Umdrehung in 4 s ausführt. Dann bedeutet das, daß die Halbwertbreite des Richtdiagramms in

$$\frac{3{,}6^\circ}{360^\circ} \cdot 4\,\mathrm{s} = 40\,\mathrm{ms}$$

durchlaufen wird. Das ergibt n = 40/1 = 40 Folgeimpulse eines bestimmten Ziels. Die Frage ist, ob sie alle noch ausreichend korreliert sind oder nicht.

Die Korrelationsdauer ergibt sich aus dem Leistungsspektrum. Nach CRONY hat das Seegangs-Clutterspektrum folgende Frequenzabhängigkeit:

$$\frac{S(f)}{S_o} = \exp(-0{,}7(\frac{f_\tau}{f_{0,5}})^2.$$

Die FOURIER-Transformation liefert die normierte AKF von

$$\rho(\tau) = \exp(-(\frac{f_{0,5}\tau}{0{,}7})^2)$$

für die Clutterstörung. Messungen ergaben für die Halbwertgrenzfrequenz des Spektrums ungefähr: $f_{0,5}$ = 70 Hz. Nach einer technischen Faustformel ist eine Korrelation unter dem Wert $1/e = \rho(\tau_0) \approx 36\ \%$ unwesentlich.

Für diesen Wert ergibt sich ein Korrelationsabstand vom Momentanwert τ_0, wenn

$$\frac{(f_{0,5}\tau_o)^2}{0{,}7} = 1$$

gesetzt wird. Daraus folgt:

$$\tau_o = \frac{0{,}266}{f_{0,5}} = 0{,}038\ \mathrm{s}.$$

Für einen Ortungsimpulsabstand von 1 ms (1 kHz Impulsfolgefrequenz) sind also jeweils nur noch vier Störabtastwerte ausreichend korreliert. Eine Dekorrelation lohnt sich in diesem Falle gerade noch. Es kommt wesentlich darauf an, daß die Nutzimpulse gegenüber den Störimpulsen einen erheblichen Unterschied aufweisen. Sie bestehen bei einer Rundsichtradaranlage aus einer Folge von äquidistanten Echoimpulsen mit mindestens gleicher oder größerer Korrelationsdauer. Daher muß das nachfolgende angepaßte Filter aus Nutzsignalextraktion an eine bestimmte und besondere Eigenschaft des Nutzsignals angepaßt sein. Ohne wesentliche Unterschiede in den Eigenschaften von Nutz- und Störsignal ergibt sich keine Trennmöglichkeit dieser beiden Komponenten (siehe nachfolgende Beispiele). Eine derartige Methode ist die Verwendung von kodierten Testsignalen.

4.2.3. Störsichere Meßverfahren mittels Kreuzkorrelationsanalyse

Methode des angepaßten Filters

Der Kreuzkorrelator wurde als aktives Verbundsystem interpretiert, worin die Meßinformation mit einem Referenzsignal verknüpft wird. Ein Referenzsignal ist eine *aktive* Referenzinformation. Für die gleiche Aufgabe besteht eine zweite Möglichkeit, nämlich eine *passive* Referenzinformation zu benutzen. Das ist im vorliegenden Fall ein passives lineares Netzwerk.

Zunächst eine qualitative Erklärung: Die Aufgabe besteht darin, im Störrauschen ein Testsignal aufzufinden. Es ist a priori bekannt; denn es wird von der gleichen Anlage erzeugt und ausgestrahlt. Zur Ortung wird das Testsignal am Meßobjekt reflektiert und vom Empfänger aufgenommen. Es enthält als Meßinformation die Laufzeit als Maß für die Entfernung. Um diese Meßinformation zurückzugewinnen, genügt eine einfache Beobachtung des Empfangsimpulses dann nicht, wenn ihm zahlreiche Störimpulse überlagert sind, d. h., wenn der Störpegel erheblich größer ist als der Pegel des Empfangssignals. Der Nachweis, daß der Empfangsimpuls eingetroffen ist, wird mit einem passiven Suchfilter geführt. Dieses Suchfilter wird als ein *angepaßtes* Filter bezeichnet, weil es an das erwartete Testsignal angepaßt ist. Das Filter hat die Aufgabe, das verrauschte und im Empfangssignal verborgene Testsignal aus dem Rauschpegel herauszuheben. Das kann nur erfolgen, wenn eine Impulskompression erfolgt, die die Testsignalamplitude auf Kosten seiner Dauer (Impulslänge) erheblich vergrößert. Zu diesem Zweck muß das angepaßte Filter als lineares Netzwerk einen Frequenzgang aufweisen, der konjugiert komplex zum Testsignalspektrum ist. Dann liefert das angepaßte Filter, wie nachfolgend gezeigt wird, ein Ausgangssignal, das im laufenden Zeitbereich (real time) proportional zur Autokorrelationsfunktion des Testsignals ist.

Die Aufgabe läuft demnach auf eine *Signalsynthese* hinaus: Es muß ein Testsignal benutzt werden, das eine impulsförmige und möglichst schmale AKF besitzt, gekennzeichnet durch ein einziges Maximum, das sich möglichst deutlich von eventuellen Nebenmaxima unterscheidet. Erst nach der Festlegung, welches Testsignal verwendet wird, kann die *Systemsynthese* des Filters erfolgen.

Besonders einfach ist diese Aufgabe zu lösen, wenn, wie Abbildung 4.22a zeigt, ein binärkodiertes Testsignal verwendet wird. Auf der Empfangsseite ge-

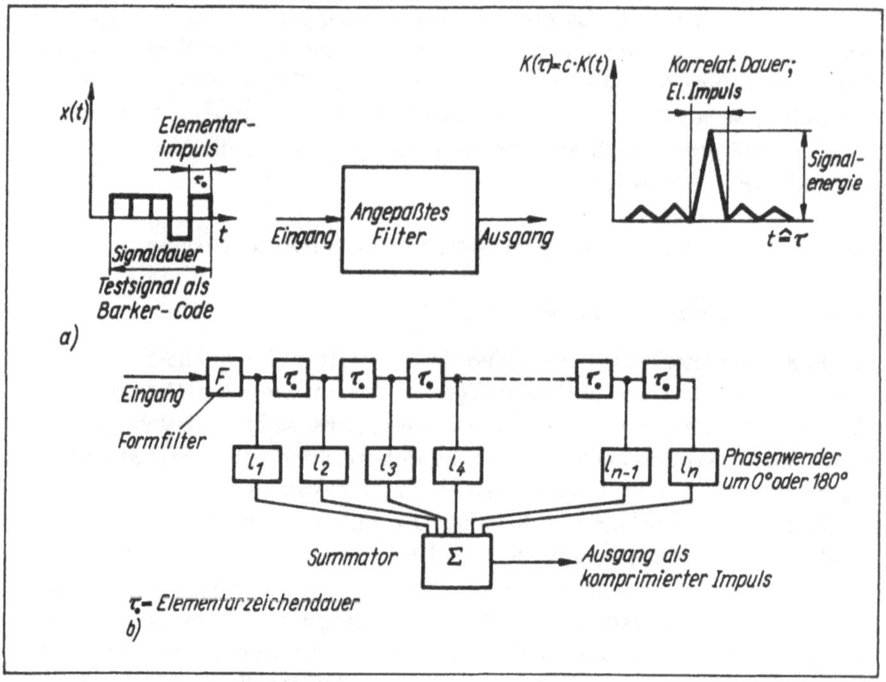

Abb. 4.22. Prinzip des angepaßten Filters: Testsignalentdeckung im Rauschpegel
a) Filterwirkung, b) Laufzeitkette

nügt dann eine Summierschaltung in Form einer Laufzeitkette nach Abbildung 4.22b, die in einem bestimmten Zeitpunkt das Maximum des Ausgangssignals liefert, das den Störpegel deutlich übersteigt. Das hängt natürlich von der Testsignalenergie ab, die der Empfangsimpuls enthält.

Abbildung 4.23 zeigt das Oszillogramm des Ausgangssignals eines angepaßten Filters mit BARKER-Kodierung des Testsignals. Die Theorie des angepaßten Filters klärt die quantitativen Verhältnisse. Das interessanteste Resultat ist die Form des Ausgangssignals. Es verläuft im Zeitbereich wie die Autokorrelation des Testsignals.

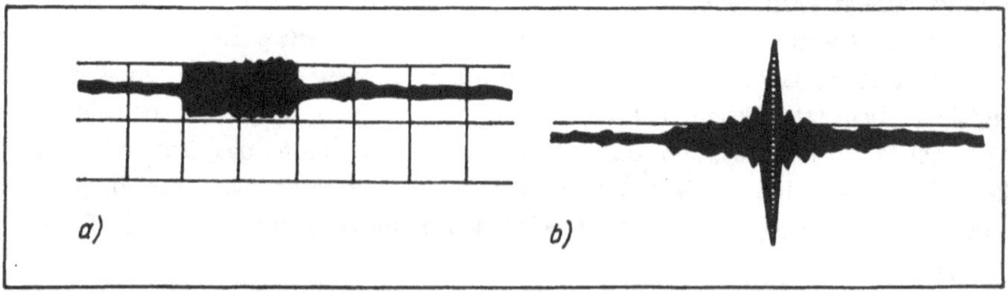

Abb. 4.23. Oszillogramm eines Ausgangssignals des angepaßten Filters
a) Eingangssignal, b) Ausgangssignal

Zur Theorie des angepaßten Filters

Die Aufgabe des angepaßten Filters besteht darin, das günstigste Signal-zu-Rauschleistungs-Verhältnis herzustellen, durch das die Wahrnehmung des Nutzsignals x(t) charakterisiert ist. Die Eingangsfunktion des Filters betrage

$$f_1(t) = x(t) + n_1(t).$$

$n_1(t)$ stellt das eingangsseitige Störrauschen dar.

Das Nutzsignal y(t) des Filterausgangs wird vom reduzierten Störrauschen $n_2(t)$ überlagert:

$$f_2(t) = y(t) + n_2(t).$$

Das Filter soll die spektrale Übertragungsfunktion $H(\omega)$ und die Stoßreaktion $h(t) = F_{-1}\{H(\omega)\}$ enthalten. Diese beiden Kenngrößen sind a priori unbekannt und sollen in ihrem Optimalwert bestimmt werden. F_{-1} bedeutet die FOURIER-Rücktransformation in den Zeitbereich.

Das Filter bestehe aus einem linearen Netzwerk, für das das Superpositionsgesetz (bei additiver Überlagerung) gilt. Daher besteht keine Wechselwirkung zwischen dem Nutzsignal und dem Störrauschen.

Das Eingangsnutzsignalspektrum beträgt nach diesen Voraussetzungen

$$X(\omega) = \int_{-\infty}^{\infty} \exp(-j\omega t)x(t)\, dt.$$

Das Ausgangsnutzsignalspektrum lautet

$$Y(\omega) = X(\omega)H(\omega)$$

und die zugehörige Zeitfunktion

$$y(t) = \frac{1}{2\pi} \int_{-\infty}^{\infty} X(\omega)H(\omega)\exp(j\omega t)\, d\omega.$$

Sie stellt den Zeitverlauf des Ausgangsnutzsignals dar, der – wie gezeigt werden soll – besonders bedeutsam ist.

Das ausgangsseitige Störrauschen wird im Zeitbereich durch das Faltungsintegral mit der Stoßfunktion (Impulsreaktion) des Filters gewonnen:

$$n_2(t) = \int_{-\infty}^{+\infty} h(\tau)\, n_1(t-\tau)\, d\tau.$$

Das Signal- zu Rauschleistungsverhältnis ergibt sich als das Verhältnis der quadratischen Signalamplitude zum quadratischen statistischen Mittelwert der Störungen:

$$\lambda = \frac{y^2(t_o)}{\overline{n_2^2(t_o)}} = \frac{1}{2\pi} \cdot \frac{\left[\int_{-\infty}^{+\infty} \exp(j\omega t_o)H(\omega)X(\omega)\, d\omega\right]^2}{\int_{-\infty}^{+\infty} /H(\omega)/^2 S_r(\omega)\, d\omega},$$

mit $S_r(\omega)$, der spektralen Rauschleistungsdichte, die die Dimension einer Energie hat.

Wichtig ist dabei, daß das gesuchte Maximum des ausgangsseitigen Störabstandes nur zu einem bestimmten Zeitpunkt $t = t_0$ eintritt, was hier im Ansatz berücksichtigt wird. Der Zähler des Verhältnisses λ ist kein Mittelwert, sondern ein Momentanwert, was zur Beobachtung des optimalen Zeitpunktes praktisch ausgenutzt wird (Zeitpunkt des Eintreffens des Nutzsignals).

Der Faktor $1/2\pi$ ergibt sich aus dem Verhältnis $(1/2\pi)^2 : (1/2\pi)$; λ ist das Verhältnis von Nutzleistung ([Ws]) zur mittleren Rauschleistung ([W/Hz]), kann als zeitinvariant angesehen werden und ist dimensionslos.

Der maximal mögliche Wert des Störabstandes λ_{max} ergibt sich aus dem Maximum des Zählers. Nach der SCHWARZschen Ungleichung gilt

$$\left[\int_{-\infty}^{+\infty} |X(\omega)|\,d\omega\right]^2 \leqslant \int_{-\infty}^{+\infty} |X(\omega)|^2 d\omega \cdot \int_{-\infty}^{+\infty} |H(\omega)|^2 d\omega.$$

Für λ_{max} folgt die Abschätzung für den maximal möglichen Wert:

$$\lambda \leqslant \lambda_{max} = \frac{\int_{-\infty}^{+\infty} |X(\omega)|^2 d\omega \cdot \int_{-\infty}^{+\infty} |H(\omega)|^2 d\omega}{2\pi S_r \int_{-\infty}^{\infty} |H(\omega)|^2 d\omega} = \frac{\int_{-\infty}^{+\infty} |X(\omega)|^2 d\omega}{2\pi S_r}.$$

Das Maximum des Störabstandes wird dann erreicht, wenn folgende beiden Bedingungen erfüllt sind:

a) $X(\omega)H(\omega) = |X(\omega)| \cdot |H(\omega)| \exp(-j\omega t_0)$.

Dann werden die Phasenschwankungen von $X(\omega)$ so kompensiert, daß das Ausgangssignal des angepaßten Filters zu einem Zeitpunkt t_0 Synchronismus aller Partialschwingungen aufweist. Sie müssen zu einem Zeitpunkt t_0 alle ihren Scheitelwert erreichen. Nur dadurch kann das Nutzsignal (Testsignal) die größtmögliche Amplitude erreichen.

Es ist zu beachten, daß in einem linearen Netzwerk keine neuen spektralen Komponenten (Partialschwingungen) entstehen können. Das wäre nur mit einem nichtlinearen Netzwerk möglich. Die Phasengangkompensation durch das angepaßte Filter hängt nicht vom Rauschen ab und kann auch an jedem nicht verrauschten Nutzsignal vorgenommen werden.

b) Nach der SCHWARZschen Ungleichung muß gelten:

$$|H(\omega)| = \text{konst.}\,|X(\omega)|.$$

Das bedeutet, daß alle Partialschwingungen individuell verstärkt oder abgeschwächt werden, und zwar werden sie umso mehr hervorgehoben, je stärker sie sind. Das Amplitudenspektrum des Nutzsignals und der Frequenzgang des Filters müssen zueinander proportional sein. Daher die Bezeichnung „angepaßtes Filter". Durch diese Maßnahme wird das Rauschen, das als homogen angenommen wurde, spektral verändert, derart, daß alle Rauschanteile umso mehr unterdrückt werden, je schwächer die Nutzamplitude in dem entsprechenden Spektralbereich ist. Ferner ergibt sich, daß das Ausgangsamplitudenspektrum gleich dem Quadrat des Eingangsamplitudenspektrums ist. Die Ausgangsspannung y(t) ist einer zeitabhängigen Leistung proportional.

Die beiden Operationen a) und b) werden durch ein einziges lineares Netzwerk realisiert, wenn es folgenden Frequenz- und Phasengang aufweist:

$$H(\omega) = \text{konst.}\ X(\omega)^* \exp(-j\omega t_0).$$

Der Sternindex bedeutet den konjugiert komplexen Wert.

Die Zeitverzögerung t_0 ist notwendig, da eine endliche Zeit vergehen muß, um alle Partialschwingungen zu synchronisieren.

Das angepaßte Filter weist einen zu $X(\omega)$ konjugiert komplexen Frequenzgang auf. Zum Zeitpunkt $t = t_0$ nach dem Eintreffen des Signals bei $t = 0$ tritt das Maximum der Ausgangsamplitude auf, das sich aus den synchronisierten und quadratisch bewerteten Amplituden des Eingangssignals $X(\omega)$ zusammensetzt. Die Zeitspanne t_0 stellt demnach einen systematischen, nicht vermeidbaren Meßfehler bei einer Laufzeitbestimmung dar. Mittels der Phasensynchronisation wird das Ausgangssignal $Y(\omega)$ gleichzeitig komprimiert.

Das Maximum des Rauschabstandes $\lambda_{max} = W/S_r$ hängt bei konstanter Rauschleistungsdichte S_r nur noch von der ***Testsignalenergie*** W ab.

Zwischen dem zeitlichen Verlauf des Ausgangssignals y(t) und der Autokorrelationsfunktion des Nutzsignals $K_{xx}(\tau)$ besteht ein enger Zusammenhang, der – wie noch zu zeigen ist – eine klare Aussage ergibt, welche Signalwandlung das angepaßte Filter am Testsignal $X(\omega)$ bewirkt.

Dazu muß der zeitliche Verlauf y(t) mittels der FOURIER-Rücktransformation aus dem Amplitudenspektrum berechnet werden:

$$Y(\omega) = X(\omega) \cdot X^*(\omega) \exp(-j\omega t_0)$$

und

$$X(\omega) = \int_{-\infty}^{\infty} x(t) \exp(-j\omega t)\, dt.$$

Für das Ausgangssignal im Zeitbereich ergibt sich:

$$\begin{aligned} y(t) &= \frac{1}{2\pi} \cdot \int_{-\infty}^{+\infty} X(\omega)\, X^*(\omega) \exp(j\omega(t-t_0))\, d\omega \\ &= \frac{1}{2\pi} \int_{-\infty}^{+\infty} d\omega \int_{-\infty}^{+\infty} X^*(\omega)\, x(t') \exp(j\omega(t-t'-t_0))\, dt' \\ &= \frac{1}{2\pi} \int_{-\infty}^{+\infty} x(t')\, dt' \int_{-\infty}^{+\infty} X^*(\omega) \exp(-j\omega(t'-t+t_0))\, d\omega \\ &= \int_{-\infty}^{+\infty} x(t')\, x^*(t'-t+t_0)\, dt'. \end{aligned}$$

Der Vergleich dieses Ausdrucks mit dem Faltungsintegral für das lineare System

$$y(t) = \int_{0}^{+\infty} x(t')\, h(t-t')\, dt'$$

zeigt, daß die Stoßreaktion (Impulsreaktion) des angepaßten Filters unter Berücksichtigung des Kausalitätsprinzips (Wirkung ab t = 0) die Gestalt hat:

$$h(t) = x^*(-t+t_0).$$

$x^*(-t)$ ist das Testsignal mit umgekehrtem Zeitablauf. Es muß $t_0 > T$ sein, mit T der Signaldauer.

Weiterhin ist noch die Form des Ausgangssignals zu berechnen. Allgemein gilt:

$$y(t) = \text{konst.}\ \frac{1}{2\pi} \cdot X(\omega)\, X^*(\omega)\, \exp(-j\omega(t-t_0))\, d\omega$$

mit $X(\omega)\, X^*(\omega) = |X(\omega)|^2$.
Mit dem Leistungsspektrum

$$S_x(\omega) = \frac{1}{2T}\, |X(\omega)|^2$$

lautet das Ausgangssignal des angepaßten Filters

$$y(t) = \frac{k}{2\pi}\, 2T \int_{-\infty}^{+\infty} S_x(\omega)\, \exp(-j\omega(t-t_0))\, d\omega = \text{konst.}\ K_{xx}(\tau).$$

Das Ausgangssignal des angepaßten Filters ist also – wie erwähnt – der AFK des Testsignals proportional.

Signaldetektion mittels der Akkumulationsmethode

Bei der Anwendung des angepaßten Filters ist zu beachten, daß es vor allem dazu dient, nur eine bestimmte Klasse von Empfangssignalen auszusortieren, die von der Ortungsanlage ausgesandt werden. Alle Störsignale, die nicht dazu gehören, d. h. die nicht mit dem Testsignal der Anlage korreliert sind, sollen unterdrückt werden. Äußere Störungen von anderen Sendern und Strahlungsquellen sowie die inneren Störungen infolge des Eigenrauschens des Empfangsverstärkers sind von dieser Art.

Wenn aber derartige Störungen nicht zu erwarten sind, weil einerseits die Empfangssignale noch über dem Rauschpegel liegen und anderseits keine weiteren aktiven Signalquellen im Beobachtungsgebiet vorhanden sind, dann sind markierte Sendeimpulse nicht erforderlich. Das GAUSSsche Prinzip der Meßredundanz reicht dann aus. Die zu schwachen Reflexionsimpulse lassen sich durch die synchrone Überlagerung einer Folge von reflektierten Sendeimpulsen hervorheben. In diesem Falle ist von einer einfachen *Akkumulationsmethode* die Rede. Der Empfänger wird als Akkumulationsempfänger bezeichnet.

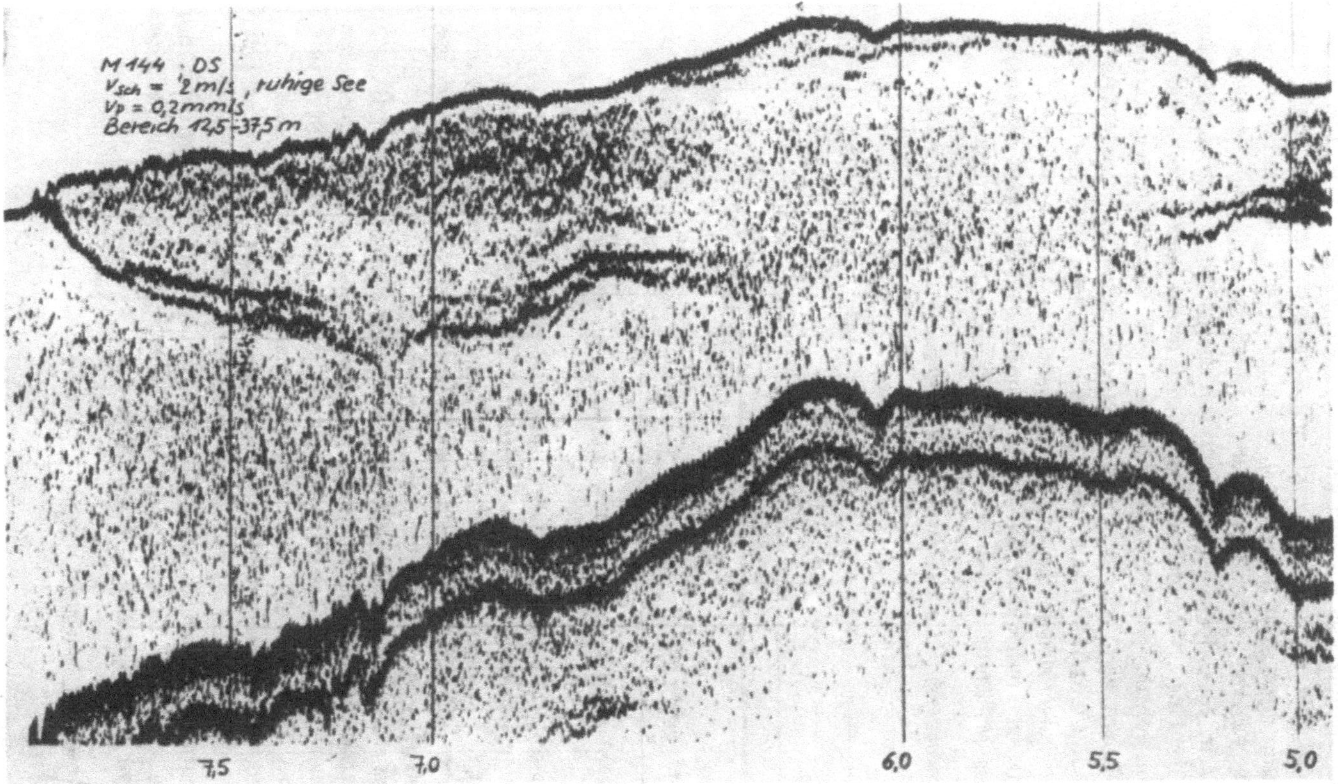

Abb. 4.24. Hydroortung von Sedimentschichten der Akkumulationsmethode

In der Hydroakustik sind die genannten Bedingungen erfüllt. Hier treten keine Störsignale auf, nur Störobjekte mit parasitären Reflexionen, z. B. Reverberation, Mehrfachreflexionen u. a. Es genügt eine Signalaufsummierung. Abbildung 4.24 zeigt eine Registrierung von Sedimentschichten des Meeresbodens, z. B. zur Erforschung der Lage von Kiesschichten zur Baustoffgewinnung in der Ostsee. Die meßtechnische Schwierigkeit besteht darin, das starke Bodenecho von den schwachen Reflexionen der Sedimentschichten zu trennen.

Zur Gruppe der Verfahren mit Akkumulation gehört auch das in Abschnitt 1.2. (Abb. 1.3) erwähnte AVERAGE-Verfahren zur Entdeckung von evozierten Potentialen in der Elektromedizintechnik.

Wichtig ist in all diesen Fällen eine weitgehende Korrelation der aufgenommenen Meßwerte.

Zur Meßgenauigkeit der Kreuzkorrelationsmethode

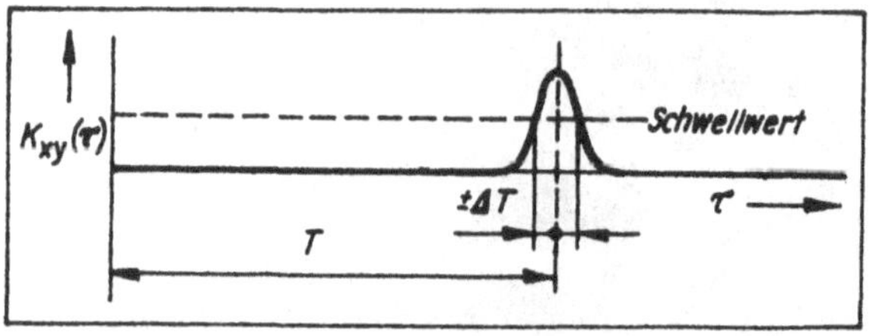

Abb. 4.25. Prinzip der Hypothesenentscheidung bei der Kreuzkorrelationsanalyse

Das Prinzip der KKA besteht darin, daß bei gleicher Laufzeit der korrelierten Prozesse ein Maximalwert der KKF auftritt. Wenn es sich darum handelt, im Rauschpegel ein verborgenes Testsignal aufzufinden und nachzuweisen, kann, wie erwähnt, durch eine optimale Signalsynthese eine Impulskompression des Testsignals in einem bestimmten Zeitmoment, nämlich beim Eintreffen des Empfangssignals, ein erheblich größerer, wenn auch nur momentaner Störabstand erzielt werden. Es wird eine *Hypothesenentscheidung im Amplitudenbereich* derart getroffen, ob das beobachtete Impulssignal den Rauschpegel übertroffen hat oder nicht. Es ist dabei nicht ausgeschlossen, daß es sich um einen starken Störimpuls handelt (Fall des falschen Alarms). Auf jeden Fall ist es *keine* Messung im Amplitudenbereich, sondern nur eine Ja-Nein-Entscheidung, also eine binäre Aussage. Der „Witz der Sache" besteht darin, daß die eigentliche zugeordnete *Messung im Zeitbereich* stattfindet. Die Meßgenauigkeit ist in erster Näherung dem Verhältnis

$$\frac{\text{Laufzeit des Testsignals}}{\text{Zeitintervall der Binärentscheidung}} = \frac{T}{\Delta T}$$

proportional.

Es kommt also in erster Linie darauf an, daß das Zeitintervall ΔT, in dem die Entscheidung gefällt wird, möglichst klein ist. Umso größer ist dann die Meßauflösung. Es kommt bei der Anwendung eines angepaßten Filters darauf an, daß die AKF des Testsignals ein möglichst scharf ausgeprägtes und eindeutiges Impulsmaximum aufweist. Das ist eine Aufgabe der Testsignalsynthese.

Störeinflüsse durch die Eigenbewegung des Meßobjektes mit der Methode des angepaßten Filters

Die bisherigen Überlegungen betrafen ruhende Meßobjekte, bezogen auf den Beobachter. Leider wirkt bei der Benutzung von angepaßten Filtern ein *Störeffekt* ein, der von der Relativbewegung des Meßobjektes radial zum Beobachter herrührt. Wegen des Dopplereffekts stimmt die empfangene Trägerfrequenz des Signals nicht mit der ausgesandten Frequenz überein.

Es besteht ein *grundsätzlicher Widerspruch:* Eine Entfernungsmessung erfordert eine möglichst kurze Meßdauer (s. o.), eine Geschwindigkeitsmessung eine möglichst lange Meßdauer. Sind also beide Größen zu messen, dann besteht eine Unbestimmtheit bezüglich der Meßgenauigkeit. Aber auch wenn die Geschwindigkeit nicht gleichzeitig mit der Entfernung gemessen werden soll, beeinflußt sie beim angepaßten Filter die Meßgenauigkeit der Entfernung. Es ist daher nicht verwunderlich, daß mit Rücksicht auf die Frühwarnsysteme der Luftaufklärung, dieser Effekt eingehend analysiert worden ist.

Die diesem Problem zugeordnete Fachliteratur enthält den *Begriff der Mehrdeutigkeitsfunktion.* Diese stellt eine Verallgemeinerung der sogenannten informationshaltigen Funktion dar. Diese ist definiert als das mittlere Produkt von Testsignal s(t) (Nachricht) und Empfangssignal y(t):

$$f(y,s) = \frac{1}{S_o} \cdot \int_0^T y(t)\, s(t)dt,$$

gültig für die Dauer der Nachricht T, also auch für die Dauer des Testsignals im Falle der Impulsortung. S_o ist eine Normierungskonstante.

Für ein additiv verrauschtes Signal gilt:

$$y(t) = s(t,x) + z(t)$$

mit z(t) als Störrauschen. x ist eine bestimmte Nachricht, die empfangen werden soll. Die informationshaltige Funktion f(z,x,t) wird als Funktion der Nachricht x betrachtet, wobei über alle Störungen z gemittelt wird:

$$M(f(z,x,t)) = \frac{1}{S_o} \int_0^T s(t,x)\, s(t,x_1)dt = \frac{1}{S_o}\, \chi(x,x_1).$$

Dies ist die allgemeine Form der *Mehrdeutigkeitsfunktion.* Das bedeutet, daß die Mehrdeutigkeitsfunktion für determinierte Nutzsignale der informationshaltigen Funktion proportional ist, wenn das Empfangssignal y(t) nur aus dem Nutzsignal $s(t,x_1)$ mit einer fixierten Nachricht x_1 besteht. Offensichtlich handelt es sich um eine eindimensionale Funktion, wenn den Nachrichten x_1 und x die Laufzeiten τ_1 und τ des empfangenen Nutzsignals entsprechen.

Es handelt sich aber um eine zweidimensionale Funktion, wenn gleichzeitig die Dopplerverschiebungen Ω_1 und Ω der Trägerfrequenz – infolge der Relativbewegung des Meßobjektes zur Empfangsanlage – berücksichtigt werden.

Im zweiten Fall hat die Mehrdeutigkeitsfunktion die Form

$$\chi(\tau_1, \tau, \Omega_1, \Omega) = \int_0^T s_1(t, \tau_1, \Omega_1)\, s(t, \tau, \Omega)\, dt.$$

Daß es sich bei der eindimensionalen Mehrdeutigkeitsfunktion um die zeitliche Korrelationsfunktion handelt, zeigt ein einfaches Beispiel: Für ein pulslagemoduliertes Signal (PLM-Signal) der einfachsten Form

$$s(t,x) = a(t-x) \quad \text{mit } x = \tau$$

ist die Mehrdeutigkeitsfunktion durch folgende Gleichung gegeben:

$$\chi(x,x_1) = \chi(\tau,\tau_1) = \int_0^T s(t,\tau_1)s(t,\tau)dt = \int_0^T a(t-\tau_1)a(t-\tau)dt.$$

Durch die Substitution $t-\tau_1 = t'$ und $\tau - \tau_1 = \Delta\tau$ folgt:

$$\chi(\tau,\tau_1) = \chi(\Delta\tau) = \int_0^T a(t')a(t'-\Delta\tau)dt'.$$

Für eine HF-Schwingung lautet die eindimensionale Mehrdeutigkeitsfunktion:

$$\chi(\Delta\tau) = \mathrm{Re}\{\exp(j\omega_0\Delta\tau\} \frac{1}{T} \int_0^T A(t)A^*(t-\Delta\tau)dt$$

mit $\hat{A}(t)$ als zeitvariabler Amplitude der HF-Schwingung, $A^*(t)$ als dem zu $\hat{A}(t)$ gehörigen konjugiert komplexen Wert.

Wenn eine Dopplerverschiebung zu verzeichnen ist, dann ergibt sich die zweidimensionale Mehrdeutigkeitsfunktion $\chi(\Delta\tau, \Delta\Omega, \Omega)$.

Hier wird sowohl die Zeitdifferenz – wie bei der AKF – als auch die Dopplerverschiebung der Trägerfrequenz und ihre Änderung $\Delta\Omega$ längs der Ω-Achse (vgl. Abb. 4.26) unterschieden.

Jedem Signaltyp entspricht eine spezielle Mehrdeutigkeitsfunktion. Hier taucht wieder das Problem einer Signalsynthese auf, um einen möglichst eindeutigen und scharf ausgeprägten Verlauf der AKF zu erhalten, aber hier nun auch dann, wenn eine Dopplerverschiebung zwischen dem Sende- und dem Empfangssignal eintritt.

Nur wenn die Dopplerverschiebung $\Delta\Omega$ gleich Null ist, entspricht der Verlauf der Mehrdeutigkeitsfunktion der AKF. Nach P. M. WOODWARD [W5],

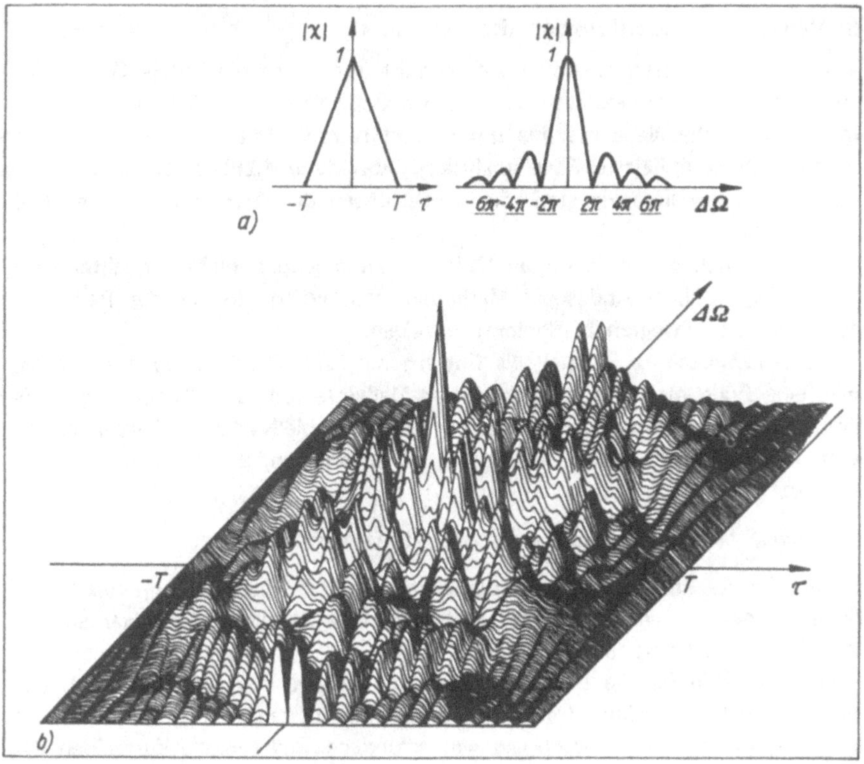

Abb. 4.26. Verlauf der Mehrdeutigkeitsfunktion (Störeffekt der AKF infolge der Eigenbewegung des Meßobjekts)
a) Spaltfunktion; b) τ-ν-Darstellung

wird die Mehrdeutigkeitsfunktion auch als die verallgemeinerte AKF bezeichnet. Der Begriff Mehrdeutigkeitsfunktion selbst wurde gewählt, um zu betonen, daß bei einer Dopplerverschiebung infolge der Meßobjektbewegung die Korrelationsanalyse keine *eindeutige* Anzeige liefert. Diese ist vielmehr mehrdeutig.

Für eine einfache Rechteckschwingung ergibt sich als Mehrdeutigkeitsfunktion

$$\chi(\tau, \Delta\Omega) = \frac{\sin\left(1 - \frac{|\tau|}{T}\right) \frac{\Delta\Omega T}{2}}{\frac{\Delta\Omega T}{2}} \exp(j\omega_0 \tau).$$

Wie Abbildung 4.26 zeigt, besteht folgender Unterschied: Die AKF einer rechteckigen Zeitfunktion (Rechtecksignal) hat einen dreieckförmigen Verlauf, wie es auch Abbildung 4.10 zeigt. Infolge einer Dopplerverschiebung $\Delta\Omega$ hat die AKF den Verlauf einer Spaltfunktion des Typs $sp(x) = \frac{\sin x}{x}$, hier mit $x = \frac{\Delta\Omega T}{2}$. Sie weist mehrere Nebenmaxima auf, erlaubt also keine eindeutige Ortung, sofern nicht das Hauptmaximum durch einen Schwellwert deutlich hervorgehoben wird, während die Nebenmaxima unterdrückt werden. Mit Hilfe eines Computers wurden auch komplizierte Fälle analysiert. Abbildung 4.26b zeigt ein derartiges Ergebnis, das beweist, wie stark die Verzerrungen der AKF bei bewegten Meßobjekten sind.

Auf die Ortung von bewegten Objekten kann jedoch nicht verzichtet werden, im Gegenteil, es sind sogar Methoden erforderlich, die bei der Radarortung *nur* die bewegten Meßobjekte anzeigen.

Die Ortungstechnik, speziell als Entfernungs- und Geschwindigkeitsmessung, bietet eine Fülle methodisch interessanter Meßverfahren. Der Kampf gegen die Störungen hat zahlreiche nichtklassische, neuartige Meßverfahren hervorgebracht, die multivalent sind, weitere Anwendungen versprechen, die noch nicht voll ausgenutzt werden.

Störeinflüsse bei der Beobachtung schnell bewegter Meßobjekte

Das umgekehrte Problem ist, daß die *Eigenbewegung* eines Meßobjektes zur Erkennung benutzt wird, während unbewegte Objekte unterdrückt werden. Dies wird als *Festzielunterdrückung* bezeichnet.

Es ist wichtig für die Flug- und Luftraumüberwachung und wird auch als „moving target indication" (MTI) bezeichnet. Es entstand im 2. Weltkrieg, als sich die Bomberverbände gegen die neu erfundene Radarortung durch den Abwurf von Aluminiumstreifen zwecks Irreführung der Bodenabwehr erfolgreich schützten.

Dies führte zwangsläufig zu Versuchen, die bewegten Objekte von den feststehenden oder langsam bewegten Objekten im Luftraum zu unterscheiden. Die *moderne Luftraumüberwachung* und die Steuerung des zivilen Flugverkehrs sind ohne eine derartige Methode nicht mehr möglich, zumal die Methodik laufend verbessert worden ist.

Welche Wege stehen dafür grundsätzlich offen? Jede Methode zur Erhöhung der Störsicherheit und zur Bekämpfung von reversiblen Störungen muß den Unterschied der Eigenschaften von Nutz- und Störsignalen ausnutzen.

Zunächst ist grundsätzlich zwischen passiven und aktiven Störungen der Funkmeßstationen zu unterscheiden. Im genannten Fall handelt es sich um passive Störungen durch den Abwurf von Reflexionsobjekten. Aktive Störsender würden im Konfliktfall die Beobachtung und die Ortung nur erleichtern. In der zivilen Luftfahrt ist die Situation anders: Man verwendet aktive Mittel zur Kennzeichnung und Beobachtung; einen *Sekundärradar.* Als „Antwortsender" bilden derartige Hilfsgeräte zur Entfernungsmessung eine wertvolle Hilfe.

Infolge der Eigenbewegung des beobachteten Objektes entstehen zwei Unterschiede gegenüber den Festzielen:

1. Die Laufzeit des elektromagnetischen Sendesignals, das sich mit Lichtgeschwindigkeit fortpflanzt, ist für verschiedene Zeitpunkte verschieden, wenn sich das Ziel bewegt, aber sie bleibt konstant, wenn das Ziel feststeht.
2. Die Frequenz des Sendesignals unterscheidet sich von der Empfangsfrequenz um die Dopplerverschiebung beim bewegten Objekt, wogegen sie mit dieser beim feststehenden Objekt übereinstimmt.

Dank der ersten Eigenschaft lassen sich bewegte Ziele von den feststehenden unterscheiden. Mit Hilfe der zweiten Eigenschaft läßt sich die Relativgeschwindigkeit gegenüber der feststehenden Bodenstation bestimmen. Dabei werden die Kohärenzeigenschaften sowohl des Sende- als auch des Empfangssignals ausgenutzt. Demnach sind zu unterscheiden:

a) die inkohärente Methode,
b) die kohärente Methode, die sich aufgliedert in
   b_1) die kohärente Methode bei Dauerstrichbetrieb und
   b_2) die kohärente Methode bei Impulsbetrieb.

a) *Die inkohärente Methode zur Festzielunterdrückung*
Hier sind die Korrelationseigenschaften der Signale unwesentlich. Der zuerst eintreffende Impuls wird jeweils laufend gespeichert und dann vom nachfolgenden Impuls abgezogen. Dadurch werden die Festziele geschwächt (Abbildung 4.27a und b). Der Effekt dieser Methode ist jedoch gering, wie ein Zahlenbeispiel belegt.

Radiale Fluggeschwindigkeit: v = 300 m/s = 1080 km/h, Lichtgeschwindigkeit c = 300 000 km/s, Reichweite des Sichtgerätes: 300 km, entsprechend der Impulsfolgefrequenz von

$$f_i = \frac{c}{2\,E_{max}} = 500 \text{ Hz},$$

Impulsabstand demnach $T_i = 2$ ms.

Die Ortungsimpulsbreite soll 0,1 μs betragen. Das Flugziel bewegt sich im Pulsintervall um $\Delta E = v \cdot T_i = 0{,}6$ m weiter. Dies entspricht einer Impulsverschiebung von

$$\Delta t = 2\,v_r \cdot \frac{T_i}{c} = 2 \cdot 10^{-6} \cdot 2 \cdot 10^{-3} = 4 \text{ ns}.$$

Das sind nur 4 % der Impulsbreite. Erst durch eine Differenzbildung jedes 10. Impulspaares ergibt sich eine Impulsverschiebung von 40 ns, d. h. von 40 % der Impulsbreite. Nach der Differenzbildung erscheinen auf dem Bildschirm – anstelle des rechteckigen Ortungsimpulses im Idealfall – nach Ab-

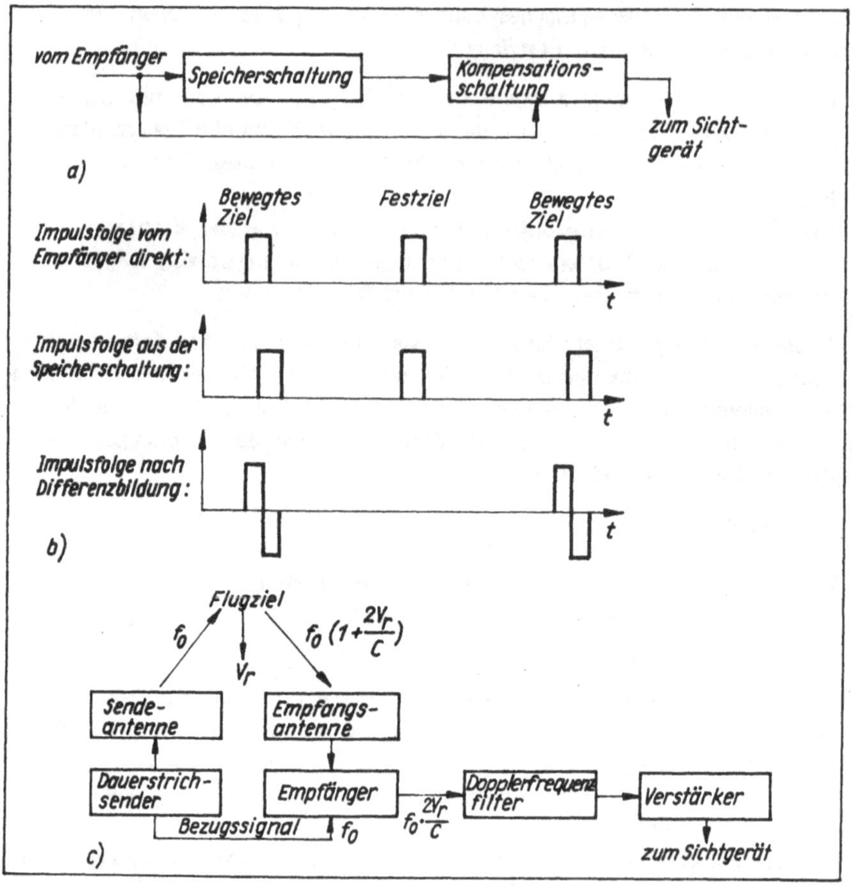

Abb. 4.27. Festzielunterdrückung: a), b) inkohärente Methode bei Impulsbetrieb, c) Kohärenzmethode bei Dauerstrichbetrieb

bildung 4.27b zwei Impulse entgegengesetzten Vorzeichens, also ein Doppelimpuls mit je 40 % Breite des Ortungsimpulses. Das wirkt sich umso besser aus, je größer der Impulsabstand gewählt wird. Bei tangentialer Flugrichtung tritt der Effekt aber überhaupt nicht auf.

b_1) *Dauerstrichverfahren*

Wie erwähnt, kann entweder im Impuls- oder im Dauerstrichbetrieb (kontinuierliche Ausstrahlung) gearbeitet werden. Die erstere Methode ist günstiger für die Entfernungsmessung, die zweite für die Geschwindigkeitsmessung. Beide Teilaufgaben der Ortung sind laut dem „Unbestimmtheitstheorem" der Nachrichtentechnik widersprüchlich. Die Entfernungsmessung verlangt möglichst kurze Meßimpulse, die Geschwindigkeitsmessung möglichst lange Meßimpulse. Geschwindigkeitsmessungen werden vor allem zur aktiven Steuerung von Raketen zwecks richtiger Brennschlußgabe des Triebwerkes mit hohen Genauigkeitsansprüchen (10^{-4}) ausgeführt.

Abbildung 4.27c zeigt die Prinzipanordnung für die Messung der Dopplerverschiebung zur Geschwindigkeitsmessung in Radialrichtung mit Hilfe einer Dauerstrichsendung. Die Frequenzverschiebung hängt nur von der Radialgeschwindigkeit v_r und der Wellenlänge $\lambda_o = c/f_o$ ab:

$$f_d = \pm \frac{2\,v_r}{\lambda_o}.$$

Sie beträgt z. B. bei einer Radialgeschwindigkeit $v_r = 300$ m/s und einer Wellenlänge $\lambda_o = 3$ cm: $f_d = 20$ kHz.

Über ein Trennfilter wird nur die Dopplerfrequenz dem Sichtgerät zugeführt. Dadurch können bewegte Ziele von unbewegten oder langsam bewegten Objekten unterschieden werden. Die Messung der Dopplerfrequenzverschiebung ergibt eine Aussage über die Geschwindigkeit eines Flugzieles oder einer Rakete.

Für die letztere Aufgabe wird im Raumflugkörper ein Empfangsgerät angebracht und die Empfangsfrequenz verdoppelt über einen kleinen Bordsender erneut ausgestrahlt. Der Bodenempfänger arbeitet dann auf der doppelten Sendefrequenz; die Überlagerung am Boden ergibt die doppelte Dopplerverschiebung:

$$f_d = \pm \frac{4\,v_r}{\lambda_o}.$$

Diese Methode gewährleistet eine größere Empfangsleistung und dadurch eine größere Meßgenauigkeit, so wie sie z. B. für die Brennschlußkommando-Abgabe benötigt wird. Der Sende- und der Empfangsweg stören sich gegenseitig nicht. Ein ähnliches Meßprinzip wird auch für Antwortgeräte im zivilen Flugverkehr angewandt. Diese Höchstfrequenzmeßmethoden enthalten eine Fülle von Detailproblemen, z. B. das der Strahlnachführung.

b_2) *Festzielunterdrückung im Impulsbetrieb*
Die Festzielunterdrückung ist ebenfalls wichtig für Flugüberwachungs-Rundsichtanlagen, die mit *Impulsbetrieb* arbeiten. Der gewünschte Effekt läßt sich aber nur mit einem größeren Aufwand als beim Dauerstrichbetrieb erzielen. Anstelle der Dopplerfrequenz wird die sich ändernde Phasendifferenz zwischen der Sendefrequenz und der um den Dopplereffekt verschobenen Empfangsfrequenz gemessen. Die Änderungsgeschwindigkeit der Phasengeschwindigkeit ergibt unmittelbar die Dopplerfrequenz. Die Voraussetzung dafür ist allerdings,

daß die beiden Schwingungen *kohärent* sind. Da jedoch der Impulssender im Empfangszeitintervall T_i nicht arbeitet, ist ein Vergleichsoszillator („COHO") erforderlich, der mit dem Sendeimpuls synchronisiert ist. Der Vergleichsoszillator muß eine hohe Frequenzstabilität aufweisen, kann aber als Lokaloszillator leistungsschwach sein. Seine Phase wird an die des Sendeimpulses gebunden, und er setzt dessen Schwingungen fort, bis der Empfangsechoimpuls eingetroffen ist. Der Phasenvergleich erfolgt mit Hilfe eines phasenempfindlichen Detektors, der eine Ausgangsspannung abgibt, die der Phasendifferenz zwischen den verglichenen Schwingungen proportional ist. Es hat sich als vorteilhaft erwiesen, die erforderliche Frequenzstabilität des Kohärenzoszillators im Betrieb mittels der Zwischenfrequenz des Empfängers, z. B. auf 30 MHz, zu erreichen anstatt mittels des höchstfrequenten Trägers. Der erforderliche Mischvorgang zur Frequenzumsetzung erfolgt auf die übliche Art mit einem Überlagerer. Dieser Überlagerer, der sowohl die Frequenz des Senders als auch die des reflektierten Empfangssignals herabtransformiert, muß hochgradig frequenzstabil sein und wird deshalb als „stabilisierter Überlagerer" („Stalo") bezeichnet (Abb. 4.28).

Weitere Methoden der Radarmeßtechnik

Die Radarmeßtechnik verwendet die verschiedenartigsten Methoden zur Verbesserung der Bildwiedergabe.

a) *Beseitigung wetterbedingter Störungen:* Äußere Störungen, die die Radarbilder verfälschen, sind die Reflexionen an Regenwolken, sofern diese nicht selbst Gegenstand der Beobachtung sind, z. B. zur Gewitterwarnung. Die Bezeichnung *Enttrübungsverfahren* (FTC — fast time constant) betrifft eine Schaltungsmaßnahme. Es wird die Tatsache ausgenutzt, daß die diskreten Meßobjekte (Schiffe, Steilküsten, Gebäude) bei der Rundsicht-Radarbeobachtung steilere Anstieg- und Abfallflanken in der Abtastung ergeben als Regenwolken, da deren Begrenzungen unscharf sind. Werden in den Videosignalverstärker hinter dem Demodulator differenzierende Schaltungsglieder eingeschaltet, z. B. R-C-Filter, so werden Echos mit steiler Anstiegsflanke, stärker hervorgehoben als die Echos mit allmählichem Anstieg. Somit werden unerwünschte Bildaufhellungen infolge von Wolkenechos abgeschwächt.

b) *Seegangecho-Unterdrückung:* Schiffsradaranlagen werden durch parasitäre Echos an hohen Wellen in der Umgebung des Schiffes gestört. Diese lassen sich durch eine zeitabhängige Verstärkerregelung unterdrücken. Das Prinzip besteht darin, daß die Verstärkung des ZF-Verstärkers am Anfang jeder Tastperiode, wenn der Sendeimpuls ausgestrahlt wird, sehr klein ist, dann über einen bestimmten Bereich proportional mit der Zeit und damit zugleich mit der abgebildeten Entfernung zunimmt. Danach bleibt die Verstärkung für den Rest des Entfernungsbereiches konstant. Damit wird eine Übersteuerung des Empfängers durch die Nah-Echos vermieden.

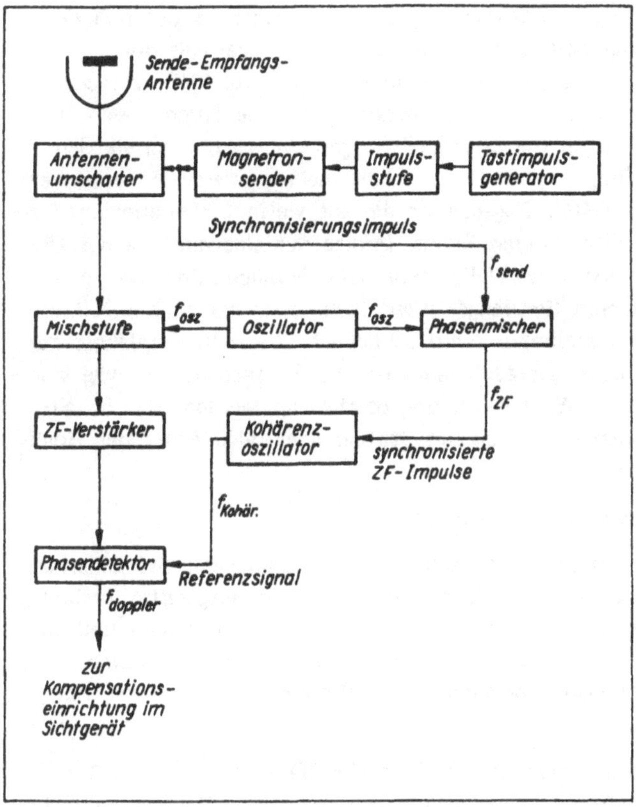

Abb. 4.28. Festzielunterdrückung mit der Kohärenzmethode; Impulsbetrieb

Nachfolgendes Beispiel zeigt, wie ein Unterschied zwischen Nutz- und Störsignal als Folge eines physikalischen Effekts zur Störabstandsverbesserung ausgenutzt werden kann.

c) *Regenstörzeichenunterdrückung mittels Zirkularpolarisation:* Diese Methode ist aufwendiger. Sie beruht auf der kugelförmigen Gestalt der Regentropfen und demzufolge auf ihrer völligen Symmetrie – im Vergleich zu den Nutzechos an Flugzeugen und unsymmetrischen anderen Objekten. Mit zirkular polarisierten Wellen ist bei völliger Symmetrie des Reflexionsobjektes eine weitreichende Kompensation der Störungen zu erreichen, etwa um 25 dB, während die unsymmetrischen Nutzechos nur um etwa 4 dB geschwächt werden.

Realisiert wird die Methode wie folgt: Eine linear polarisierte Welle, die aus einem Hohlleiter austritt, wird in eine zirkular polarisierte Welle mittels einer „Viertelwellenplatte" umgewandelt. Diese Welle ist, ebenso wie die

Regentropfen, kreisförmig symmetrisch. Nach der Reflexion ergibt sich deshalb wieder eine zirkular polarisierte Welle. Diese wird abermals durch eine „Viertelwellenplatte" geleitet und in eine linear polarisierte Welle zurückverwandelt. Da die wiedergewonnene linear polarisierte Welle durch diesen Vorgang räumlich um 90° gegen die ursprüngliche gedreht wird, kann sie den Hohlleiter zum Sende-Empfangsumschalter nicht mehr passieren. Es wird kein Empfangsimpuls weitergeleitet. Dagegen ist die aus vielen Einzelreflexionen zusammengesetzte Welle aller anderen Echos, infolge der Unsymmetrie des Objektes, *keine* zirkular polarisierte Welle mehr. Die räumliche Phasendrehung kommt beim Rücklauf zum Empfänger nicht mehr oder nur sehr unvollkommen zustande. Der Empfangsimpuls wird schließlich über den Empfänger zur Anzeige auf dem Sichtgerät gebracht, während die Regenechos sehr viel stärker durch die beschriebene Sperranordnung geschwächt werden. Das ist ein vollkommen anderes Sperrfilterprinzip als das der spektralen Filter der Hochfrequenzempfangstechnik.

Weitere Beispiele störsicherer Meßverfahren

Die angeführten Methoden der Radartechnik zur Erhöhung der Störsicherheit sollten zeigen, welche Vielfalt von Problemlösungen eine ausgereifte Technik der Informationsverarbeitung aufweist. Sie betrafen die Entfernungs- und Geschwindigkeitsmessung. Weitere Beispiele zeigen, welch originelle Lösungen die berührungslose Geschwindigkeitsmessung in der Produktion und in der Forschung gefunden hat.

1. *Anwendung der Korrelationsmeßtechnik in der Metallurgie*
Die berührungslose Geschwindigkeitsmessung von glühendem Walzgut geht von einer vorgegebenen Meßstrecke aus, und es wird die Zeitdifferenz für den Durchlauf mittels einer Kreuzkorrelationsmessung bestimmt (Abb. 4.29). Dazu wird die Meßstrecke von zwei optischen Strahlern geeigneter Spektralfarbe auf dem Transportgut beleuchtet. Gleichzeitig wird die Leuchtdichte am Anfang und am Ende der Meßstrecke beobachtet und über eine Linse und Fotozelle in stochastische Meßsignale verwandelt. Der Schwankungscharakter ergibt sich aus der Oberflächenfeinstruktur des Walzgutes. Sie ist zwischen beiden Empfangssignalen stark korreliert, jedoch um die Laufzeit längs der Meßstrecke zeitverschoben. Die Korrelation rührt daher, daß die gleiche Oberflächenstruktur an beiden Meßpunkten zeitverschoben vorbeiläuft.

Die Messung der Korrelationsfunktion als mittleres Produkt beider Meßspannungen mittelt die *Störungen weitgehend aus.* Es folgt eine digitale Signalverarbeitung nach einer starken Amplitudenbegrenzung der Fotoströme, also eine Verarbeitung mit einem Polaritätskorrelator. Die Produktbildung besteht dann aus einer Äquivalenzmessung als logische Funktion. Sie wird von einem logischen Baustein vorgenommen. Die Mittelwertbildung erfolgt mittels einer

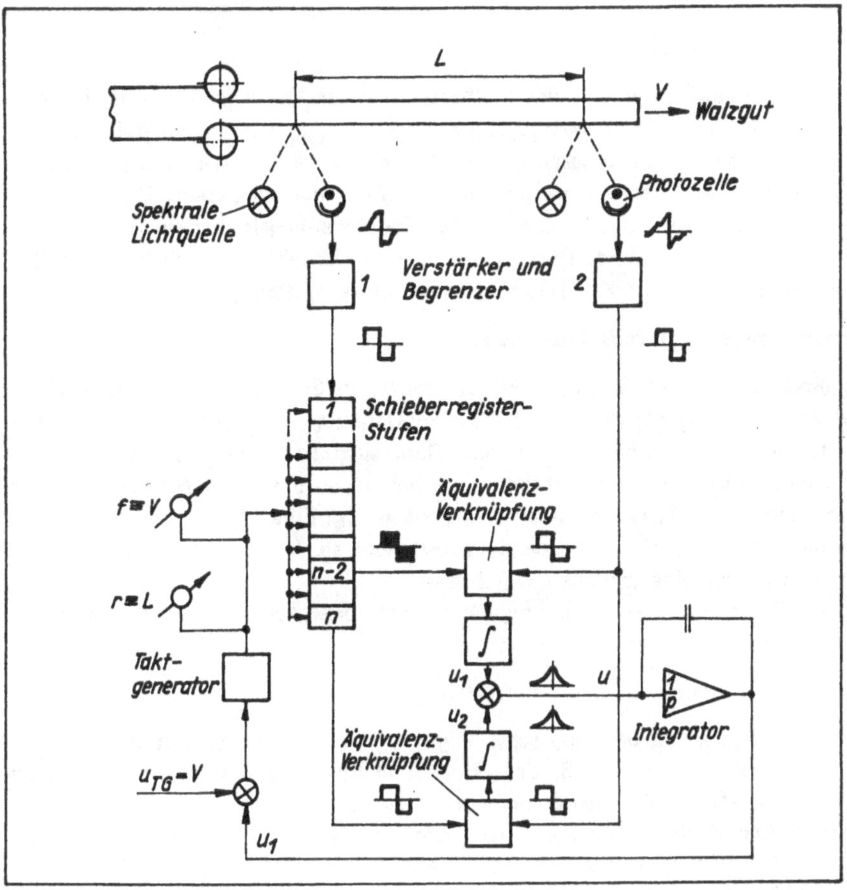

Abb. 4.29. Anordnung zur berührungslosen Geschwindigkeitsmessung in der Metallurgie

Impulszählung. Nach dem Vorbild von S. F. KOSUBOWSKI wird das Ausgangssignal zur Regelung der Zeitverzögerung des ersten Signals benutzt. Dann stellt sich das Maximum der Kreuz-Polaritätskorrelation ein. Hierbei wird der erste Fotostrom in einer binären Laufzeitstrecke (z. B. als Flip-flop-Schaltung) so verzögert, daß eine Synchronisierung der Fotoströme erreicht wird. Die Laufgeschwindigkeit der Verzögerungskette wird mittels eines Taktgebers geregelt, der vom Polaritätskorrelator gesteuert wird. Dies stellt eine Rückwärtsregelung dar.

Die gesuchte Geschwindigkeit ergibt sich aus der Laufzeitmessung $T_{meß}$ bei einer festen Meßstrecke $S_{meß}$ zu:

$$v_{ausg.} = \frac{S_{meß}}{T_{meß}}.$$

Die Eingangsgeschwindigkeit des Walzgutes *vor* der Walze ist bekannt. Daher ergibt die Messung der Ausgangsgeschwindigkeit $v_{ausg.}$ *hinter* der Walze unmittelbar ein Maß für die ausgewalzte Blechdicke. Je dünner das Walzgut ausgewalzt werden soll, desto schneller rollt es hinter der Walze aus. Daher läßt sich die Blechdicke auf den gewünschten Betrag einregeln, indem die Walze automatisch verstellt wird. Dies ist ein Beispiel für eine kontrollierte Prozeßsteuerung mittels einer Korrelationsgeschwindigkeitsmessung.

Turbulenzmessung mittels Laserstrahlen

Bei einer turbulenten Strömung ist der mittleren Strömungsgeschwindigkeit eine zeitlich völlig regellos verlaufende Schwankung überlagert, z. B. am Rohraustritt eines Druckbehälters, aus dem Gase ausströmen. Die gleiche Erscheinung wirkt innerhalb von Rohrleitungen bei ungünstigen Parameterbedingungen (Rohrquerschnitt, Strömungsgeschwindigkeit u. a.). Eine Turbulenz kann eine Störung darstellen, z. B. als Energieverlust, aber sie kann auch nützlich sein, z. B. günstig für eine intensive Durchmischung.

Der Charakter einer Strömung, ob laminar oder turbulent, wird mittels der REYNOLDS-Zahl charakterisiert:

$$R_e = v \cdot d/\nu$$

mit v als mittlere Strömungsgeschwindigkeit über den Querschnitt d einer charakteristischen Länge, z. B. dem Rohrdurchmesser, und ν der kinematischen Zähigkeit, die ihrerseits wieder als Verhältnis von Zähigkeit und Dichte definiert ist. Die Zähigkeit ist der Koeffizient der Zähigkeitskraft, die der 2. Ableitung d^2v/dt^2 proportional ist. Bei einer kritischen REYNOLDS-Zahl von 3000–4000 schlägt die Strömung in glatten Rohren in eine turbulente Strömung um.

Einen tieferen Einblick in die Turbulenz vermittelt das Leistungsspektrum. Es wird mittels der FOURIER-Transformation aus der AKF gewonnen, um die oft sehr niedrigen Frequenzanteile zu erfassen. Sie liegen für Öl im Bereich von 0,4 – 5 Hz, für Wasser zwischen 10 und 100 Hz. Als Meßfühler wird im klassischen Verfahren ein Hitzdrahtanemometer benutzt. Ein sehr dünner Metalldraht wird elektrisch aufgeheizt und von einem sehr schnellen Regelkreis auf konstanter Temperatur gehalten. Änderungen der Strömungsgeschwindigkeit rufen Änderungen in der Wärmeabfuhr hervor. Der dem Draht zugeführte Strom ist dann ein Maß für die Geschwindigkeit. Das Meßgerät muß mit einer bekannten Strömungsgeschwindigkeit geeicht werden.

Ein modernes Verfahren ist das Laser-Doppler-Anemometer (Abb. 4.30). Sein Vorteil ist der lineare Zusammenhang von Strömungsgeschwindigkeit und Dopplerfrequenz. Wird ein Laserstrahl in eine Strömung geschickt und dort

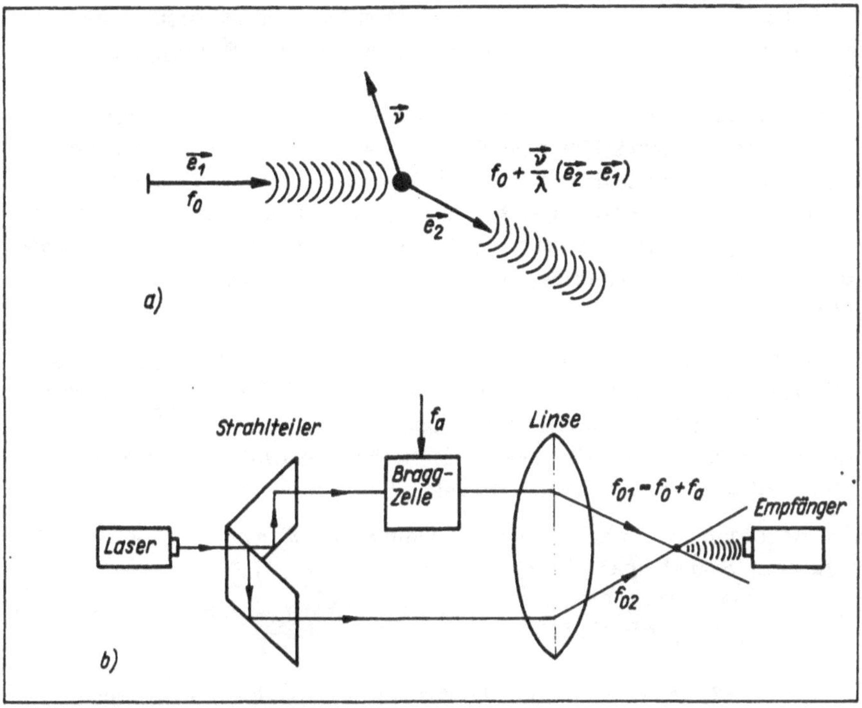

Abb. 4.30. Laser-Doppler-Anemometer
a) Grundlage: optische Dopplerverschiebung;
b) Realisierung: Differenzstrahlverfahren

an sehr kleinen, von der Strömung mitgeführten optischen Inhomogenitäten (Partikeln mit einem Durchmesser von 1 . . .10 μm) gestreut, so erfährt das gestreute Licht infolge der Partikelbewegung eine Dopplerverschiebung. Sie beträgt (vgl. Abb. 4.30a):

$$f_D = \pm \frac{\vec{v}}{\lambda}(\vec{e}_2 - \vec{e}_1)$$

mit $\vec{e}_1$ und $\vec{e}_2$ als Einheitsvektoren und λ als Wellenlänge des Laserstrahls. f_D kann je nach der Geschwindigkeit $10^2 \ldots 10^9$ Hz betragen, und zwar bei Laserfrequenzen von $(4\text{–}10) \cdot 10^{14}$ Hz.

Ist z. B. $f_o = 10^{14}$ Hz und v = 10 cm/s, dann ergibt sich eine Dopplerverschiebung von $f_D = f - f_o = 3{,}3 \cdot 10^4$ Hz. Diese Frequenz fällt noch in die Bandbreite des Laserstrahls, so daß derartige Geschwindigkeiten nicht meßbar sind. Durch Anwendung des Überlagerungsprinzips kann die Frequenz in den elektronisch verarbeitbaren Bereich verschoben werden. Mit Strahlen unterschiedlicher Frequenz, z. B. erzeugt durch Modulation eines Strahles mittels opto-akustischer Zelle (BRAGG-Zelle), läßt sich sogar die Richtung der Strömung feststellen.

Die einfachste optische Anordnung (Abb. 4.30b) besteht aus einem Strahlteiler, der den Laserstrahl in zwei Parallelstrahlen teilt, einer opto-akustischen Zelle zur Modulation und einer Konvexlinse. Diese Linse bringt die beiden Teilstrahlen mit den Frequenzen f_{o1} und f_{o2} zum Schnitt und formt damit ein eindeutiges Austastvolumen, aus dem die vom Empfänger aufgenommenen, von den Teilchen erzeugten Signale stammen. Zwei optische Anordnungen sind üblich:

1. Orientierung des Empfängers auf einen Teilstrahl und Überlagerung des Signals dieses Strahles f_{o1} mit der vom zweiten Teilstrahl f_{o2} erzeugten Streuwelle (Referenzstrahlverfahren) und
2. Überlagerung der von den beiden Teilstrahlen an den Teilchen erzeugten Streuwellen (Differenzstrahlverfahren).

Beide Anordnungen führen bei einem Schnittwinkel θ zwischen beiden Strahlen zu einer Signalfrequenz

$$f = f_{o1} - f_{o2} \pm \frac{2v}{\lambda} \sin(\theta/2).$$

Ist $f_{o1} = f_o + f_a$ (modulierter Strahl), dann ist das positive Vorzeichen der in Abbildung 4.30 angegebenen Orientierung der Geschwindigkeit zuzuordnen. Die Voraussetzung des Verfahrens ist eine monochromatisch kohärente Strahlung im Schnittpunkt der Strahlen.

Vom Dopplersignal wird zunächst mit einem schnell arbeitenden digitalen Korrelator die AKF aufgenommen und diese dann mittels der schnellen FOURIER-Transformation in das Leistungsspektrum umgerechnet. Das Maximum des Leistungsspektrums ergibt die mittlere Strömungsgeschwindigkeit. Die Breite des Spektrums ist ein ungefähres Maß für den Turbulenzgrad.

Die Vorteile des Verfahrens sind: Störungsunempfindlichkeit, berührungslose Messung, lineare und stabile Meßcharakteristik, ideale Richtungsempfindlichkeit sowie hohe räumliche und zeitliche Auflösung.

4.3. **Zur Weiterentwicklung der Korrelationsanalyse** [B6, L5, O1, T1, Z2, Z3]

4.3.1. Cepstrum-Analyse

Die Korrelationsanalyse beruht auf der Anwendung der FOURIER-Transformation, mit dem Vorteil, die Eigenschaften eines stationären stochastischen Prozesses wahlweise durch Kenngrößen des Spektralbereiches oder des Zeitbereiches wiedergeben zu können. In einer bisher wenig beachteten Phase der Weiterentwicklung entstand die sogenannte Cepstrum-Analyse. Das Ziel war die Gewinnung von Kenngrößen oder von Aussagen über Prozesse mit multiplikativer Verknüpfung der Signalkomponenten. Ferner entstand die KALMAN-Filterung (s. 4.4.) für stark instationäre Prozesse, deren AKF sich also innerhalb des Beobachtungsintervalls zeitlich laufend ändert. Manche dieser Möglichkeiten der Anwendung werden noch nicht voll ausgeschöpft.

In der Technik werden additive und multiplikative Störungen angetroffen. Die Theorie beschränkte sich aber in der 2. Entwicklungsphase der Meßstochastik auf additive Störungen und stellte hierfür eine weit ausgebaute Theorie zur Verfügung. Die Bestrebungen beschränkten sich meistens auf die additive Einwirkung von Störungen. Dagegen hat die Bekämpfung von multiplikativen Störungen (s. 3.4.) nur in Einzelfällen Erfolg gehabt. Die ingenieurmäßige Heuristik überwiegt hier anstelle der rein theoretisch vorgehenden Methodik.

Erst 1963 begann eine Weiterentwicklung der theoretisch begründeten Methoden durch J. W. COOLEY und J. W. TUKEY mit der sogenannten „Cepstrum-Methode". A. V. OPPENHEIM hat sie zur sogenannten „homomorphen Signalverarbeitung" ausgebaut [C7, O1].

Abbildung 4.31 zeigt die enge Verwandtschaft der Cepstrum-Methode mit der Korrelationsanalyse. Zur Korrelationsanalyse werden die Beziehungen zwischen dem Zeitbereich und dem Spektralbereich durch das WIENER-CHINTCHIN-Theorem, der FOURIER-Transformation und -Rücktransformation zwischen dem Leistungsspektrum und der AKF benutzt oder auch die direkte Verknüpfung zweier zeitverschobener Zeitvorgänge durch eine Produkt-Mittelwertbildung.

Bei der Cepstrum-Methode hingegen wird im Spektralbereich zunächst das normierte Leistungsspektrum logarithmiert und dann erst in den Zeitbereich zurücktransformiert. Dann ergibt sich die sogenannte Cepstrum-Funktion.

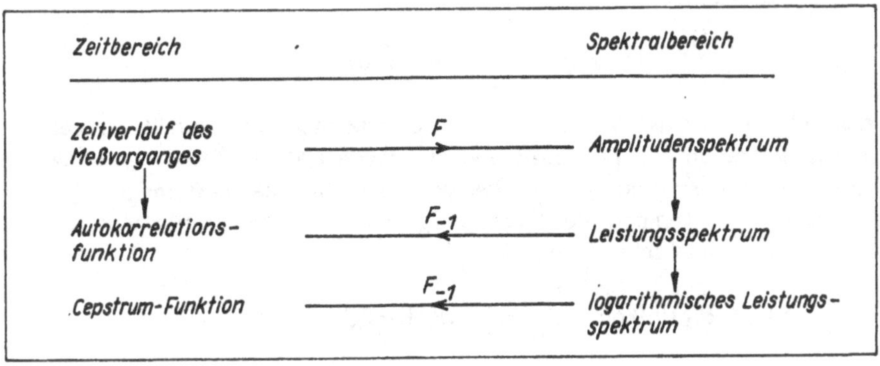

Abb. 4.31. Zusammenhang zwischen der Korrelationsanalyse und der Cepstrum-Analyse

Es besteht nun die Frage, welchen Zweck eine derartige Umrechnung überhaupt hat. Das Ziel ist die Umwandlung der eingangseitigen Signalverknüpfung. Die FOURIER-Transformation dient in bekannter Weise zur Umwandlung eines Faltungsproduktes in ein algebraisches Produkt der Amplitudendichten, die meist komplex sind.

Der Übergang zum Leistungsspektrum dient in der Korrelationsanalyse zur Informationsreduktion durch Abstoßung der Phaseninformation. Beim Cepstrum wird nun durch das Logarithmieren des reellen Leistungsspektrums die algebraische Produktverknüpfung in eine additive Komponentenverknüpfung überführt. Da die FOURIER-Rücktransformation eine lineare Transformation ist, bleibt die additive Verknüpfung erhalten, wenn die Rücktransformation in den Zeitbereich erfolgt. Gemäß dem Superpositionsgesetz (Additionstheorem) erfolgt *keine* wechselseitige Beeinflussung der beiden Komponenten. Die Cepstrum-Methode dient zur Echoanalyse in denjenigen Fällen, in denen auf ein Hauptecho unmittelbar ein Nebenecho so folgt, daß sich die Signale überdekken und eine direkte Bestimmung der Laufzeitdifferenz nicht möglich ist. Ein Beispiel ist die Ortung von Sedimentschichten am Meeresboden für die geologische Erkundung. Ein derartiges „Laufzeitsystem" läßt sich im Spektralbereich durch die Übertragungsfunktion $(1+\alpha\exp(-j\omega T_o)$ modellieren. Dies ergibt ein Ausgangsleistungsspektrum (vgl. Abb. 4.35):

$$S_a(\omega) = \text{konst.}\ S_e(\omega)\,[1+\alpha\exp(-j\omega T_o)]^2$$

mit T_o – Laufzeitdifferenz von Haupt- und Nebenecho, α – Amplitudenverhältnis des Nebenechos zum Hauptecho.

Es wird angenommen, daß $\alpha \ll 1$ ist. Durch die einfache Umformung ergibt sich:

$$S_a(\omega) = \text{konst.}\ S_e(\omega) \cdot (1 + 2\,\alpha \cos\omega\, T_o)$$

und wegen $\ln(1+y) \approx y$ für $y \ll 1$ folgt für das logarithmierte und normierte Leistungsspektrum

$$\ln\left(\frac{S_a(\omega)}{S_o}\right) = \ln\left\{\text{konst.}\ \frac{S_e(\omega)}{S_o}\right\} + 2\,\alpha\cos\omega\, T_o .$$

Man erkennt hieraus: Die erste additive Signalkomponente enthält die Leistungsinformation des Testsignals und die zweite additive Komponente die gesuchte Echoinformation $\{\alpha, T_o\}$. Bei der FOURIER-Rücktransformation geht die periodische Komponente $2\,\alpha\cos\omega\, T_o$ in einen DIRAC-Impuls über.

Als Cepstrum-Funktion folgt:

$$c(\tau) = F_{-1}\left\{\ln\left(\text{konst.}\ \frac{S_e(\omega)}{S_o}\right)\right\} + \alpha\{\delta(\tau-T_o) + \delta(\tau+T_o)\}.$$

Für positive τ erscheint ein DIRAC-Impuls der relativen Amplitude α im Punkt $\tau = T_o$ als Abbild des Nebenechos.

Es ist für die Auswertung zweckmäßig, die Forderung zu stellen, daß die Cepstrum-Funktion $c(\tau)$ verschwindet, wenn $S_e(\omega) = 0$ ist. Dies erreicht man, wenn man zu der normierten Leistungsdichte $S_a(\omega)/S_0$ den Wert 1 addiert. Dann erhält die additive Leistungskomponente von $c(\tau)$ noch eine Echoinformation. Sie lautet:

$$F_{-1}\left\{\ln\left(\text{konst.}\,\frac{S_e(\omega)}{S_0} + \frac{1}{1+2\,\alpha\cos\omega\, T_0}\right)\right\}.$$

Für hinreichend kleine Werte von α ist dies als Näherung zulässig.

Wegen der begrenzten Bandbreite erhält man für die 2. Komponente anstelle des DIRAC-Stoßes bei $\tau = T_0$ einen Impuls in Form einer Spaltfunktion, womit die Amplitude im Punkt $\tau = T_0$ begrenzt bleibt.

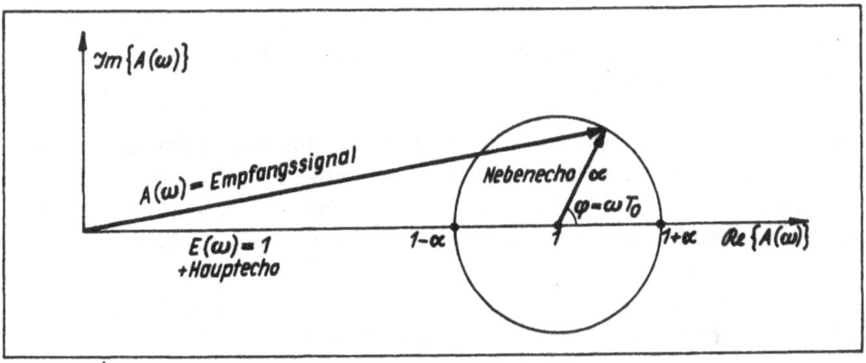

Abb. 4.32. Erklärung des Auftretens von spektralen Periodizitäten durch ein Nebenecho

Das überraschende Auftreten einer Periodizität im Spektralbereich, d. h. in Abhängigkeit von ωT_0, erklärt die Abbildung 4.32. Sie stellt die Zeigergrößen der Amplituden des Hauptechos und des Nebenechos dar, zwischen denen wegen der Laufzeitdifferenz T_0 eine mit ω anwachsende Phasendifferenz $\varphi = \omega T_0$ besteht. Der Zeiger der Ausgangsamplitude $A(\omega)$ bewegt sich um den Normierungspunkt $E(\omega) = 1$ auf einem Kreis mit dem Radius α. Bei $\alpha \ll 1$ pendelt der Betrag $|A(\omega)|$ periodisch zwischen den normierten Werten $1 + \alpha$ und $1 - \alpha$. So erhält bereits die reelle Funktion $|A(\omega)|$ ebenso wie das reelle Leistungsspektrum $S_a(\omega)$ die volle Echoinformation $\{\alpha, T_0\}$. Abbildung 4.33 zeigt die Systemfolge einer Cepstrum-Anordnung zur Umformung eines Faltungsproduktes im Zeitbereich in eine additive Verknüpfung der Signalkomponenten Testsignal und Übertragungsfunktion $(1+\alpha\exp(-j\omega T_0))$ bzw. Stoßreaktion $h(t) = (1+\alpha\,\delta(t-T_0))$ des Echoobjektes.

Abbildung 4.34 zeigt als Beispiel der Cepstrum-Analyse die Umwandlung

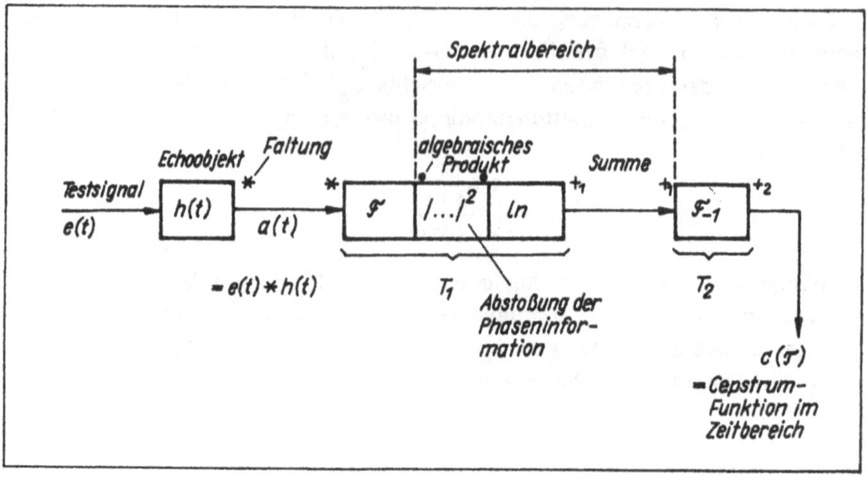

Abb. 4.33. Schema der Cepstrum-Analyse: Umwandlung eines Faltungsproduktes in eine Summe von Komponenten

eines kurzzeitigen harmonischen Testsignals (a) in ein Hauptsignal und in ein Echosignal (b) sowie das logarithmierte Leistungsspektrum (c) und seine Umwandlung in eine Cepstrum-Funktion (d). Sie liefert im τ-Bereich eine Stoßreaktion, aus der die gesuchte Laufzeit T_0 gewonnen werden kann (nach M. ZECHA und A. MOLDMANN [Z2, Z3]).

4.3.2. Homomorphe Signalwandlung nach OPPENHEIM

Die Cepstrum-Methode gehört zu einer Gruppe von Analyseverfahren, die als „homomorphe Signalwandlung" bezeichnet werden. In der Ausdrucksweise der Signaltheorie handelt es sich also um eine Signalwandlung mit Informationsverlust, d. h. um eine Filtermethode allgemeiner Art. Sie ist dadurch ausgezeichnet, daß sie – wie man sagt – lineare Filtermethoden benutzt, exakter ausgedrückt, sollen Filter benutzt werden, die eine Informationsreduktion (Filterung) an einem Eingangssignal vollziehen, das aus einer Summe von Signalkomponenten besteht, also aus einer additiven Verknüpfung. Wenn das Empfangs- oder Meßsignal aus einer multiplikativen Verknüpfung von Signalkomponenten besteht, dann muß vor der „linearen Filterung" eine Signaltransformation T_1 durchgeführt werden, die die multiplikative Verknüpfung in eine additive Verknüpfung überführt. Wenn aber als multiplikative Verknüpfung ein Faltungsprodukt vorliegt, dann muß die Transformation T_1 in zwei Schritten erfolgen: Erst muß das Faltungsprodukt durch eine FOURIER-Transformation in ein algebraisches Produkt im Spektralbereich umgewandelt werden und dieses anschließend noch im Spektralbereich in eine Summe der

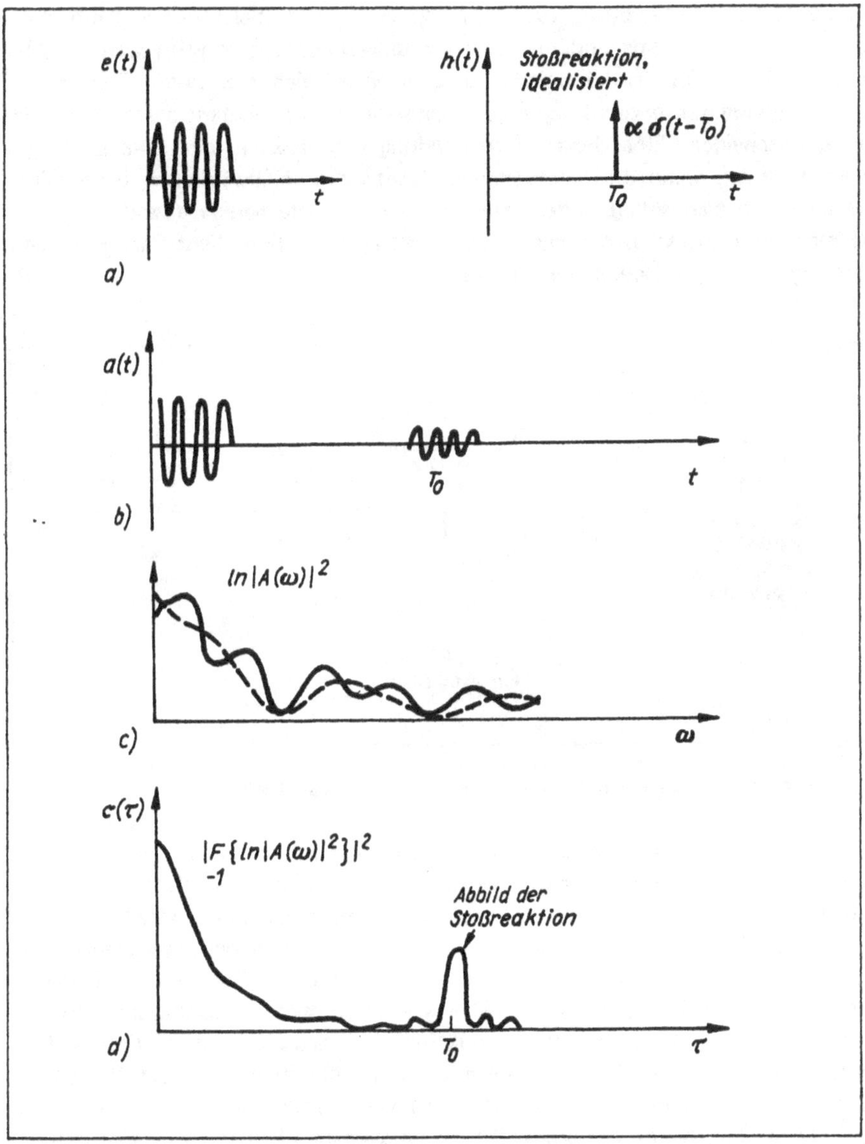

Abb. 4.34. Oszillogramme einer Cepstrum-Analyse nach Versuchen von ZECHA und MOLDMANN [Z3]

Komponenten. Dann soll bei einem homomorphen System die lineare Filterung im „charakteristischen System", also die eigentliche Filterung, vorgenommen werden, um nachfolgend in den ursprünglichen Bereich (Zeitbereich) und in die Eingangsverknüpfung zurückversetzt zu werden. Statt dessen kann aber auch am Ausgang eine andere Komponentenverknüpfung gewählt werden. Abbildung 4.35 zeigt das kanonische Schema eines solchen Systems. Zwischen der Komponentenverknüpfungsrelation und der Komponententransformation ist zu unterscheiden. Eine derartige Anwendung wird z. B. in der Bildwandlung vorgenommen, wenn die Komponenten Kontrast und Graduierung (Dynamik) verändert werden sollen, indem die eine Komponente verstärkt und die andere Komponente abgeschwächt wird. Die Rücktransformation dient der Wiederherstellung des Bildes, wenn auch in veränderter Form.

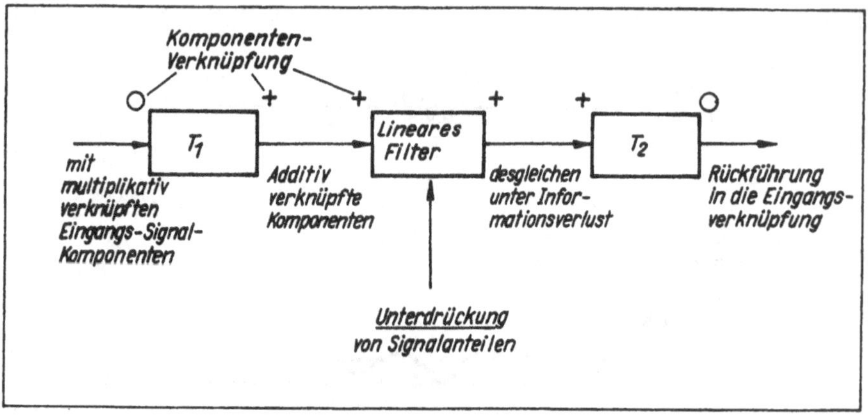

Abb. 4.35. Bildwandlung mittels homomorpher Systeme nach OPPENHEIM

Der Unterschied des Cepstrums zum kanonischen homomorphen System besteht darin, daß die Rücktransformation nur in den Zeitbereich durch eine FOURIER-Rücktransformation vorgenommen wird, ohne daß die additive Verknüpfung wieder aufgehoben wird. Man will ja nur eine optimale Information gewinnen und nicht das Eingangssignal wiederherstellen. Ein weiterer Unterschied besteht darin, daß das charakteristische System – das lineare Filter – überhaupt fehlt. Die Informationsreduktion wird beim Cepstrum (Abb. 4.33) bereits bei der ersten Transformation T_1 durch die Abstoßung der Phaseninformation vorgenommen, beim Übergang vom Amplitudenspektrum zum Leistungsspektrum vor der Logarithmierung zwecks Übergang zur additiven Verknüpfung.

A. V. OPPENHEIM führte den Begriff des *verallgemeinerten Superpositionsprinzips* ein. Es fordert, daß die Transformierte einer Komponentenverknüpfung in die gleiche oder eine andere Verknüpfung der transformierten Komponenten überführt wird.

Somit gilt für das einfache Superpositionsprinzip der additiven Verknüpfung

$$T(x_1 + x_2) = T(x_1) + T(x_2),$$

für das verallgemeinerte Superpositionsprinzip hingegen

$$T(x_1 \, 0 \, x_2) = T(x_1) \, 0 \, T(x_2) \quad \text{oder auch}$$

$$= T(x_1) \, \Delta \, T(x_2).$$

0 und Δ bedeuten zwei beliebige Verknüpfungsrelationen.

Im Falle der FOURIER-Transformation gelten gleichzeitig beide Superpositionsprinzipien. Mit * als Faltungsprodukt wird:

$$F(x_1 * x_2) = F(x_1) \cdot F(x_2)$$

und auch

$$F(x_1 * x_2) + F(x_3 * x_4) = F(x_1) \cdot F(x_2) + F(x_3) \cdot F(x_4).$$

OPPENHEIM verallgemeinerte auch den Faktorsatz für homogene Operatoren. Dieser lautet bekanntlich:

$$T\{c\,x_1\} = c\,T\{x_1\}$$

bzw. verallgemeinert:

$$T\{c : x_1\} = c \, U \, T\{x_1\} \quad \text{für skalare c.}$$

Darin bedeuten „:" und „U" verschiedene Verknüpfungsrelationen.

4.3.3. Das WIENER-Filter als Vorläufer des KALMAN-Filters

Der Kampf gegen Störungen hat sich – historisch betrachtet – erheblich auf die Theorie der stochastischen Prozesse ausgewirkt. NORBERT WIENER, der Vater der Kybernetik, hat das Problem der linearen Filterung näher untersucht. Es führte zum Modell des sogenannten WIENER-Filters.

Es handelt sich um die Synthese eines linearen Systems, dessen Aufgabe darin besteht, einen stochastischen Prozeß aus dem überlagerten Rauschpegel optimal herauszuheben. Gesucht ist die Gewichtsfunktion (Impulsreaktion) oder der Frequenzgang der Übertragungsfunktion dieses linearen Netzwerkes.

Der *Unterschied zum angepaßten Filter* besteht darin, daß der Prozeß als Nutzsignal nicht als determiniertes Testsignal vorliegt, sondern daß er nur durch seine statistischen Eigenschaften a priori bekannt sein soll. Diese statistischen Eigenschaften müssen „im weiteren Sinne stationär" sein. Das bedeutet, daß die AKF des Prozesses zeitinvariant (translationsinvariant) sein soll. Die *Realisierung* des stochastischen Prozesses, die auch als *Musterfunktion* bezeichnet wird, liegt im Zeitverlauf nicht fest; sie verläuft vielmehr regellos. Laut Annahme liegt ihre Eigenschaft jedoch *im statistischen Mittel* fest, hier durch die AKF. Die Kenngrößen des linearen Filters müssen – gemäß einem quadratischen Kriterium – im Mittel möglichst *gut approximiert* werden.

Hierzu wird die Fehlergröße gewählt

$$\epsilon(t) = z(t) - y(t),$$

mit z(t) als gewünschtem Prozeß, y(t) als Ausgangsprozeß und x(t) als Eingangsprozeß.

Da es sich um ein lineares Netzwerk als Filter handeln soll, gilt das Faltungsintegral:

$$y(t) = \int_0^\infty g(u)\, x(t-u)du,$$

mit g(u) als Gewichtsfunktion des Filters.

Aus diesem Ansatz ergibt sich der Erwartungswert des Fehlerquadrates zu:

$$E\{\epsilon^2(t)\} = K_z(0) - 2\int_0^\infty g(u)\, K_{xz}(u)du + \int_0^\infty g(u) \int_0^\infty g(v) K_x(u-v)dvdu$$

wegen $\epsilon^2 = z^2 - 2xy + y^2$.

Nach einem von W. G. SCHNEEWEIS rekonstruierten Beweis [S4] wird zur Bestimmung der optimalen Gewichtsfunktion die Existenz einer Extremalen $g_o(t)$ angenommen und diese wie üblich in eine Schar von Vergleichskurven transformiert:

$$g(t, \lambda) = g_o(t) + \lambda q(t).$$

Damit $E\{\epsilon^2(t, \lambda)\}$ für $g = g_o$ minimal wird, setzt man

$$\frac{d}{d\lambda} E\{\epsilon^2(t, \lambda)\} = 0 \quad \text{für } \lambda = 0.$$

Dies ergibt nach einer Zwischenrechnung die Beziehung:

$$\int\int_0^\infty g_o(u)q(v)\, K_x(u-v)dvdu = \int\int_0^\infty g_o(v)q(u)\, K_x(u-v)dvdu.$$

Mit der Minimalwertbedingung ergibt sich weiter:

$$\int_0^\infty q(u)\, [K_{xz}(u) - \int_0^\infty g_o(v)\, K_x(u-v)\, dv]\, du = 0.$$

Da die Funktion q(u) willkürlich, aber ungleich Null ist, muß der Ausdruck in der eckigen Klammer verschwinden. Er ergibt die *WIENER-HOPFsche-Integralgleichung:*

$$K_{xz}(u) - \int_0^\infty g_o(v)\, K_x(u-v)dt = 0 \quad \text{für } u \geqslant 0.$$

Sie besagt, daß die Kreuzkorrelation von Eingangsprozeß und Nutzanteil (gewünschter Prozeß), als Maß des im Eingangsprozeß enthaltenen Nutzanteils, sich durch das Faltungsprodukt der AKF des Eingangsprozesses mit der gesuchten und noch unbekannten Gewichtsfunktion des linearen Filters ergibt. Für alle reellen Werte von u resultiert im Spektralbereich die Übertragungsfunktion des Filters:

$$G_0(\omega) = S_{xz}(\omega)/S_x(\omega).$$

Diese Voraussetzung ist jedoch im allgemeinen nicht erfüllt. Die Bestimmung des Frequenzganges des WIENER-Filters ist daher erheblich umständlicher. Sie lautet

$$G_0(\omega) = \frac{S_{xz}(\omega)}{S_x(\omega)} = \frac{S_{xz}(\omega)}{H_1(j\omega)H_2(j\omega)},$$

wobei das reelle Leistungsspektrum $S_x(\omega)$ in zwei Faktoren aufgespaltet wird:

$$S_x(\omega) = H_1(j\omega) \cdot H_2(j\omega) \text{ mit } H_2(j\omega) = H_1(-j\omega)$$

(nach SCHNEEWEISS [S4]).

Das WIENER-Filter hat für die Meßpraxis keine Bedeutung, da schon allein die Realisierung der Schaltung Schwierigkeiten bereitet und das Filter selbst keine unmittelbar verwertbaren Meßwerte liefert. In einfachen Fällen ergibt sich ein Tiefpaßfilter. Doch hat das Modell des WIENER-Filters die Entwicklung der Theorie der Meßstochastik stark beeinflußt und zu neuen Problemlösungen (s. 4.4.) geführt.

4.3.4. Zeitbereichanalyse mittels HILBERT-Transformation [F8, L3]

In Abschnitt 4.2. wurde gezeigt, daß die Korrelationsanalyse auch unmittelbar im Zeitbereich ausgeführt werden kann, indem ein Zeitvorgang durch Produktmittelwertbildung in eine diesem zugeordnete Zeitdifferenzfunktion, in die AKF, übergeführt wird, ohne den Umweg über den Spektralbereich, d. h. über das Leistungsspektrum. Allerdings wird hierbei die Phaseninformation unter Informationsverlust abgestoßen.

Eine andere Möglichkeit, die Analyse auf den Zeitbereich zu beschränken, bietet die HILBERT-Transformation. Sie gestattet es, aus einem reellen Zeitvorgang einen komplexen Zeitvorgang abzuleiten. Dieser wird als das zugehörige analytische Signal bezeichnet. Voraussetzung ist, daß der vorgegebene Zeitvorgang eine FOURIER-Transformation zuläßt. Das ist für technisch-physikalische Vorgänge mit zweiseitiger Zeitbegrenzung und endlichem Amplitudenbereich (ohne Polstellen) meistens gegeben.

Das analytische Signal $f_{an}(t)$ wird aus dem Zeitvorgang f(t) durch Hinzufügung einer imaginären Komponente $f_H(t)$ gewonnen:

$$f_{an}(t) = f(t) + j\, f_H(t).$$

Als komplexe Funktion besitzt das analytische Signal eine mit a(t) bezeichnete Hüllkurve und einen mit $\alpha(t)$ bezeichneten Phasenwinkel. Diese Zeitfunktionen stellen den Gegenstand der Zeitbereichanalyse dar und gestatten es, gewisse Signaleigenschaften besser als am primären Empfangssignal zu erkennen, z. B. von additiven oder multiplikativen Störeinwirkungen in der Schallwellenortung der Geophysik.

Die imaginäre Komponente des analytischen Signals $f_H(t)$ wird aus der vorgegebenen reellen Komponenten f(t) durch die sogenannte HILBERT-Transformation gewonnen. Sie ist folgendermaßen definiert:

$$f_H(t) = \mathcal{H}\{f(t)\} = f(t) * \frac{1}{\pi t} = \int_{-\infty}^{+\infty} \frac{f(u)}{(t-u)}\, du.$$

Das Verständnis dieser Transformation, der Faltung mit der Zeitfunktion $\frac{1}{\pi t}$, erfordert die Bildbereichdarstellung mittels der FOURIER-Transformation $F\{\ldots\}$. Im Bildbereich tritt an die Stelle des Faltungsproduktes das algebraische Produkt der Spektralfunktionen:

$$F\{f_H(t)\} = F\{f(t)\}\, F\{\frac{1}{\pi t}\} = -j \cdot \mathrm{sgn}\omega \cdot F(\omega).$$

Beweis: Definitionsgemäß ist

$$F\{\frac{1}{t}\} = \int_{-\infty}^{+\infty} \frac{e^{-j\omega t}}{t}\, dt = -2j \int_0^{\infty} \frac{\sin\omega t}{t}\, dt = -2j \int_0^{\infty} \frac{\sin\omega t}{\omega t}\, d(\omega t) = -2j \int_0^{\infty} \mathrm{sp}\,\phi\, d\phi.$$

Der Betrag des Integrals lautet: $\pi/2$. Mit ω wechselt das Vorzeichen.

Also gilt: $F\{\frac{1}{t}\} = -j\pi \cdot \mathrm{sgn}\omega$ sowie $F\{\frac{1}{\pi t}\} = -j \cdot \mathrm{sgn}\omega$.

Die FOURIER-Transformierte der HILBERT-Transformierten ergibt sich zu:

$$F\{f_H(t)\} = -j \cdot \mathrm{sgn}\omega \cdot F(\omega).$$

Der Vorzeichenwechsel von ω ergibt:

$$F_H\{\omega\} = F\{f_H(t)\} = 2 \cdot F(\omega) \qquad \text{für } \omega > 0.$$

Die HILBERT-Transformierte im Zeitbereich führt das symmetrische Spektrum $F(\omega)$ in das unsymmetrische Spektrum $F_H(\omega)$ über, das für negative Frequenzen verschwindet.

Die beiden Spektren $F(\omega)$ und $F_H(\omega)$ haben den gleichen Amplitudengang, aber alle spektralen Komponenten sind gegeneinander um 90° phasenverschoben. Die HILBERT-Transformation wirkt also wie ein Breitbandphasenschieber.

Ferner bedeutet diese Feststellung, daß die Komponenten f(t) und $f_H(t)$ zueinander orthogonal sind:

$$\int_{-\infty}^{+\infty} f(t) \cdot f_H(t)\, dt = 0.$$

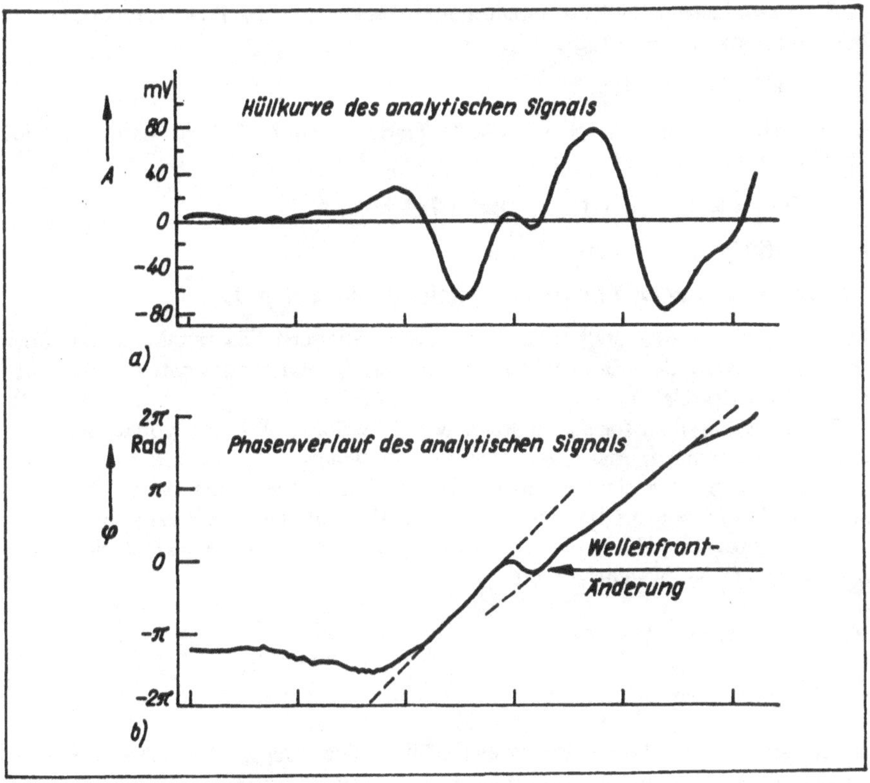

Abb. 4.36. Anwendung der HILBERT-Transformation in der Seismographie

Für den Betrag des analytischen Signals ergibt sich:

$$|f_{an}(t)| = a(t) = \sqrt{f^2(t) + f_H^2(t)}.$$

Für den momentanen Phasenwinkel $\alpha(t)$ erhält man:

$$\alpha(t) = \text{arc } \tan\left(\frac{f_H(t)}{f(t)}\right).$$

Daraus ergibt sich die Momentanfrequenz:

$$\omega(t) = \frac{d\alpha(t)}{dt}.$$

Sie wird durch die Neigung der $\alpha(t)$-Kurve wiedergegeben. Anhand des Verlaufes der Phasenwinkelkurve $\alpha(t)$ ist zu erkennen, ob z. B. eine andere Wellenfront des Testsignals bei einer seismographischen Ortung aufgetreten ist.

Eine zweifache HILBERT-Transformation bedeutet eine Phasendrehung aller Komponenten um 180°. Also gilt:

$$\{\mathcal{H}\{f(t)\}\} = -f(t).$$

Ein einfaches Beispiel für eine HILBERT-Transformation sind die harmonischen Schwingungen. Danach ist:

$$\mathcal{H}\{\cos \omega t\} = \sin \omega t \qquad \text{für } f(t) = \cos \omega t.$$

Das analytische Signal lautet:

$$f_{an}(t) = \cos \omega t + j \cdot \sin \omega t = \exp(j\omega t) \;\text{ mit }\; a(t) = 1.$$

Der Phasenwinkel $\alpha(t)$ stellt graphisch eine periodische Sägezahnkurve dar und durchläuft jeweils den Bereich von $-\pi$ bis $+\pi$. In Polarkoordinaten durchläuft er den Einheitskreis.

Die HILBERT-Transformation kann auch im Spektralbereich vorgenommen werden. Davon macht die Spektraltheorie der linearen Filternetzwerke Gebrauch. Sie liefert hierbei für einen vorgegebenen Amplitudengang den mindestens notwendigen Phasengang als Beschreibung eines *Minimalphasennetzwerkes* (vgl. [F8]). Diese Variante hat jedoch für die Analyse instationärer Signale keine Bedeutung, wohl aber für die Systemsynthese.

4.4. Lineares KALMAN-Filter

4.4.1. Rekursive Ortung

Die dargestellten Methoden des WIENER-Filters, der Cepstrum-Analyse und der homomorphen Filterung sind Weiterentwicklungen der Korrelationsanalyse. Damit wurde ein Abschluß erreicht, und es wurde ein neues Konzept in Angriff genommen, die *Analyse stark instationärer Prozesse* unter Verzicht auf die spektrale Darstellung. Es erfolgte eine Rückkehr in die Zeitbereichanalyse nach dem Vorbild der Regelungstechnik, der Zustandsraumdarstellung. Die Schwingungslehre der klassischen Physik bot hierzu das Modell des Phasenraumes.

Nach U. KROGMANN [K12] hat das *WIENER-Filter* folgende Nachteile:

a) Es ist schwierig, die statistischen Eigenschaften von Zufallsprozessen zu messen, die für den Entwurf des WIENER-Filters benötigt werden, also die Auto- und die Kreuzkorrelationsfunktion.
b) Das klassische WIENER-Filter eignet sich nur für stationäre Zufallsprozesse.
c) Der Entwurf ist lediglich auf eindimensionale Prozesse anwendbar.
d) Das Entwurfsverfahren ist für einen Digitalrechner nicht gut geeignet, da die Filteranalyse im Spektralbereich erfolgt.

Das sogenannte *KALMAN-Filter* ist ein *Verbundsystem.* Es verknüpft die Meßinformation mit einer Referenzinformation, die durch eine Extrapolation gewonnen wird. Für das lineare KALMAN-Filter wird ein determiniertes und lineares Systemverhalten als Grundmodell vorausgesetzt. Die Störeinflüsse werden gegeneinander ausgewogen berücksichtigt, die als *Meßrauschen* von der Messung herrühren und als *Systemrauschen* von inneren und äußeren Einwirkungen auf das betrachtete Meßobjekt, und zwar in beiden Fällen als mittlere Fehlervarianzen erfaßt werden.

Zwischen beiden Störeinflüssen wird verglichen und ein gewichtetes Mittel der beiden Zustandswerte als Schätzwert gebildet. Dieser wird stärker von der Komponente mit den geringeren Störeinflüssen bestimmt. Das bedeutet eine erhebliche Verbesserung gegenüber dem Korrelationsfilter (Abb. 4.37).

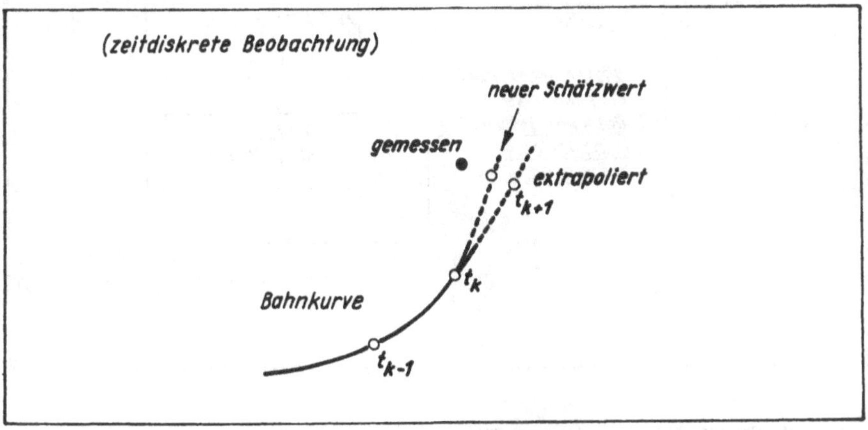

Abb. 4.37. Kombination von Messung und Extrapolation beim linearen KALMAN-Filter

Ein weiteres Kennzeichen der KALMAN-Filterung ist das rekursive Vorgehen, wie bei der Ausgleichsrechnung von GAUSS, indem jeweils vom letzten Schätzwert ausgegangen wird und dieser im nächsten Schritt rekursiv korrigiert wird. Daher ist die KALMAN-Filterung besonders für veränderliche Prozesse geeignet, so z. B. für die Standortbestimmung von Schiffen und Luftfahrzeugen.

Abbildung 4.38 zeigt das Prinzipschema des KALMAN-Filters zur Zustandsschätzung. Zunächst werden die Meßdaten über die Meßmatrix vom Meßraum in den Zustandsraum übertragen. Im eigentlichen Rechner wird die Korrektur der Meßwerte mit Hilfe des Extrapolationswertes des Zustandes vorgenommen. Dieser Extrapolationswert wird als Referenzinformation des Verbundsystems aus dem letzten Schätzwert gebildet. Das geschieht durch eine zeitverzögernde Speicherung um einen Taktschritt über eine Systemnachbildung. Die Korrektur erfolgt unter Berücksichtigung des Meßrauschens und des Systemrauschens; die Störkomponenten müssen abgeschätzt oder laufend zusätzlich gemessen werden. Drei Prinzipien sind also zu berücksichtigen:

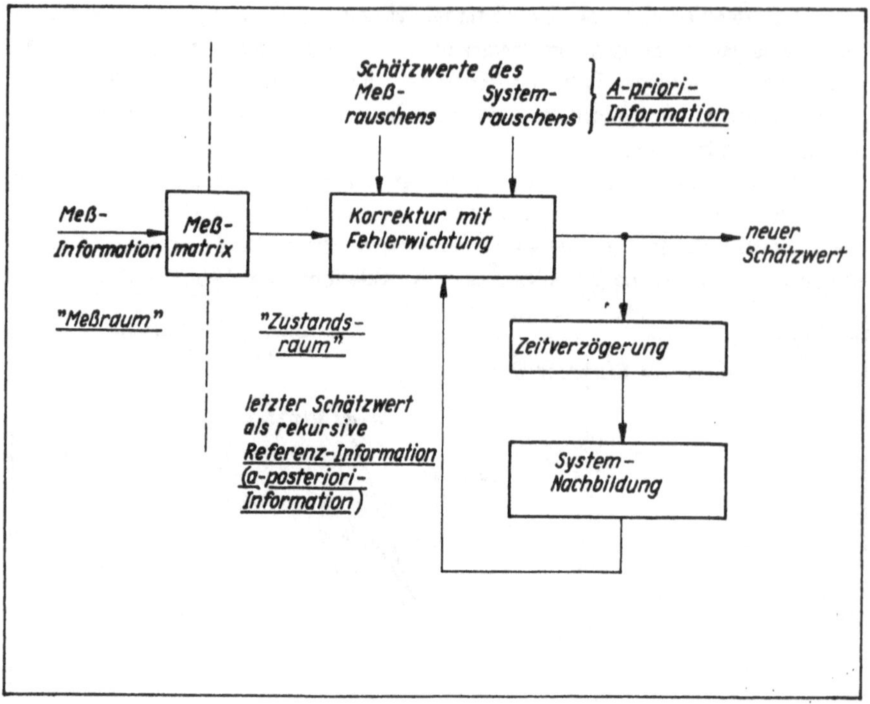

Abb. 4.38. Signalflußbild des KALMAN-Filters

1. Die Verwertung von zwei Informationen, der Meß- und der Referenzinformation, hier als Extrapolationswert;
2. die gewichtete Berücksichtigung der Störeinflüsse und
3. die rekursive Berechnung nach dem Vorbild der GAUSSschen Ausgleichsrechnung.

Zustandsanalyse des KALMAN-Filters

Die Analyse und Synthese des KALMAN-Filters erfolgt im Zustandsraum nach dem Vorbild der Regelungstheorie [Z1]. Die Zustandsraumdarstellung ist eine Weiterentwicklung der Phasenraumdarstellung, die im vergangenen Jahrhundert von der theoretischen Physik entwickelt wurde. In der Mechanik dient sie zur Berechnung von Schwingungen mechanischer Systeme mit mehreren Freiheitsgraden. In einem eindimensionalen Prozeß bestehen die Komponenten eines Zustandsvektors $\underline{x}(t)$ aus dem Zeitvorgang $x(t)$ und seinen Ableitungen. Dadurch gelingt es, den Prozeß $x(t)$ in eine Klasse von Zustandsvektoren einzuordnen, die sich analytisch einfacher darstellen lassen, so durch eine einfache Differentialgleichung 1. Ordnung, der sogenannten Zustandsgleichung. Für zeitdiskrete Werte lautet sie:

$$\underline{x}(k+1) = \underline{A}\,\underline{x}(k) + \underline{B}\,\underline{u}(k) + \underline{w}(k).$$

Sie stellt also eine Differenzengleichung dar. Es bedeutet: $\underline{A}$ die Systemmatrix, $\underline{B}$ die Steuermatrix, w(k) die Systemstörung und u(k) den Steuervektor. k ist der Beobachtungszeitpunkt in normierter Zeit, k+1 kennzeichnet den nächst nachfolgenden Zeitpunkt. Die physikalisch-technische Interpretation darf das Verhalten des Zustandsvektors $\underline{x}(k)$ nicht mit dem Verhalten des Zeitverlaufes x(k) gleichsetzen. Dieser verkörpert ein anderes Signalmodell. So kann $\underline{x}(k)$ ein MARKOW-Prozeß sein, x(k) jedoch nicht.

Ein MARKOW-Prozeß bedeutet, daß der Prozeßverlauf jeweils nur vom momentanen Zustand abhängt und nicht vom vorausgegangenen Zustandsablauf.

Wesentlich für das Verhalten des Zustandsvektors ist die Kenntnis des Systemmodells in Form der Systemmatrix $\underline{A}$ oder – falls zeitvariant – $\underline{A}(k)$. Beide Fälle sind im Ansatz bereits berücksichtigt. Für ein Fahrzeug (Schiff, Flugzeug, Raumflugkörper) ist die Voraussetzung eines determinierten Systemverhaltens erfüllt.

Deshalb überwiegt die Anwendung der KALMAN-Filterung in der Navigationstechnik. Für die Systemstörung $\underline{w}(k)$ wird meist die vereinfachte Annahme gemacht, daß sie normal verteilt ist. Es genügt die Angabe der Rauschleistung, d. h. der Varianz, da keine Gleichkomponente (systematischer Fehler) beim Rauschen angenommen wird. Für die verschiedenen Komponenten wird die Kovarianzmatrix $\underline{Q}(k)$ aufgestellt. Sind die Störkomponenten untereinander unkorreliert, stellt w(k) einen Vektor dar, dessen Kovarianzmatrix eine Diagonalmatrix ist.

Meist wird das Verhalten des Zustandsvektors ohne die Steuereinwirkung analysiert oder diese in die Systemstörung einbezogen.

Für die Berechnung des Extrapolationswertes $\underline{x}^*(k)$ aus dem vorangegangenem Zustand $\hat{\underline{x}}(k-1)$ wird ein störungsfreies Systemverhalten angenommen:

$$\underline{x}^*(k) = \underline{A}(k-1)\hat{\underline{x}}(k-1),$$

* – Extrapolation, ^ – Schätzwert.

Der extrapolierte Schätzwert stellt die Referenzinformation dar, die mit der Messung verglichen wird. Die Differenz von Schätzwert und Meßwert wird mit einem Gewichtsfaktor $\underline{K}(k)$[1] multipliziert; das ergibt den Korrekturwert, der zum Extrapolationswert $\underline{x}^*(k)$ addiert wird. Daher lautet die Verknüpfungsgleichung:

$$\hat{\underline{x}}(k) = \underline{x}^*(k) + \underline{K}(k)\,\{\underline{y}(k) - \underline{C}(k)\underline{x}^*(k)\},$$

$\hat{\underline{x}}(k)$ ist hierin der neue Schätzwert, $\underline{y}(k)$ der Meßwert.

1 Die Fachliteratur benutzt bei der Behandlung des KALMAN-Filters einheitliche Bezeichnungen. Sie wurden hier übernommen, so daß der Gewichtsfaktor K ebenso wie die Korrelationsfunktion bezeichnet wird. Der Unterschied ist jeweils am Argument zu erkennen.

Der Faktor $\underline{C}(k)$ ist die Meßmatrix zur Umrechnung des Wertes des Meßraumes in den Zustandsraum (vgl. Abb. 4.38).

Der Gewichtsfaktor $\underline{K}(k)$ stellt den eigentlichen Inhalt der KALMAN-Filtertheorie dar. Er ergibt sich zu [B15]:

$$\underline{K}(k) = \frac{\underline{P}^*(k)\,\underline{C}^T(k)}{\{\underline{C}(k)\underline{P}^*(k)\underline{C}^T(k) + \underline{R}(k)\}},$$

$\underline{R}(k)$ ist die Kovarianzmatrix des Meßrauschens. $\underline{P}^*(k)$ bedeutet den extrapolierten Schätzwertfehler.

$$\underline{P}^*(k) = \underline{A}(k-1)\ \underline{P}(k-1)\ \underline{A}^T(k-1) + \underline{Q}(k-1),$$

beginnend mit $\underline{P}(0) = \underline{P}_o$.
$\underline{P}(k)$ ist die Kovarianzmatrix des Schätzfehlers:

$$\underline{P}(k) = E\,\{\tilde{x}(k)\tilde{x}^T(k)\}$$

mit E als Erwartungswert; $\tilde{x}(k) = x(k)-\hat{x}(k)$ ist der Schätzfehler selbst.

Der Gewichtsfaktor $\underline{K}(k)$ bewirkt, daß entweder der Extrapolationswert oder der Meßwert stärker berücksichtigt wird, je nachdem welcher von beiden den geringeren Fehler aufweist.

Für sehr große Meßstörungen $\underline{R}(k)$ wird $\underline{K}(k)$ sehr klein, und es ergibt sich als neuer Schätzwert der Extrapolationswert:

$$\hat{\underline{x}}(k) = \underline{x}^*(k).$$

Dagegen geht der Gewichtsfaktor $\underline{K}(k)$ bei sehr großen Systemstörungen $\underline{Q}(k)$ gegen Eins und als neuer Schätzwert resultiert der Meßwert selbst:

$$\hat{\underline{x}}(k) = \underline{y}(k)\underline{C}^T(k).$$

Die Rechnung beginnt beim Anfangszustand $k = 0$ mit $\hat{\underline{x}}(0) = \hat{\underline{x}}_o$.
Man geht rekursiv vor und nutzt jeden neuen Meßwert zur Berechnung des nächsten Schätzwertes aus. Der letzte Schätzwert enthält alle verfügbaren A-priori-Informationen der Vergangenheit, ein Merkmal eines MARKOW-Prozesses.

Das Programm hat adaptive Eigenschaften, da in jedem Teilschritt neue Informationen über das Systemverhalten $\underline{A}(k)$ und über die Störgrößen $\underline{R}(k)$ und $\underline{Q}(k)$ in den Rechengang eingeführt werden können.

4.4.2. Hybridmethode der linearen KALMAN-Filterung

Das KALMAN-Filter ist eine Methode zur Verknüpfung von zwei Informationen, der Meßinformation und der Schätzinformation. Daraus ergibt sich eine weitere Möglichkeit: Man vergleicht nicht den momentanen Meßwert mit dem Extrapolationswert des Zustandes, sondern man wertet zwei verschiedene Meßinformationen aus, die nach unterschiedlichen Methoden gewonnen werden. Das wird als Hybridsystem oder auch als integriertes Meßsystem bezeichnet.

Eine derartige Kombination zweier Meßverfahren empfiehlt sich immer dann, wenn – je nach dem Meßobjekt – unterschiedliche Störungen einwirken, die einmal bei dem einen Verfahren überwiegen, ein andermal bei dem anderen Verfahren. So läßt sich z. B. in der Schiffsnavigation der Standort mit einem tieffrequenten Verfahren (Kreiselkompaß) und mit einem hochfrequenten Verfahren (Decca-Hyperbel-Ortungsverfahren) bestimmen oder auch mit einem anderen Ortungssystem und zur Abschätzung der Störungen die gewichtete Korrektur der Meßwerte nach dem KALMANschen Schätzprinzip ausführen.

Abbildung 4.39 zeigt hierzu das Prinzipschema. In der Standortbestimmung ergibt sich eine zusätzliche Aufgabe, nämlich ein einheitliches Koordinatensystem zu wählen und für einen der beiden Sensoren auf das andere Koordinatensystem umzurechnen. Durch den Einsatz von Mikrorechnern wird dies sehr erleichtert.

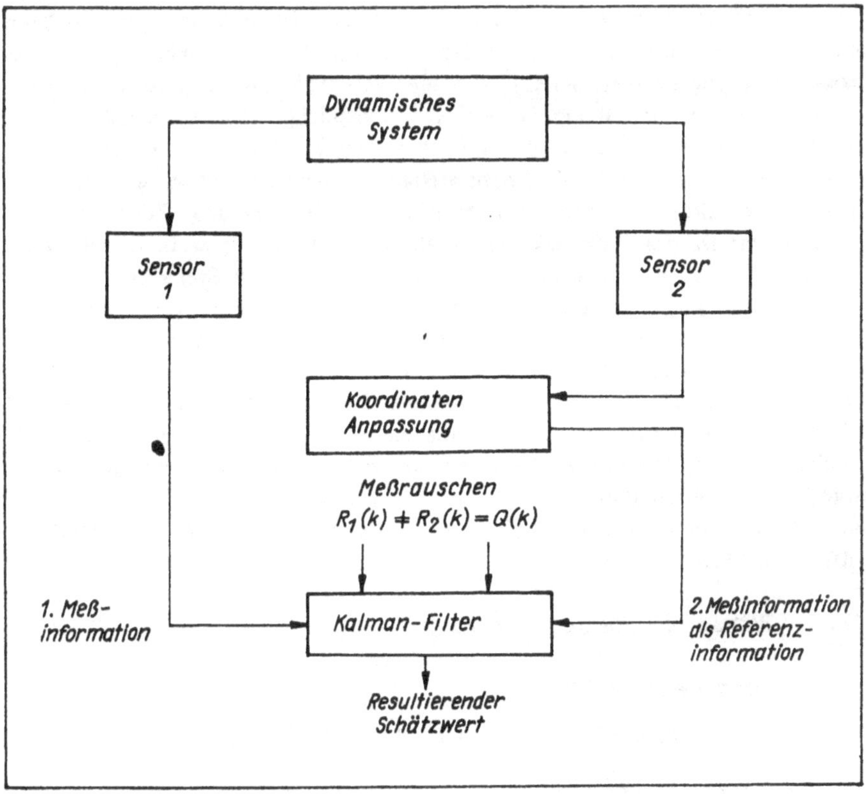

Abb. 4.39. Schema eines hybriden Meßsystems

Dieses hybride Meßsystem ist nicht an die Standortbestimmung gebunden, sondern läßt sich generell zur Verbesserung der Meßgenauigkeit verwenden. Es empfiehlt sich immer dann, wenn *variable Störeinflüsse* eine A-priori-Entscheidung über ein fest gewähltes Meßsystem nicht zulassen. Solche Situationen sind z. B. in der Raumfahrt und der interplanetaren Meßtechnik anzutreffen.

4.5. Analyse zeitvariabler stochastischer Prozesse

Für die KALMAN-Filterung wurde vorausgesetzt, daß das Systemverhalten determiniert ist. Es wird durch die Systemmatrix $\underline{A}$ beschrieben. Zeitliche Verhaltensänderungen des Systems lassen sich durch eine Abhängigkeit $\underline{A}(k)$ vom normierten Zeitmaßstab k berücksichtigen. Dadurch werden auch zeitvariante Systeme erfaßt. Das Ergebnis der Analyse ist die Angabe des Zustandsvektors $\underline{x}(k)$.

Die Weiterentwicklung der Systemtheorie richtet sich auf die Analyse von *stochastischen* Systemen und Meßobjekten. In diesem Falle sind nur Aussagen über die Wahrscheinlichkeit des Zustandes möglich. Da zwischen dem Zustandsvektor oder der Zustandsgröße und der zugeordneten Wahrscheinlichkeit keine lineare Beziehung besteht, spricht man hier von *nichtlinearen* Filterverfahren.

Auch dafür hat die theoretische Physik erhebliche Vorarbeit geleistet, ehe derartige Problemstellungen in der Informationstechnik auftauchten. Im Unterschied zu der in Abschnitt 4.4. behandelten Aufgabe handelt es sich nicht um ein durch Störungen bedingtes stochastisches System- oder Zustandsverhalten. Vielmehr ist das Meßobjekt selbst ein stochastischer Prozeß. Er läßt sich nur durch Wahrscheinlichkeitsaussagen beschreiben. An die Stelle des Systemverhaltens tritt ein Signalverhalten und anstelle der Systemmodellierung wird eine Signalmodellierung vorgenommen. Es wird nicht das Zeitverhalten der *Meßamplitude* – oder allgemeiner – des Systemzustandes untersucht, sondern nur das *Zeitverhalten der Wahrscheinlichkeit.* Die Untersuchung zeitabhängiger Wahrscheinlichkeiten war – etwa um die Jahrhundertwende – ein aktuelles physikalisches Problem. Es wurde durch die Entwicklung der Molekular- und Atomtheorie, speziell durch die Gasdynamik gefördert. Sie verbindet sich mit den Namen so bedeutender Physiker wie ALBERT EINSTEIN, MAX PLANCK, LUDWIG BOLTZMANN und anderen.

4.5.1. Beiträge der theoretischen Physik

Prozesse mit zeitvariabler Statistik

Physikalische Vorbilder für zeitvariable stochastische Prozesse sind:

1. die BROWNsche Bewegung und
2. die Diffusionsprozesse in Gasen (Gasdynamik [J1]).

Diese haben gegenüber den viel später betrachteten zeitvariablen stochastischen Prozessen der Informationstechnik den Vorteil, daß die statistischen, zeitvariablen Erwartungswerte reale physikalische Größen und unmittelbar oder mittelbar meßbar sind. Ferner verkörpern sie Ensembles von extrem vielen Teilchen und Teilprozessen, so daß die Schwankungsprozesse um die statistischen Mittelwerte um Größenordnungen geringer sind.

Die Gasdynamik folgt klar überschaubaren physikalischen Gesetzen. Das ist in der Informationstechnik oft nicht der Fall.

Trotz eines bereits gut ausgearbeiteten mathematischen Apparates der stochastischen Systeme [A1, W12] befindet sich die praktische Anwendung in der Informationstechnik noch in den Anfängen.

1. *Die Theorie der BROWNschen Bewegung* wurde (1905) von ALBERT EINSTEIN ausgearbeitet. Die nach dem Botaniker ROBERT BROWN (1773–1858) benannte Erscheinung wurde schon um 1650 von ANTONY VAN LEEUWENHOEK (1632–1723) beobachtet. Ihr Wesen war lange Zeit nicht erkannt worden. Wenn in einer Flüssigkeit sehr kleine, eben noch wahrnehmbare Partikel beobachtet werden, sind unregelmäßige Vibrationen zu beobachten. Sie kommen dadurch zustande, daß sich die Stöße der Flüssigkeitsmoleküle nicht in jedem Augenblick aufheben. Wird eine Partikel als besonders große Molekel aufgefaßt, dann müßte ihre kinetische Energie nach dem Gleichverteilungssatz im Mittel

$$\frac{m}{2} v^2 = 3kT_0/2$$

betragen. Im Mikroskop wird aber eine um mehrere Zehnerpotenzen geringere Geschwindigkeit wahrgenommen. Tatsächlich wechselt die Geschwindigkeit so oft den Betrag und die Richtung, daß die beobachtete Bewegung eine grob ausgeglichene Kurve der wahren Zickzackbewegung darstellt. Die Bahn eines solchen Teilchens ist ein interessantes Beispiel für die in der abstrakten Mathematik behandelten stetigen Kurven ohne Tangente. Sie entsprechen stetigen, aber nicht differenzierbaren Funktionen. Es ist hoffnungslos, etwa durch photographische Aufnahmen die Einzelheiten der wahren Bewegung festzustellen und so die tatsächliche kinetische Energie bestimmen zu wollen. Statt der Geschwindigkeit ist vielmehr die *mittlere Verschiebung* zu betrachten.

Es gelang EINSTEIN [E1] die mittlere Verschiebung auf der Basis der von G. R. KIRCHHOFF (1824–1887) aufgestellten Diffusionstheorie der Flüssigkeiten zu berechnen. Die EINSTEINsche Formel lautet:

$$\overline{(\Delta x)^2} = \frac{RT}{N} \frac{1}{3\pi r \eta} \Delta t,$$

mit R – Gaskonstante, T – absolute Temperatur, N – Avogadro-Zahl, η – Viskosität und r – Teilchenradius.

Bei diesem Bewegungsvorgang nimmt die Varianz als Maß der mittleren

Verschiebung proportional mit der Beobachtungsdauer Δt zu. Gemäß dieser statistischen Gesetzmäßigkeit entfernt sich das Teilchen vom ursprünglichen Ausgangspunkt.

2. Die *Theorie der Gasdynamik* brachte weitere Fortschritte in der mathematischen Beschreibung instationärer Prozesse. Sie behandelt die Zeitabhängigkeit der Verteilungsdichte p(x, t) für den eindimensionalen Fall. Die Diffusionsprozesse gehorchen der partiellen Differentialgleichung:

$$\frac{\delta N}{\delta t} = D \frac{\delta^2 N}{\delta x^2}$$

mit t – Zeitkoordinate, x – Ortskoordinate, D – Diffusionskoeffizient und N – Teilchenanzahl je cm^3, d. h. die Gasdichte.

Die Diffusionsgleichung drückt einfach den Erhaltungssatz der Substanzmenge aus (2. FICKsches Gesetz).

Hier ist eine echte physikalische Meßgröße N(x, t) gegeben. Da die Teilchenanzahl im Volumen statistisch schwankt, stellt N nur einen Mittelwert dar, der meßbar ist. Die Schwankung der Teilchenanzahl mit der Zeit läßt sich durch die Wahrscheinlichkeit von N beschreiben.

Dann nimmt die Diffusionsgleichung die Form an:

$$\frac{\delta p}{\delta t} = D \frac{\delta^2 p}{\delta x^2} \quad \text{mit } p = p(x, t).$$

Unter der Berücksichtigung der Drift folgt die FOKKER-PLANCK-Gleichung [K2, K10]:

$$\frac{\delta p}{\delta t} = - \frac{\delta}{\delta x}(K_1 p) + \frac{1}{2} \frac{\delta^2 (K_2 p)}{\delta x^2} (K_2 p) \quad \text{mit } p = p(x, t)$$

mit K_1 – Driftkoeffizient und K_2 – Diffusionskoeffizient.

Dies ist ein Spezialfall des allgemeinen Verhaltens einer zeitvariablen Wahrscheinlichkeitsverteilung. Sie läßt sich durch eine Reihenentwicklung darstellen [K2]:

$$\frac{\delta p}{\delta t} = - \sum_{k=1}^{\infty} \frac{(-1)^k}{k!} \frac{\delta^k (K_k p)}{\delta x^k} \qquad \text{mit } p = p(x, t/x_o, t_o).$$

$p(x, t/x_o, t_o)$ ist die bedingte Wahrscheinlichkeitsdichte der Amplitude x(t) zur Zeit t, falls die Amplitude x_o zur Zeit t_o den Prozeß eingeleitet hat.

Die Beschränkung der Prozeßbeschreibung auf die beiden ersten Intensitätskoeffizienten K_1 und K_2 entspricht der gleichen Beschränkung auf die beiden ersten Momente bei der Normalverteilung. Die Koeffizienten $K_k(x, t)$ stellen die Änderungsgeschwindigkeiten der Momente k-ter Ordnung mit der Zeit dar. Da sie Auskunft über das statistische Verhalten in der Umgebung eines Punktes im Zustandsraum geben, werden sie häufig „lokale Charakteristika" genannt. Die Schwierigkeit der Anwendung dieses mathematischen Modells besteht in dem Beweis, daß solche stationären Parameter tatsächlich existieren und durch ein physikalisches Geschehen interpretiert werden können. Das ist in der Gasdynamik der Fall, aber zu selten in der Prozeßmeßtechnik und Prozeßanalyse.

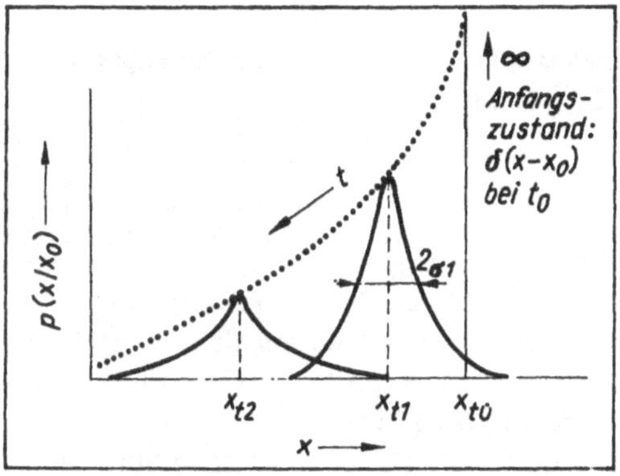

Abb. 4.40. Modell einer zeitvariablen Wahrscheinlichkeitsdichte; $p(x/x_0)$ – bedingte Wahrscheinlichkeitsdichte

Abbildung 4.40 veranschaulicht ein typisches statistisches Zeitverhalten: es zeigt den Verlauf der Verteilungsdichte eines Modellprozesses für drei aufeinander folgende Zeitpunkte t_0, t_1 und t_2 einer Normalverteilung. Im Anfangszeitpunkt t_0 wird eine bestimmte Amplitude $x(t_0)$ beobachtet. Sie stellte eine determinierte Größe dar und ergibt als Wahrscheinlichkeitsdichte einen DIRAC-Impuls

$$p(x/t_0) = \delta(x-x_0) \quad \text{mit der Impulsfläche 1}$$

entsprechend der Wahrscheinlichkeit 1.

Die Schar der Funktionsverläufe sagt lediglich aus, daß mit wachsendem Zeitabstand die Ungewißheit über die Größe der Amplitude im statistischen Mittel ständig abnimmt, im gleichen Sinne wie es der Verlauf der AKF aussagt.

Bei $t = t_0$ beträgt die Wahrscheinlichkeitsdichte $p(x_0) = \infty$ und die Streuung in diesem Grenzfall $\sigma_0 = 0$.

Nach einer gewissen Zeitdifferenz $t_1 - t_0$ besteht eine Wahrscheinlichkeit, daß die Zufallsgrößen $x(t_1)$ in der Umgebung von x_0 auf einer etwas verbreiterten Normalverteilung mit einer Streuung $\sigma_1 \gg \sigma_0 = 0$ liegen. Nach einer weiteren Zeit $t = t_2$ verbreitert sich die Normalverteilung auf eine Streuung

$\sigma_2 > \sigma_1$. Für einen derartigen Prozeßtyp ist die Eigenschaft charakteristisch, daß die Streuung und damit auch die Varianz σ^2 zeitvariabel ist, und zwar mit der Zeit zunimmt. Die BROWNsche Bewegung stellt einen Sonderfall dar, deren Varianz proportional mit der Zeitdifferenz Δt anwächst.

Es ist NORBERT WIENER, dem Begründer der Kybernetik, zu verdanken, daß er die mathematischen Grundlagen der zeitvariablen stochastischen Prozesse ausgebaut hat. Er arbeitete mit dem Integral

$$\beta(t) = \int w(t)dt,$$

wobei w(t) das weiße, d. h. nicht bandbegrenzte Rauschen mit homogener spektraler Leistungsdichte darstellt. Es gilt also

$$w(t) = \frac{d\beta(t)}{dt}$$

mit $\beta(t)$ als sogenanntem *„WIENER-Prozeß"*.

Das weiße Rauschen ergibt sich hiernach als zeitliche Ableitung des WIENER-Prozesses. Es läßt sich zeigen, daß dieser Prozeß ebenfalls normalverteilt ist wie das weiße Rauschen; außerdem hat er noch die Eigenschaft eines MARKOW-Prozesses. Er wird daher auch als GAUSS-MARKOW-Prozeß bezeichnet.

Die Theorie der MARKOW-Prozesse geht von der Voraussetzung aus, daß ein bestimmter Anfangszustand die weitere Entwicklung bestimmt, und zwar ohne Einfluß der Vergangenheit. Diese Modellierung wird durch die Zustandsbeschreibung erreicht, wobei der Zustandsvektor nicht nur die Prozeßvariable als Komponente enthält, sondern auch ihre Ableitungen.

Die Zustandsänderung läßt sich somit durch eine gewöhnliche Vektordifferentialgleichung beschreiben, durch die „Zustandsgleichung". Diese wurde bereits bei der linearen KALMAN-Filterung (Abschn. 4.4.) herangezogen. Die Zustandsbeschreibung führt einen Nicht-MARKOW-Prozeß einer Meßvariablen in einen MARKOW-Prozeß des Zustandsvektors über. Dieser Zustandsvektor enthält impliziert bereits die gesamte Prozeßvergangenheit. In einer technischen Interpretation des mathematischen Modells darf man also nicht dem Meßprozeß selbst einen MARKOW-Prozeßcharakter zuordnen. Diesen hat nur der Zustandsvektor.

[A1] enthält eine ausführliche Darstellung der mathematischen Lösungsmethoden für die Zustandsgleichungen der nichtlinearen dynamischen Systeme. Die praktischen Anwendungen dieser Theorie sind in der Informationstechnik nur wenig vertreten. Diese Gebiete der Meßstochastik entwickeln sich jedoch ständig weiter. Der Kampf gegen die Störungen war und ist der Motor einer ständigen Veränderung und Erweiterung der Verfahren. Die Bildanalyse und die Prozeßanalyse bei unzureichenden A-priori-Kenntnissen sind Beispiele dieser Bemühungen.

4.5.2. Das nichtlineare Filterproblem

Den Gegensatz zu den linearen Filtermethoden nach KALMAN bilden die nichtlinearen Verfahren, die nach R. L. STRATONOVICH und H. J. KUSHNER bekannt werden. Sie wurden seit Anfang der sechziger Jahre für die Zustandsgrößenschätzung in nichtlinearen stochastischen Systemen aufgebaut. Hier genügt die Ermittlung der Verteilungsdichte des Zustandes, die speziell als zeitvariabel angenommen wird. Ausgehend von einem Anfangszustand einer konkreten Prozeßrealisierung wird der weitere Verlauf nur noch für den Prozeßtyp mit Hilfe von statistischen Kenngrößen angegeben, während die Prozeßrealisierung im Einzelfall nicht ermittelt werden kann. Darin liegt der Unterschied zum KALMAN-Filter.

Die theoretischen Grundlagen als Basis der Strategie der Analyse sind von V. KREBS [K10] sowie von N. AHLBEHRENDT und V. KEMPE [A1] ausführlich dargestellt worden. Die Aufgabe wurde von K. BRAMMER und G. SIFFLING [B15] wie folgt formuliert: „Gegeben sei eine vektorielle stochastische Differentialgleichung vom Diffusionstyp:

$$d\underline{x}(t) = \underline{f}(\underline{x},t)dt + \underline{V}(\underline{x},t)d\underline{\beta}(t) \qquad \text{für } 0 \leqslant t.$$

Der Zustandsvektor $\underline{x}(t)$ kann nicht direkt gemessen werden. Vielmehr beobachten wir die Größen $\underline{z}(t)$, die sich wie folgt aus $\underline{x}(t)$ und dem Meßrauschen $Wd\underline{\gamma}$ zusammensetzen:

$$d\underline{z}(t) = \underline{h}(\underline{x},t)dt + \underline{W}(t)d\underline{\gamma}(t) \qquad \text{für } 0 \leqslant t.$$

Dabei sind $\underline{x}$ und $\underline{f}$ n-Vektoren, $\underline{z}$ und $\underline{h}$ m-Vektoren.

Die Rauschvektoren $\underline{\beta}$ und $\underline{\gamma}$ bestehen aus wechselseitig unabhängigen und normierten BROWNschen Bewegungen:

$$E(d\underline{\beta}d\underline{\beta}') = \underline{I}dt; \quad E(d\underline{\gamma}d\underline{\gamma}') = \underline{I}dt.$$

Die eventuelle Skalierung und gegenseitige Korrelation der Komponenten von $\underline{\beta}$ und $\underline{\gamma}$ unter sich ist bereits in den Matrizen $\underline{V}$ und $\underline{W}$ enthalten.

Zur Vereinfachung wird die hier unwesentliche Annahme gemacht, daß $\underline{\beta}$ und $\underline{\gamma}$ voneinander unabhängig sind:

$$E(d\underline{\beta}\, d\underline{\gamma}') = \underline{0}.$$

Es kommen noch zwei für die Problemlösung wichtige Voraussetzungen hinzu:

a) Die Matrix $\underline{W}$ ist keine Funktion des Zustandes $\underline{x}$, und
b) sie hat den Rang m; es sind also mindestens ebenso viele Störgrößen γ_i wie Meßgrößen z_i vorhanden.

Die Kovarianzmatrix der Meßfehler $\underline{W}d\underline{\gamma}$ sei die symmetrische mxm Matrix $\underline{R}$:

$$\underline{W}(t)\underline{W}' := \underline{R}(t), \qquad \underline{R} \text{ positiv definit.}$$

Die Voraussetzung a) ermöglicht eine bedeutende Vereinfachung der Theorie. Die Verletzung der Voraussetzung b) läßt das Filterproblem zu einem singulären Fall degenerieren."

Nun wird die Größe $\hat{p}(\underline{\xi},t/\underline{z}_0{}^t)$ gesucht. Das ist die bedingte Wahrscheinlichkeitsdichte von $\underline{x}(t)$ bei gegebenem $\underline{z}_{0,t}$, dem vollständigen Muster $\underline{z}(\tau)$ für $0 < \tau < t$. Dieses Problem wurde von KUSHNER (s. [K10]) gelöst. Er stellte folgenden Satz auf: Sind $\underline{x}(t)$ und $\underline{z}(t)$ Lösungen der obigen Differentialgleichungen für $d\underline{x}(t)$ und $d\underline{z}(t)$ mit $\underline{V}\ \underline{V}' = Q$ und $\underline{W}\ \underline{W}' = R$, dann gilt:

$$\hat{p}(\underline{\xi},t+dt/\ \underline{z}_{0,t+dt}) - \hat{p}(\underline{\xi},t/\ \underline{z}_{0,t}) =$$

$$= d\hat{p} = -\sum_{i=1}^{n} \frac{\delta(f_i\hat{p})}{\delta\xi_i} dt + \frac{1}{2}\sum_{i=1}^{n}\sum_{j=1}^{n} \frac{\delta^2(q_{i,j}\,\hat{p})}{\delta\xi_i d\xi_j} dt$$

$$+ \hat{p}(\underline{h}(\xi,t) - \hat{\underline{h}}(t))\,'R^{-1}(t)\,(d\underline{z}(t) - \hat{\underline{h}}(t)dt),$$

wobei $\hat{\underline{h}}$ der bedingte Erwartungswert von $\underline{h}$ bei gegebenen $\underline{z}_{0,t}$ ist. ' bedeutet stets die transponierte Vektorgröße.

Diese Gleichung wird als KUSHNER-STRATONOVICH-Gleichung bezeichnet. Man erkennt, daß die ersten beiden Summanden der rechten Seite die FOKKER-PLANCK-Gleichung nach 4.5.1. darstellen. Sie beschreiben die Zeltabhängigkeit der bedingten Dichte $\hat{p}$ als Weiterentwicklung des stochastischen Prozesses, und zwar ohne Benutzung von Meßwerten. Der dritte Summand ergibt eine *Verbesserung der Dichtefunktion* auf Grund der Messungen $\underline{z}(t)$. Im Grenzfall $|\underline{R}| = \infty$, d. h. für extrem große, durch das Meßrauschen verursachte Meßfehler, wird der letzte Summand zu Null. Das Filter soll bewirken, daß sich die Verteilungsdichte möglichst auf den wahren Wert $\underline{\xi} = \underline{x}(t)$ konzentriert. Im Idealzustand entartet die Verteilungsdichtefunktion zu einem DIRAC-Impuls, wobei die Varianz verschwindet. Dem steht jedoch entgegen, daß die Messungen sämtlich und ständig verrauscht sind.

K. BRAMMER bemerkt hierzu [B15]: Die letzte Zeile enthält im Glied $d\underline{z}(t)$ auch den Term $d\,\underline{\gamma}(t)$ mit BROWNschen Bewegungen. Dadurch wird im Gegensatz zur FOKKER-PLANCK-Gleichung die Beziehung von KUSHNER-STRATONOVICH zu einer stochastischen Relation. Daher kann auch nicht durch dt dividiert werden, um $\delta\hat{p}(t)/\delta t$ zu bekommen.

Leider ist die angegebene Gleichung für den praktischen Gebrauch sehr unhandlich. Die Theorie hat daher verschiedene, in [A1] genannte Varianten ausgearbeitet, so daß hier nicht näher darauf eingegangen werden soll.

Das Kernproblem ist die geeignete mathematische Modellierung des Prozesses, die von der Systemfunktion $\underline{f}(\underline{x},t)$ abhängt. Diese soll das tatsächliche Prozeßverhalten möglichst exakt beschreiben.

Beurteilung des Verfahrens

Die Theorie der nichtlinearen stochastischen Systeme wurde erst seit dem Anfang der sechziger Jahre ausgebaut. Das Ziel besteht in der Zustandsschätzung. Die dazu erforderliche mathematische Theorie wurde weitgehend entwickelt, z. B. im Buch von AHLBEHRENDT und KEMPE [A1], worin die verschiedenen Lösungsmethoden verglichen werden. Die Grundlagen bilden die in 4.5.1. dargestellten Beispiele physikalischer Prozesse, die in diese Kategorie gehören. Sowohl die theoretischen Grundlagen als auch die technischen Anwendungen sind im Buch von V. KREBS [K10] enthalten. Dieser weist darauf hin, daß die praktische Anwendung bis heute noch recht zögernd vonstatten geht – betrachtet vom Stand des Jahres 1980. Dies beruht nach KREBS auf folgenden Ursachen:

Die theoretisch beste Lösung des nichtlinearen Filterproblems besteht in der rekursiven numerischen Ermittlung der durch die Messungen bedingten Verteilungsdichte des Zustandsvektors („Bayes-Law-Calculation"). Sie ist für die meisten technischen Realisierungen heute noch zu rechenintensiv.

Wenn ferner die Verteilungsfunktionen durch die ersten beiden bedingten Momente (Erwartungswert und Kovarianzmatrix) approximiert und die nichtlinearen Systemgleichungen um geeignete Referenzpunkte linearisiert werden, dann ist gegenüber dem linearen KALMAN-Filter immer noch ein erheblich größerer Rechenaufwand notwendig.

Außerdem kann aus den in der Literatur angebotenen nichtlinearen Filterverfahren nicht ohne aufwendige Simulationsverfahren das für den konkreten Anwendungsfall geeignete Verfahren ausgewählt werden. Dazu kommt nach KREBS, daß die mathematisch-theoretischen Vorkenntnisse zum Verständnis der nichtlinearen Filterung umfangreicher als bei der linearen KALMAN-Filterung sein müssen.

Der Wert dieser Methoden für die Erhöhung der Störsicherheit ist zwar hintergründig erkennbar, aber nicht hervorragend. Daher genügen die wenigen Hinweise auf diese noch wenig praxiswirksame Methodik, die einem Teilkapitel des Fragenkomplexes „Allgemeines Schätzproblem" zuzuordnen ist.

Die nachfolgende Zusammenstellung gibt eine Übersicht über weitere typische Anwendungen der Meßstochastik. Die Methoden sind multivalent, also vielseitig einsetzbar und auf neue Anwendungsgebiete übertragbar.

Anwendungen der störsicheren Meßtechnik

1. Forschung

a) Radio-Astronomie: Messung des Ortes und der räumlichen Ausdehnung von Radiosternen
b) Spektroskopie: Interferometrie
c) Laser-Doppler-Anemometrie

d) Radartechnik: Ortung von Flugzeugen und Messung von Kenndaten des Meeres und der Erdoberfläche
e) Raumfahrt: Übertragung von Meßwerten, die von Satelliten oder von Raumflugkörpern aufgenommen werden
f) Flugtechnik: Messung der Geschwindigkeit von Flugkörpern

2. Industrielle Meßtechnik

a) Elektroakustik: Sprachanalyse, Schallquellenortung
b) Berührungslose Geschwindigkeitsmessung: Strömungsmessung und Messung an Transporteinrichtungen (Walzgut, Eisenbahn)
c) Kernreaktortechnik: Messung der Neutronenflußdichte
d) Kraftwerktechnik: Überwachung von Turbinen
e) Allgemeine Prozeßtechnik: Kontrolle von automatischen Fertigungsanlagen

3. Medizintechnik

a) Objektive Audiometrie: Potential-Evozierung
b) Objektive Ophtalmologie: Prüfung des Sehvermögens
c) EKG-Analyse: Diagnostik von Herzerkrankungen
d) Enzephalogie: Untersuchung des Gehirns mittels Elektroden
e) Enzephalo-Tomographie: Auffinden von Gehirntumoren
f) Krankenpflege: Automatische Krankenüberwachung
g) Kinderheilkunde: Messung pränataler Herztöne

„Hypothesen sind Wiegenlieder, womit der Lehrer seine Schüler einlullt: der denkende treue Beobachter aber lernt: je weiter sich das Wissen ausbreitet, desto mehr Probleme kommen zum Vorschein."

J. W. von Goethe

5. Beitrag der Mikroelektronik: Weiterentwicklung der Prozeßrechentechnik

5.1. Zur Entwicklung von rechnergestützten Meßsystemen

5.1.1. Neue Zielstellungen durch neue Technik

Es ist erstaunlich, daß die Grundidee einer Disziplin während deren Ausprägung immer wieder neue Entwicklungen auslöst, auch wenn ein Abschluß längst erreicht zu sein scheint. Das ist auch in der Stochastik der Fall. Sie blieb stets eng mit den Problemen der Störsicherheit verbunden und führte ständig zu neuen Methoden der Informationstechnik. Ihre Zukunft liegt in der Informationsverarbeitung. Neue Möglichkeiten bietet die Mikroelektronik in bisher nicht vorausgesehener Weise mit der Computertechnik, vorteilhaft durch extrem geringen Raum-, Gewicht- und Energiebedarf, außerdem sehr kostengünstig. Dank der modernen Halbleitertechnologie sind Computer sehr sicher gegenüber inneren Störungen. Die Ausfallraten sind im Vergleich zu klassischen Geräten der vergangenen Jahrzehnte extrem gering. Jedoch ist der Einfluß äußerer elektromagnetischer Störungen erheblich. Daher ist in der Zukunft mit einem breiten Einsatz optoelektronischer Mittel zu rechnen, d. h. optoelektronischen Sensoren, Lichtleitern und Lasern. Doch selbst dies ist lediglich eine verbesserte klassische Technik. Der Akzent der zukünftigen Entwicklung wird in der Realisierung komplizierter Meß- und Regelungseinrichtungen bestehen, wofür sich der Begriff „intelligente Meßtechnik" („smart") eingeführt hat.

Er umfaßt etliche Entwicklungstendenzen. Es handelt sich im wesentlichen um die Ausschaltung des Menschen als Überwacher und Kontrolleur von technischen und nichttechnischen Prozessen. Das ist das wesentliche Ziel der Automatisierungstechnik. Die Bestrebungen mit der „intelligenten Meßtechnik" gehen jedoch weiter. Es sind nicht nur menschliche Schwächen zu vermeiden, sondern auch menschliche Fähigkeiten nachzuahmen, z. B. logisch zu „denken" und a priori noch offene Strategien einzuschlagen. Die Erhöhung der Störsicherheit betrifft keineswegs nur die Reduzierung reversibler Systemausfälle. Sie wirkt sich stets als Verbesserung der Optimierungsparameter aus, speziell dadurch, daß die Verzerrung bei der Informationsübertragung verringert und die Meßgenauigkeit bei der Informationsverarbeitung erhöht wird. Als neues Ziel wird mit der intelligenten Meßtechnik die optimale Prozeßsteuerung anvisiert, dies als Weiterentwicklung der nun schon klassischen Kybernetik.

Neu hinzu kommt ferner die Informationsgewinnung durch „Intelligente" Sensoren. Auch hierdurch kann die Störsicherheit erhöht werden, wohingegen die Meßstochastik als Hilfsmittel in den Hintergrund tritt.

Zusammenfassend sei also darauf hingewiesen, daß die intelligente Meßtechnik neue Wege zur Informationsgewinnung und zur Informationsverarbeitung aufzeigt, die neuartige Anwendungsgebiete erschließen.

5.1.2. Merkmale moderner Meßtechnik und ihre Klassifizierung

Die moderne Meßtechnik ist für die Produktion (Automatisierungstechnik) und die Forschung unentbehrlich. Sie weist nach K. GOLA [G5] typische Merkmale auf:

dynamische Meßtechnik,
ausgesprochene On-line-Meßtechnik, typisch für die Prozeßmeßtechnik bei automatisierter Produktion, weil die Meßeinrichtung wesentlicher Bestandteil der Prozeßsteuereinrichtung ist,
moderne Betriebsmeßtechnik mit Genauigkeitsanforderungen, die denen der Labormeßtechnik nicht nachstehen,
ständig sich verkürzende Meßzeiten wegen des Einsatzes in der Prozeßanalyse und -steuerung,
daraus resultierende Notwendigkeit, das Messen selbst zu automatisieren,
Kombination der Meßeinrichtung mit dem Computer,
Verschiebung der Realisierungsschwerpunkte von der mechanischen Konstruktion zur elektronischen Schaltung.

Die beiden letztgenannten Aspekte sind besonders bedeutsam, weil, genau genommen, von einer Integration des Computers in die Meßtechnik gesprochen werden muß, realisiert durch moderne mikroelektronische Technologien und elektronische Schaltungstechnik.

Als Innovationsgebiete sind vier Problemgruppen zu unterscheiden, die grundsätzlich neue Wege erfordern, eben die *„intelligente Meßtechnik"*, also:

a) Eindringen in neue Prozesse und Produkte,
b) Entwicklung neuer Gerätetechnik (Hardware – 5. Rechnergeneration),
c) Ausbau der Programmierungstechnik (Software),
d) Erfindung neuer Sensorsysteme, universell anwendbar.

Die allgemeinen *Entwicklungsziele* bestehen in folgendem:

a) Erhöhung der Zuverlässigkeit, der Redundanz und der Robustheit,

b) Echtzeit-Meßinformationsgewinnung und
c) zunehmende Objektivierung der Meßinformationen.

Metrologische Zielstellungen erfordern:

a) die Entwicklung neuer Normale,
b) die metrologische Prüfung und Bestätigung der zugehörigen Programmtechnik,
c) den metrologischen Anschluß der Geräte- und Programmtechnik an die konventionelle Meßtechnik sowie
d) die Vereinheitlichung der Schnittstellen (Standard-Interfaces der Meßtechnik)

Hinsichtlich der *Anwendungen* zeichnen sich folgende Ziele ab:

a) flexible Automatisierung von Laborexperimenten und Forschungsprozessen,
b) flexible Automatisierung von Herstellungsverfahren und Produktionsprozessen,
c) wirtschaftliche Qualitätskontrolle mit der Tendenz zur 100%igen Prüfung.

Klassifizierung der Meßtechnik

In Zusammenhang mit der angeführten Aufgliederung der Entwicklungsschwerpunkte ergab sich auch eine Änderung der bisher üblichen Gliederung der Meßtechnik in die Labor- und die Betriebsmeßtechnik, da die Unterschiede ständig geringer werden. International geht man mehr und mehr dazu über, folgendermaßen zu klassifizieren:

1. Prozeßmeßtechnik,
2. Qualitätsmeßtechnik,
3. Robotermeßtechnik,
4. Umweltdiagnosemeßtechnik,
5. Biomedizinische Diagnosemeßtechnik.

Die *Prozeßmeßtechnik* umfaßt sowohl die klassische Meßtechnik für kontinuierliche Prozesse als auch die hochentwickelte Forschungsmeßtechnik als Vorstufe der industriellen Meßtechnik. Bemerkenswert ist für die derzeitige Entwicklungstendenz, daß in der Betriebsmeßtechnik Verfahren zum Einsatz kommen, die früher ausschließlich in den Forschungslabors benutzt wurden. Dazu gehören die Kernstrahl- und Laser-Meßverfahren.

Die *Qualitätsmeßtechnik* ist als Weiterentwicklung der konventionellen Fertigungsmeßtechnik anzusehen. Die angeführten Merkmale der modernen Meßdynamik rechtfertigen diese Auffassung. Der Qualitätsmeßtechnik wird z. Z. eine Sonderstellung im Rahmen der internationalen Zusammenarbeit eingeräumt, u. a. in der IMEKO (International Measurement Confederation).

Eine besondere Spezifik kommt der *Robotermeßtechnik* zu, weil sie den beiden zuvor genannten Gebieten nicht eindeutig zugeordnet werden kann. Die Probleme liegen hier in der Lösung sensortechnischer Aufgaben und darin, geeignete Sensor-Steuer-Algorithmen für die Roboter der 3. Generation zu entwickeln. Diese sollen sich in einer nicht strukturierten Umwelt frei bewegen können, um z. B. unter Einsatz von Fernsteuertechniken Mensch-Roboter-Systeme für die Arbeit in lebensfeindlicher Umwelt schaffen zu können. Das erfordert nicht nur die Fähigkeit zum dreidimensionalen Erkennen und entsprechenden Verarbeiten der Umweltinformation, sondern auch zur effektiven Kommunikation mit den Menschen oder von Robotern untereinander – als eine äußerst komplizierte Problematik.

In der *Diagnosemeßtechnik* unterscheidet GOLA zwischen der Verschleißmeßtechnik und der Werkstoffermüdungsmeßtechnik. Defekte sind Verursacher enormer Kosten (in den USA jährlich 120 Milliarden Dollar). Daher nimmt man meist eine vorbeugende Instandhaltung vor, weit eher als die zulässigen Verschleißgrenzen erreicht sind.

Im Vordergrund des internationalen Interesses steht bekanntlich die *Umweltverschmutzung.* Hierzu folgendes: Die Erfordernisse einer Umweltdiagnosemeßtechnik sind allgemein bekannt. Allein in Europa wird die Umwelt mit weit über 3 Mrd. t Abfallprodukten im Jahr belastet. Die z. Z. vorhandenen Schwierigkeiten in der Meßtechnik resultieren aus der bis vor wenigen Jahrzehnten feststellbaren totalen Unterschätzung der Umweltprobleme, so daß noch ein beträchtlicher Aufwand durch die Grundlagenforschung betrieben werden muß, erfordernd

a) das Auffinden geeigneter physikalischer Effekte zur Überwachung von Umweltparametern,
b) die metrologische Einordnung der Umweltparameter,
c) die Entwicklung nationaler und internationaler Normale,
d) die Lösung technischer Probleme (Gerätetechnik, Programmtechnik, Kommunikationsnetze) und
e) die Bewältigung methodischer Probleme.

Schließlich zur biomedizinischen *Diagnosemeßtechnik:* Sie schließt die gesamte Patientenüberwachungstechnik mit ein. Die Schwierigkeit besteht in der großen Variationsbreite der zu messenden physikalischen oder biochemischen Größen und der Unmöglichkeit, allgemein verbindliche Normale zu definieren, weil immer der Gesamtkomplex der Ursache-Wirkungs-Bedingungen entscheidend ist. Hier müssen die entscheidenden Impulse aus der weltweit betriebenen Grundlagenforschung kommen.

Zur Ergänzung sei auf das Problem der Strahlenbelastung der Umgebung bei Atomreaktor-Unfällen hingewiesen. Hierfür wurde als SI-Maßeinheit das Becquerel eingeführt. Es stellt die Anzahl der Atomzerfälle je s dar, bezogen auf 1 m^2 Bodenfläche oder 1 kg eines Lebensmittels. Die zulässige, noch nicht gesundheitsschädigende Dosis ist noch umstritten, besonders hinsichtlich der Langzeitschäden. *Die Störsicherheit ist heutzutage das Hauptproblem der Kernkrafttechnik*[1].

5.1.3. Ansatzpunkte für die Weiterentwicklung der Automatisierungstechnik

Der Schwerpunkt der Anwendungen ist die Automatisierungstechnik. Hier vollzieht sich ein stetiger Abbau veralteter Technik und eine Einführung neuer Bauelemente und Bauprinzipien.

Nachfolgend sei mit Stellungnahmen von Fachexperten belegt, aus welchen Gründen die Novation erfolgt und in welcher Richtung.

Was die Automatisierungstechnik anbetrifft, so stellt W. RICHTER [R4] folgendes fest: „Es ist bei einer konsequenten Analyse der technisch-ökonomischen Lösungen absehbar, daß es Ende der 80er/Anfang der 90er Jahre einen nochmaligen, einschneidenden Generationswechsel bei den Automatisierungsmitteln geben wird." ... „Für die erste Generation kann man folgende Kompromisse und Zwänge nennen, die sich in Unzulänglichkeiten sowie Widersprüchen zeigen, die in der bisherigen Generation technisch-ökonomisch schwer zu beheben sind:

starke Orientierung auf Automatisierungslösungen für die Großautomatisierung (Kostengründe),
Unterbewertung von kostengünstigen Lösungen für mittlere und kleine Automatisierungsaufgaben, die in großer Häufigkeit auftreten,
Mehrfachausnutzung der Mikrorechner (Mehrkanalkonzepte) kompliziert die Zuverlässigkeitsstrukturen,
trotz Einführung eines bitseriellen Prozeßbusses mit Linienstruktur bleiben Ausgangssignale und Sternstrukturen in Prozeßnähe erhalten und belasten die Anlagenverkabelung,
zusätzlicher Aufbau von Feldstationen zur Unterbringung der räumlich verteilten Mikrorechner im Anlagengelände,
gleichartige Verarbeitungsfunktionen an mehreren Stellen des Informationsflusses, z. B. Regelalgorithmen im analogen Meßumformer, in der Mikrorechner-Basissteuereinheit und im analogen Positioner der Stelleinrichtung,
Stromversorgungskonzeption nach wie vor konventionell."

1 Bezüglich eines speziellen Störungsanalysesystems für Kernkraftwerke sei auf [B17] verwiesen (Anm. d. Hrsg.).

Er fügt hinzu: „Schließlich mußte in der Vergangenheit konstatiert werden, daß die Fortschritte auf dem Gebiet der Informationsverarbeitung die Rückstände in der *Entwicklung neuer Meß- und Stellprinzipien* deutlicher hervortreten ließen. Ausgehend von der Erkenntnis, daß der zukünftige Einsatz der Mikroelektronik wesentlich davon bestimmt werden wird, wie die Koppelelemente zum Prozeß, also die Meß- und Stelltechnik, eine entsprechende Kompatibilität aufweisen, sind in der Halbleiterindustrie (und nicht nur dort) weitreichende Forschungen zu neuen Wandlungsgliedern im Gange."

RICHTER stellt zwei in die Zukunft weisende Thesen auf:

„1. Für die Weiterentwicklung der Automatisierungsmittel spielen im nächsten Jahrzehnt die Mikro- und Optoelektronik eine so bedeutende Rolle, daß man sich mindestens gleichrangig mit den *technologischen Veränderungen* der Automatisierungsobjekte (z. B. dem Übergang von Kohle- zu Kernkraftwerken) einstufen muß.

2. Die Automatisierungsanlage wird aus der vorübergehend starken Zentralisierung in einem einzigen Prozeßrechner übergehen in ein hierarchisch strukturiertes System mit mehreren Hierarchieebenen, wodurch die *Substrukturen* eine gewisse Autonomie erlangen, die Gesamtzuverlässigkeit steigt und der Datenverkehr zwischen den Strukturelementen gravierend sinkt, weil ein großer Teil der Verarbeitungsaufgaben ‚vor Ort' gelöst wird. Das ist aber nur möglich durch den Einsatz von Mikrorechnern bereits zur Basisautomatisierung, sowohl auf der Meß- und der Stellseite, wofür der Begriff der *‚intelligenten Funktionseinheit'* als Synonym stehen soll."

Die Sonderstellung der Qualitätsmeßtechnik: „INQUAMESS"

Die Autoren vertreten unterschiedliche Auffassungen über die Wichtigkeit der Teildisziplinen der modernen Meßtechnik. Sie benutzen aber auch unterschiedliche Bezeichnungen für die gleiche Arbeitsrichtung. Dies trifft insbesondere für die Begriffe Prozeßmeßtechnik, Automatisierungsmeßtechnik und Qualitätsmeßtechnik zu, die sich inhaltlich weitgehend überdecken und die die gleiche oder weitgehend ähnliche Zielrichtung verfolgen.

Auf dem 10. Weltkongreß der IMEKO im Jahre 1985 in Prag wurde der Begriff „INQUAMESS" als *„intelligente Qualitätsmeßtechnik"* eingeführt.

D. HOFMANN und K. KARIGA [H6] wiesen darauf hin, daß eine Qualitätssicherung nur durch einen qualitativen Umschwung erreicht werden kann. Die *Qualitätsentwicklung* wird zunehmend auf eine fehlerfreie Arbeit konzentriert. Diese Strategie hat sich in führenden Industrieländern bewährt. *Erstens* ermöglicht sie ein kontinuierliches Produktionswachstum und die Erhöhung der Gebrauchseigenschaften der Erzeugnisse bei gleichzeitig sich verringerndem Produktionsaufwand durch abnehmenden Material- und Energieverbrauch. *Zweitens* verbessert sie die marktseitigen Wettbewerbschancen durch höhere Qualität angesichts eines internationalen Überangebots gleichartiger Erzeugnisse.

Hierbei bewirkt die Mikroelektronik einen qualitativen Wandel der Meßtechnik zur sogenannten *intelligenten Meßtechnik.* Sie dient der objektivierten rechnergestützten Meßinformationsgewinnung, ein Argument, daß sich bei allen Autoren wiederholt.

Nach D. HOFMANN [H6] basiert die intelligente Qualitätsmeßtechnik

„inhaltlich auf theoretischen Erkenntnissen und praktischen Erfahrungen der Natur-, Technik- und Gesellschaftswissenschaften für die Beherrschung der industriellen Produktion,
materiell auf modernen Meß- und Informationsgeräten einschließlich rechentechnischer Gerätetechnik (Hardware),
informationell auf personenunabhängiger eindeutiger Beschreibung von Meß-, Prüf- und Qualitätssicherungsprozessen einschließlich rechentechnischer Programmtechnik (Software),
organisatorisch auf dem betrieblichen und staatlichen Meßwesen der Standardisierung und auf Qualitätssicherungssystemen.

Die *intelligente Qualitätsmeßtechnik* entwickelt sich dynamisch; Hauptursachen dafür sind:

wachsende Qualitätsanforderungen und Qualitätsangebote auf dem internationalen Markt,
zunehmende Produktionskosten durch Verteuerung von Rohstoffen, Energie und Arbeitskräften,
schnelle Ausdehnung objektivierter Prüfmöglichkeiten für formal- und verbal beschreibbare Qualitätsparameter mit Hilfe von intelligenten Meßgeräten und Expertensystemen,
progressiv abnehmende Kosten für Informationsverarbeitungstechnik,
bedeutende Erweiterung der konventionellen Meßtechnik durch die qualitativ neuartige intelligente Meßtechnik."

Zusammenfassend ergibt sich, daß für die Entwicklung von Informationsmeßsystemen (IM) weder Standardmethoden noch Standardlösungen existieren, obwohl sich diese – wenn sie einmal vorhanden sind – schnell weiterentwickeln und durchsetzen werden. Alle Autoren dieser Thematik erkennen zwar die gleichen Schwerpunkte der Weiterentwicklung, aber sie differenzieren deren Bedeutung in den einzelnen Fachdisziplinen in verschiedener Hinsicht. Eine dieser entscheidenden Entwicklungsrichtungen ist die *rechnergestützte Entwurfs- und Konstruktionstechnik.*

5.1.4. Rechnergestützte Produktionstechnik (CAD/CAM)

Unter CAD/CAM (computer aided design/computer aided manufacture) ist der *rechnergestützte Entwurf* und die *rechnergestützte Fertigung* zu verstehen.

G. MERKEL charakterisiert die Notwendigkeit dieser Entwicklungsrichtung folgendermaßen [M3]: „*Wirtschaftswachstum* wird über die umfassende Intensivierung realisiert. Hauptkriterien sind steigende Arbeitsproduktivität und sinkender Produktionsverbrauch. Es gilt also, den Erneuerungsgrad der Produktion zu steigern, neue Erzeugnisse materialsparender zu gestalten, effektivere Fertigungsverfahren zu entwickeln, den Automatisierungsgrad der Produktion zu erhöhen, die Entwicklungszeiten für neue Erzeugnisse und die Reaktionsfristen auf Kundenanforderungen zu verkürzen, Energieeinsparungen zu realisieren und einen höheren Veredlungsgrad der Produkte anzustreben. Gleichzeitig wachsen damit das Sortiment der Erzeugnisse und die Menge der technologischen Grundverfahren zu ihrer Herstellung. Diese Aufgaben lassen sich bei konstantem Arbeitskräfteeinsatz in Forschung und Technik nur bewältigen, indem in Wissenschaft und Technik neue, produktivere, auf wissenschaftlich-technischen Leistungen beruhende Arbeitsmethoden eingeführt werden. Die *elektronische Rechentechnik* eröffnet Wege, die bisher vom Wissenschaftler, Konstrukteur, Technologen, Zeichner oder Disponenten ausgeführten Berechnungen, Suchoperationen, Zeichenarbeiten, Texterarbeitungen oder Kontroll- und Steuerungsaufgaben teilweise zu übernehmen. Die Nutzung rechentechnischer Mittel und Methoden für Arbeitsaufgaben, die sich unmittelbar oder mittelbar auf die Erneuerung der Produktion beziehen, kennzeichnet man mit der Kombination der Begriffe CAD/CAM und bringt damit zum Ausdruck, daß der gesamte Ablauf, beginnend beim rechnergestützten Entwerfen (CAD) bis zur rechnergestützten Produktionssteuerung (CAM) erfaßt werden soll."

Die CAD/CAM-Technik hat sich in anderen Ländern bereits zur CIM (computer integrated manufacturing) weiterentwickelt.

Die *CAD/CAM-Technik* übergibt und übernimmt produktionsorientierte Informationen, die Steuerungen der Produktionsausrüstungen setzen diese Informationen in koordinierte Maschinenfunktionen um und stellen das Ergebnis ihrer Aktionen fest. Eine Besonderheit in der DDR ist die enge Verflechtung mit den Abrechnungsfunktionen. Man geht, wie in [M3] erläutert wird, davon aus, daß „Forschung, Entwicklung und Technologie Leistungen erbringen sollen, die zu planen und zu leiten sind, die mit den Methoden der wirtschaftlichen Rechnungsführung bewertet werden. Solche mit der Erneuerung der Produktion mittelbar zusammenhängenden Aufgaben gehören in der DDR *auch* zum Komplex CAD/CAM. Grundlagenforschung dient ebenfalls mittelbar künftigen Entwicklungsvorhaben. Rechnergestützte Arbeit ist schon für viele Wissenschaftler Selbstverständlichkeit".

MERKEL hebt vier *charakteristische Merkmale* der CAD/CAM-Technik hervor:

1. Die aktive Rolle des Menschen – im Unterschied zu seiner Kontrollfunktion in automatisierten Systemen.

2. Die Existenz von informationell miteinander gekoppelten funktionellen Aufgabenmoduln, sofern ein CAD/CAM-System unter dem Aspekt der Strukturierung der zur Erneuerung der Produktion erforderlichen Aufgaben betrachtet wird.
3. Die Nutzung der Technik zur Informationsverarbeitung, -speicherung und -übertragung.
4. Die Hardware-Betriebsmittel und die darauf aufbauenden Software-Schichten bilden, für sich betrachtet, ein nach eigenen Prinzipien gestaltetes System, das informationstechnologische System.

5.2. Einführung von „intelligenten" Sensorsystemen in die Meßtechnik

5.2.1. Gesichtspunkte der Realisierung

Drei Maßnahmen sind zu nennen, die nach T. PFEIFER [P7] die heutigen Meßsysteme charakterisieren:

a) Der Übergang von einer analogen zu einer digitalen Informationsdarstellung. Dies entspricht einer allgemeinen Tendenz der Informationstechnik zum Anschluß an Computeranlagen. Der Übergang wird durch A/D-Wandler realisiert.
b) Die Standardisierung von Verbindungselementen (interfaces) zwischen den Sensoren (Meßfühlern) und dem zentralen Auswertesystem (evalution system). Auch dies entspricht einem allgemeinen Grundprinzip der Informationstechnik, nicht zuletzt aus ökonomischen Gründen.
c) Die Verringerung der Aufgaben des zentralen Auswertesystems durch eine an den Sensor gebundene Informationsvorverarbeitung (pre-processing).

Letzteres stellt den Schwerpunkt der neuen Entwicklung dar. Der Meßfühler wird nicht nur mit einem elektronischen Verstärker verknüpft, um als Meßwert der physikalisch-technischen Meßgröße ein elektrisches Einheitssignal als Analogon abzugeben, sondern es wird bereits eine Informationsreduktion zum Zwecke einer Parameteridentifikation vorgenommen.

In der Natur existiert dazu ein Musterbeispiel, die Netzhaut des Auges. Forschungen haben bereits in den sechziger Jahren ergeben, daß die Netzhaut nicht nur einen photoelektrischen Bildwandler darstellt, der sogar farbempfindlich ist, sondern daß die Netzhaut bereits Signalwandlungen komplizierterer Art vornimmt. So vollzieht das Froschauge, als Prototyp eines wahrhaft intelligenten Meßsystems, eine Geschwindigkeitsmessung über viele Größenordnungen.

Nach Auffassung einiger Autoren kommt als viertes Charakteristikum intelligenter Meßsysteme – auch als Sensorsysteme bezeichnet – folgendes hinzu:

d) Die *Kombination von mindestens zwei physikalischen Effekten,* die zueinander in einer festen Relation stehen, von denen der sekundäre Effekt aber *störsicherer* meßbar ist als der primäre. Als häufig anzutreffendes Beispiel eines sekundären Effekts ist die Veränderung der Eigenfrequenz eines Sensors zu nennen.

Allen „intelligenten" Meßsystemen, die nachfolgend schlichter als *Sensorsysteme* bezeichnet werden sollen, ist folgendes Merkmal gemeinsam:

e) die Auswertung mit einem Mikroprozessor, unmittelbar an den Sensor oder an den Sensorverstärker angeschlossen. Mit Rücksicht auf Punkt a) ist die erste Baueinheit des Mikroprozessors ein A/D-Wandler, der bereits als Chip im Handel angeboten wird.

Natürlich ist zu fragen, ob die *Sensorsysteme* nicht doch im wesentlichen mit den Mitteln der Automatisierungstechnik übereinstimmen. Sicherlich steht hier in allen Fällen der Ersatz des menschlichen Beobachters und Kontrolleurs durch eine automatisch arbeitende Einrichtung im Vordergrund. Doch erfolgt die *Weiterentwicklung gleichzeitig in zwei Richtungen:*

Die Automatisierungstechnik ist bestrebt, die Handarbeit des Menschen durch die Maschine zu ersetzen, wobei diese a priori weitgehend programmiert vorgegeben ist. Dies ergibt als heutige Realisierung den *Roboter.*

Die noch in der Weiterentwicklung befindliche Sensorsystemtechnik ist bestrebt, die Arbeit der Sinnesorgane des Menschen durch die *Sensoren* zu ersetzen, wobei auch die Schlußfolgerungen der Beobachtung des Prozeßablaufes in Eingriffe (Stellfunktionen und Regelung) umgesetzt werden.

Im Unterschied zu den Zielstellungen der klassischen Regelungstechnik und Kybernetik wird mit Erfolg versucht, auch *kompliziertere Denkprozesse,* die bisher nur das Gehirn des Menschen durchführte, dem angeschlossenen Mikrocomputer zu übertragen. Dies führt zur Automatisierung von Entscheidungsvorgängen.

Der Computer zeichnet sich gegenüber dem Menschen durch folgende Eigenschaften aus:

a) Ein ausgezeichnetes Langzeitgedächtnis von extrem großem Umfang. Dieser wird durch die Anzahl der gespeicherten Binärzeichen in Byte (bestehend aus 8 Bit-Zeichen) angegeben. Dank der Einführung von auswechselbaren Speicherplatten (Disketten) kann die Anzahl gespeicherter Informationen auch in Kleinrechnern (Personalcomputern — PC) beliebig erhöht werden.
b) Eine extrem schnelle Rechengeschwindigkeit und damit Reaktionsfähigkeit im On-line-Betrieb, die in den letzten beiden Jahrzehnten mit jeder neuen Computergeneration um Größenordnungen erhöht worden ist. Maßgebend hierfür ist die Zeitdauer zur Ausführung einer Elementaroperation.

Im Jahre 1986 waren für Heim- und Bürocomputer folgende Kennziffern erreicht:

Type 5120 mit 8-bit-Betrieb: 64 kbyte Adressraum und 2,5 MHz Taktfrequenz,

Type A 7100 mit 16-bit-Betrieb: 1 Mbyte Adressraum und 5 MHz Taktfrequenz.

Mangelndes Langzeitgedächtnis bei Dauerbelastung und mangelhafte Reaktionsfähigkeit des Menschen sind die entscheidenden Störkomponenten, die nur durch den Einsatz von Computern überwunden werden können.

5.2.2. Zukunftsaufgaben der sogenannten intelligenten Meßsysteme

Seit mehreren Jahrzehnten wird weltweit eine meist als *künstliche Intelligenz* bezeichnete Fachdisziplin bearbeitet. Die hierzu benötigten Meßsysteme heißen *intelligente Meßsysteme.* Allerdings werden in der Fachliteratur auch solche komplizierten Meßsysteme so benannt, die Randgebieten zuzuordnen sind und diese Bezeichnung an sich nicht verdienen. Sie lassen sich aber unter diesem Namen leichter verkaufen, ein in der Praxis schwerwiegendes Argument.

Aufgaben, die unter den Sammelbegriff der künstlichen Intelligenz (KI) fallen und echte Zukunftsaufgaben darstellen, sind u. a. folgende:

1. *Verarbeitung natürlicher Sprachen*
   Verstehen und Generierung natürlichsprachlicher Äußerungen durch den Rechner, Frage-Antwort-Systeme, natürlichsprachliche Interfaces zu Datenbanken, Expertensysteme und CAD/CAM.
2. *Inferenz- und Problemlösungsprozesse*
   Grundlagen der Strukturierung von Wissensbasen, deduktive Inferenz zur Gewinnung von implizitem Wissen aus Wissensbasen; induktive, analoge Inferenz und Lernen, Programmsynthese mit Problemlösungstechniken, Grundlagen für KI angepaßte Spezialarchitekturen.
3. *Expertensysteme*
   Grundlagen und Architektur von Expertensystemen, Hauptanwendungsgebiete und Anwendungslösungen.
4. *Spezialsprachen der KI*
   Weiterentwicklung von speziellen Sprachen zur Wissensrepräsentation, Wissensabfrage und intelligenten Dialoggestaltung (LISP, Prolog u. a.), Hardware-Realisierung von Teilkomponenten einer Sprache bzw. deren Interpreter-Mechanismen.
5. *Kognitive Systeme*
   Entwicklung von Modellen formalisierbarer kognitiver Prozesse mit Mitteln der KI, Nutzung von Ergebnissen der kognitiven Psychologie für die Erarbeitung neuartiger Methoden der KI.

Bemerkungen zu den Expertensystemen

Die *Expertensysteme* haben die größte Aussicht auf Realisierung. Dabei ist die Frage, ob sie intelligente Meßsysteme sind und künstliche Intelligenz realisieren, an sich uninteressant. Nur die Frage, inwieweit derartige Begriffe über ihre ursprüngliche Bedeutung ausgeweitet werden, kann Gegenstand der Diskussion sein.

B. SEKOWSKI [S9] definiert sie folgendermaßen: „Expertensysteme sind wissenbasierte Systeme, die zur Bearbeitung von Problemen auf *speziellen, genau definierten Gebieten* geeignet sind und deren Fähigkeiten dabei denen eines menschlichen Experten auf seinem Fachgebiet entsprechen sollen.

Solche Systeme müssen in der Lage sein, große Mengen von Wissen, auch heterogenes und vages Wissen, eines eng begrenzten Sachgebietes in problemangepaßter Weise zu repräsentieren, dieses Wissen erstmalig zu erwerben und es zu verändern, sowie aus solchem Wissen mit geeigneten Methoden Schlußfolgerungen zu ziehen und so neues Wissen abzuleiten sowie es auf Anfrage des Nutzers in verständlicher Weise auszugeben, zu erklären und zu bewerten."

Es handelt sich also darum, durch eine Automatisierung geistiger Leistungen den *Kampf gegen die menschliche Unzulänglichkeit* zu führen, die sich vor allem durch Gedächtnislücken, Verwechslungen von Tatbeständen und Fehlinterpretationen kundtun. Man kann dies als *subjektive Störungen* bezeichnen, die zu fehlerhaften Handlungen führen. Dies trifft vor allem für *stochastische Situationen* zu, bei denen Zielstellung und Methodik unklar ist.

Wenig strukturierte Wissensgebiete eignen sich noch am besten zum Einsatz von Expertensystemen. An Hand einer ausführlichen und umfangreichen Literaturstudie werden in [S9] folgende Bereiche für die Entwicklung von Expertensysteme genannt:

„*Diagnose* von Zuständen eines technischen oder biologischen Systems zum Erkennen fehlerhafter Zustände und zum Erforschen der Ursachen.
Korrektur fehlerhafter Systemzustände (Therapie) und Beseitigung der Ursachen (z. B. in der Medizin oder im Maschinenbau).
Interpretation von Zuständen eines Systems durch eine Analyse und Charakterisierung von Zusammenhängen, Strukturen und Bedeutungen (z. B. bei einer Meßdatenverarbeitung).
Entwurf von Systemen laut gegebenen Anforderungen (z. B. Auswahl von Maschinenelementen, Schaltkreisentwurf).
Prognose von Zuständen eines Systems, Voraussage und Bewertung erreichbarer Zustände auf Grund zeitvarianter Systemzustände (z. B. vorausschauende Maschineninstandhaltung).
Planung von Aktionen zum Erreichen von Zuständen durch die Erzeugung und Bewertung von Aktionsfolgen (z. B. Fertigungsplanung und -steuerung).
Überwachung von Zuständen eines Systems bezüglich relativ kurzzeitiger Änderungen (z. B. Überwachung chemischer Anlagen).

Ausbildung mit Hilfe von Expertensystemen durch dialogorientierte Wissensvermittlung und *Training* der korrekten Anwendung von Wissen (z. B. Ausbildungssystem für Wartungsingenieure)."

Man hat erkannt, daß die Entwicklung von Expertensystemen stets nur für eng begrenzte Fachgebiete möglich ist und in drei verschiedenen Formen erfolgen kann:

1. Als autonom arbeitende Systeme,
2. als Teilsysteme von wissenbasierten umfangreichen Systemen,
3. als Teilsysteme von konventionellen Rechnersystemen.

5.2.3. Realisierung von künstlicher Intelligenz

Zum Begriff der künstlichen Intelligenz

Expertensysteme sind Systeme zur Informationsverarbeitung mit *künstlicher Intelligenz.* Dazu gehören nach B. SEKOWSKI [S9], dem wir nachfolgend in einigen Punkten folgen:

Deduktionssysteme, Verstehen natürlicher Sprache, Verstehen gesprochener Sprache, intelligente Roboter, Bildverstehen, automatisches Programmieren, Lernsysteme.

Unter der Intelligenz ist in diesem Falle nicht die Gesamtheit der Geistesschaffenden (Wissenschaftler, Ärzte, Lehrer, Künstler, Ingenieure, Techniker usw.) zu verstehen, sondern die ausgeprägte Fähigkeit, Erkenntnisse zu erarbeiten oder Kenntnisse zu erwerben und diese anzuwenden, vor allem, um Entscheidungen zu treffen.

Aus den Aufgaben intelligenter Tätigkeit und dem genannten Personenkreis ist ersichtlich, wie vielgeschichtig der Begriff der Intelligenz ist. Hieraus ergeben sich entsprechend viele Aufgabengebiete, intelligente Informationsverarbeitungssysteme zu realisieren.

Der Begriff „Intelligence" wird in der Encyclica Brittannica 1983 wie folgt definiert:

„Intelligence is a hypothetical construct used to describe individual differences in an assumed latent variable that is, by any direct means, unobservable and unmeasurable. In its popular usage, the concept refers to variations in the ability to learn, to get along in society, and to behave according to contemporary social expectations, ..."

Man kann dies folgendermaßen übersetzen: „Intelligenz ist ein hypothetischer Rahmen, der gebraucht wird, um individuelle Unterschiede in einer angeblich verborgenen Variablen zu beschreiben, die durch keinerlei direkte Mittel beobachtet und gemessen werden kann. In seinem volkstümlichen Gebrauch bezieht sich der Begriff auf Unterschiede in der Lernfähigkeit, weiter zu kommen in der Gesellschaft und sich entsprechend den geltenden sozialen Erwartungen zu verhalten."

Daraus ergibt sich folgender Schluß:
Die Intelligenz ist die Fähigkeit, in ungewissen oder unbekannten Situationen ein bestimmtes Ziel zu erkennen, auszuwählen und zu erreichen.

Konkreter formuliert G. KLAUS im „Wörterbuch der Kybernetik" den Begriff Intelligenz:
„Von der herkömmlichen Psychologie wird *Intelligenz* als eine spezifische Fähigkeit des Menschen verstanden, die sich – kybernetisch interpretiert – im wesentlichen aus folgenden Komponenten zusammensetzt:

1. Konstruktion eines *internen Modells* der Außenwelt, das durch Lernen ständig verbessert wird.
2. Fähigkeit der zweckmäßigen *Auswahl* und Verknüpfung von Informationen sowie Bildung von Invarianten und deren Speicherung.
3. *Konstruktion* von Algorithmen des Verhaltens und Erprobung dieser Algorithmen vor ihrer praktischen Anwendung am internen Modell der Außenwelt.
4. Konstruktion von Algorithmen zur *Bewertung* solcher Algorithmen und die Fähigkeit, Algorithmen, die sich als nicht zweckmäßig erwiesen haben oder die einer veränderten Umwelt nicht mehr angepaßt sind, durch bessere zu ersetzen.
5. Vorwegnahme künftiger Situationen der Außenwelt durch deren *Simulation* im internen Modell."

Das Ziel wird in der älteren Literatur auch mit dem Begriff „Intelligenzverstärkung" beschrieben. Es wird also erwartet, daß der Computer höhere Intelligenzleistungen vollbringt als der Mensch selbst. Diese Idee stammt vom englischen Mathematiker W. P. ASHBY (geb. 1903). Er hoffte, daß Maschinen Aufgaben werden lösen können, die die geistigen Fähigkeiten des Menschen übersteigen. Soweit dies durch ein verbessertes Langzeitgedächtnis und durch eine extrem gesteigerte Operationsgeschwindigkeit möglich ist, wird man dies heutzutage in den Begriff *„künstliche Intelligenz"* einordnen. ASHBY erwartete jedoch folgende Weiterentwicklung: Mit Hilfe von Computern kann die Auswahl auf einer beträchtlich erweiterten Basis vorgenommen werden. Entsprechende Programme können erfolgreicher arbeiten, als es der Mensch, der das Programm aufgestellt hat, könnte. Der Computer ist im Prinzip in der Lage, Probleme, z. B. aus dem sozialen und ökonomischen Bereich, zu bearbeiten und zu lösen, die für die menschliche Intelligenz zu schwierig sind. Die Hauptschwierigkeit ist meist der hohe Rechenaufwand. Mit Hilfe spezieller Methoden, z. B. der Zerlegung komplizierter Probleme in Teilprobleme, die zeitlich parallel gelöst werden, gelingt es mitunter, eine zufriedenstellende Gesamtlösung zu erhalten.

Dies ist ein weit verbreiteter Standpunkt. Für viele der genannten Aufgaben ist er ausreichend, zumal der Einsatz eines Computers stets erhebliche

Fortschritte und Vorteile bringt. Trotzdem kann die Diskussion damit nicht als abgeschlossen gelten, dann nicht, wenn die echte Intelligenz des Menschen, die sogenannte *intuitive* Intelligenz, mit den Mitteln der Rechenelektronik realisiert werden soll.

5.2.4. Zur Frage der Realisierung der intuitiven Intelligenz

Eine objektive Darstellung verlangt, daß gegenteilige Meinungen berücksichtigt werden. Daher kann an dieser Stelle nicht verschwiegen werden, daß die Erwartungen und Hoffnungen an das Erreichen des gesteckten Zieles, der Realisierung der künstlichen Intelligenz, bisher nicht in Erfüllung gegangen sind. Die Mehrheit der Spezialisten sieht dies nur als eine Frage der Zeit an, eine Minderheit sieht hingegen grundsätzliche Schwierigkeiten. Der Leser sollte sie zumindestens zur Kenntnis nehmen und sich danach eine eigene Meinung bilden.

Das mindert nicht die Wertschätzung der modernen, computergestützten Meßsysteme, die – vielleicht etwas voreilig – schon als *intelligente* Meßsysteme bezeichnet werden. Es geht um die Frage, ob diese Bezeichnung wirklich berechtigt ist. Im englischen Sprachraum werden die modernen Meßsysteme als *„smart"* bezeichnet, ein Adjektiv, für das es mehr als ein Dutzend deutsche Übersetzungsmöglichkeiten gibt. Hier paßt die Übersetzung *„kompliziert"* oder *„raffiniert"* am besten. Dagegen gibt es keine Einwendungen.

Die Schwierigkeiten des Intelligenzbegriffes tauchen im gesellschaftlichen Bereich bereits bei der Frage auf, ob die Intelligenz eine meßbare Größe ist oder nicht. Läßt sich die Intelligenz mittels eines Intelligenztests quantitativ bewerten oder nicht?

Diese Frage wird in den USA bejaht und die Messung als IQ-Test (IQ – intelligence quotient) praktiziert, in Europa wohl meist abgelehnt.

Es handelt sich nach H. DREYFUS [D5] doch um die ausgeprägte Fähigkeit, Erkenntnisse zu erarbeiten oder Kenntnisse zu erwerben, auch um eine Auffassungsgabe, um Urteils- und Denkvermögen.

Aber noch weitergehend aufgefaßt: Die Intelligenz liegt in der Fähigkeit verborgen, eine *optimale* Auswahl unter den möglichen Handlungsweisen (Reaktionen) zu treffen. Wie soll man dies quantitativ festlegen?

Was die künstliche Intelligenz anbetrifft, so handelt es sich um die Frage, ob sie sich programmieren läßt und dadurch einen Roboter befähigt, intelligent zu handeln. Es dreht sich also auf keinen Fall um die Frage, ob der Computer oder der Roboter den Menschen in manchen Eigenschaften erheblich übertrifft und ihn in diesen Eigenschaften ersetzen kann. Dazu gehört das Speichervermögen als Gedächtnisleistung, die Operationsgeschwindigkeit als Reaktionsschnelligkeit, die Unempfindlichkeit bei Dauerleistungen, die den Menschen ermüden, die Einsatzmöglichkeit in gefährdeten Zonen (Gift, Radioaktivität) usw.

Worum geht also die Streitfrage? Es geht darum, zu charakterisieren, was ganz allgemein im täglichen Leben als Intelligenz bezeichnet und anerkannt wird. Darunter fallen z. B. noch nicht die Gedächtnisleistungen, wie sie in außergewöhnlichem Ausmaß Rechenkünstler oder Blind-Schachspieler entwikkeln. Es betrifft auch nicht angelernte, wenn auch noch so hervorragende Fähigkeiten wie z. B. das Violinspiel der Virtuosen.

Was als Intelligenz im engeren Sinne verstanden wird, wäre als *intuitive Intelligenz* zu bezeichnen, und hier verläuft die Trennungslinie zwischen Mensch und Roboter. Hier bestehen, wie fünfundzwanzig Jahre Forschungsarbeiten auf dem Gebiete der künstlichen Intelligenz gezeigt haben, die Probleme oder sogar die Unmöglichkeit der Programmierung von Automaten. Dies haben H. und ST. DREYFUS [D5] unlängst mit schonungsloser Klarheit festgestellt. Sie stellen folgende Behauptung zur Diskussion:

„After 25 years artifical intelligence has failed to live up to its promise and there is no evidence that it ever will.“[1]

sowie:

„Human beings have an intuitive intelligence that reasoning machines cannot match.“[2]

Ihre Analyse beruht auf der *Grundlage von Lernprozessen.* Beispiele dazu sind das Erlernen des Schachspiels, einer Sprache u. a. Hierbei ist stets feststellbar, daß der Anfänger zunächst eine Menge von Regeln erlernt, die er versucht, möglichst konsequent zu befolgen: So lernt er beim Schachspiel, zunächst nur dann Figuren zu opfern, wenn dabei ein Qualitätsgewinn resultiert. Im fortgeschrittenen Stadium lernt er, auch dann Figuren zu opfern, wenn dabei kein Qualitätsgewinn resultiert, aber stattdessen wichtige Verteidigungsfiguren des Gegners ausgeschaltet werden und damit der eigene Angriff verschärft wird.

Ähnlich ist es beim Erlernen einer Sprache: Zunächst lernt der Anfänger die Regeln des Deklinierens und Konjugierens, die Wortstellung im Satz usw. Im fortgeschrittenen Stadium und bei wachsender Übung lernt er die Ausnahmen und die wesentlichen Unterschiede in der Ausdrucksweise der Fremdsprache, verglichen mit der Muttersprache usw. Auch im Sport, so z. B. Fußball, Boxen, Florettfechten u. a. lernt der Schüler das, was als Taktik bezeichnet wird; ähnlich ist es bei den Laufwettbewerben. Erst wenn der Lernende viel Lehrgeld gezahlt hat, erwirbt er allmählich eine intuitive Entscheidungsfähigkeit, die sich *nicht* in feste Regeln fassen läßt und zusammenfassend als *Erfahrung* bezeichnet wird.

Im höheren Lernprozeß wird die *Intuition* („Anschauung“) erworben. Sie

1 „Nach 25 Jahren hat die künstliche Intelligenz verfehlt, ihr versprochenes Ziel zu erreichen, und es besteht keine Aussicht, daß dies jemals der Fall sein wird.“

2 „Menschen besitzen eine intuitive Intelligenz, die urteilsfähige Automaten nicht nachahmen können.“

wird folgendermaßen definiert: „Spontanes geistiges Erfassen", „Eingebung", schöpferische Phantasie, eine auf großem Wissen und reicher Erfahrung beruhende plötzliche Erkenntnis; ein Moment wissenschaftlichen Forschens und künstlerischen Gestaltens. In der idealistischen Erkenntnistheorie ist die Intuition eine angeblich nicht auf Erfahrung beruhende, sondern gefühlsmäßige, letzte Erkenntnis des Wesens einer Sache durch „innere Eingebung".

Entscheidend ist die Feststellung, daß die *intuitive Intelligenz nicht auf festgelegten Regeln* beruht. Der intelligente Mensch besitzt die Fähigkeit, auf unbekanntes Neuland vorzudringen. Dieser Sinn liegt auch im *Begriff der Stochastik,* nämlich die Kunst, mit einer gewissen Wahrscheinlichkeit etwas zu erreichen zu versuchen, ohne den Weg dahin im voraus genau zu kennen. Diese Fähigkeit ist nicht nur für den Menschen charakteristisch, sondern auch für „intelligente" Lebewesen auf ihren Spezialgebieten, wie z. B. beim Flug der Möwen oder der Brieftauben. Den Möwen und anderen Vögeln ist die Fähigkeit eigen, blitzschnell die richtige Flugbewegung auszuführen, bei den Brieftauben ist es die noch völlig ungeklärte Fähigkeit des gezielten Fernfluges. Der Besitz der intuitiven Fähigkeiten ist für höhere Lebewesen oft die einzige Chance zu überleben. Sie müssen blitzschnell Gefahren erkennen und insbesonders auf ungewohnte – d. h. nicht vorprogrammierte Situationen – richtig reagieren.

Das erwähnte Schachspiel – ein echter Grenzfall – spielt ein Weltmeister oft intuitiv. Er bezieht Nebenumstände, wie die Zeitnot des Gegners oder seine Indisposition, in seine Strategie und Taktik mit ein, was der Roboter nicht kann. Daß ein Schachcomputer überhaupt so weit in die Intelligenzsphäre des Menschen eindringen kann, liegt daran, daß im Spiel nur eindeutig definierbare und eindeutig determinierte Entscheidungssituationen eintreten können. Trotz der unglaublichen Vielfalt der möglichen nachfolgenden Züge kann der Computer diese dank seiner extrem hohen Operationsgeschwindigkeit optimal auswählen. Demgegenüber reduziert der Weltmeister die Anzahl der möglichen Züge durch die Beurteilung der Gesamtsituation auf der Basis seines Erfahrungsschatzes. Das kennzeichnet den Experten. Er wird selbst nie angeben können, wie er den nächsten Zug ausgewählt hat, weil keine eindeutigen Regeln zu einem rein deterministischen Vorgehen infolge der geringeren Operationsgeschwindigkeit des menschlichen Gehirns zur Verfügung stehen.

Wenn man vom Schachcomputer in Entscheidungssituationen des menschlichen Lebens in der Gesellschaft übergeht, dann wächst die Anzahl der möglichen, aber a priori unbekannten Einwirkungen der Umwelt so an, daß jeder Versuch einer Programmierung bisher gescheitert ist. Sogenannte Expertensysteme machen hier dann eine Ausnahme, wenn das Gebiet eng begrenzt ist. Ein Beispiel dafür liefert die medizinische Diagnostik. Aber auch hier wird ein erfahrener Arzt – ein Experte – keine Diagnose nur auf der Basis einer Computeranalyse der im Labor durchgeführten Parameteridentifikation (Blut-, Urin-,

Herz-, Blutdruck- u. a. Parameter) eine Entscheidung fällen, ohne den Patienten selbst gesehen und untersucht zu haben.

So wird der Computer in absehbarer Zeit ein unentbehrliches Hilfsmittel bleiben, aber er kann die Funktionen und Leistungen einer intuitiven Intelligenz nicht übernehmen. Vielmehr scheint es, als ob Bildauswertungen nicht auf der Basis einer punktweisen Analyse zur Entscheidungsfindung vorgenommen werden können, sondern vollkommen andere, noch unbekannte Prinzipien Anwendung finden werden, etwa nach Art der Holographie, wie es in [D5] angeregt wird.

In einem Hologramm ist die Bildinformation bekanntlich nicht auf diskrete Stellen verteilt eingeprägt, sondern an allen Stellen vorhanden. Wird ein Teil des Hologramms entfernt, so verschwindet nicht ein Teil des Bildes, sondern das ganze Bild wird etwas unschärfer. Ein ähnlicher Befund wird am Ge-

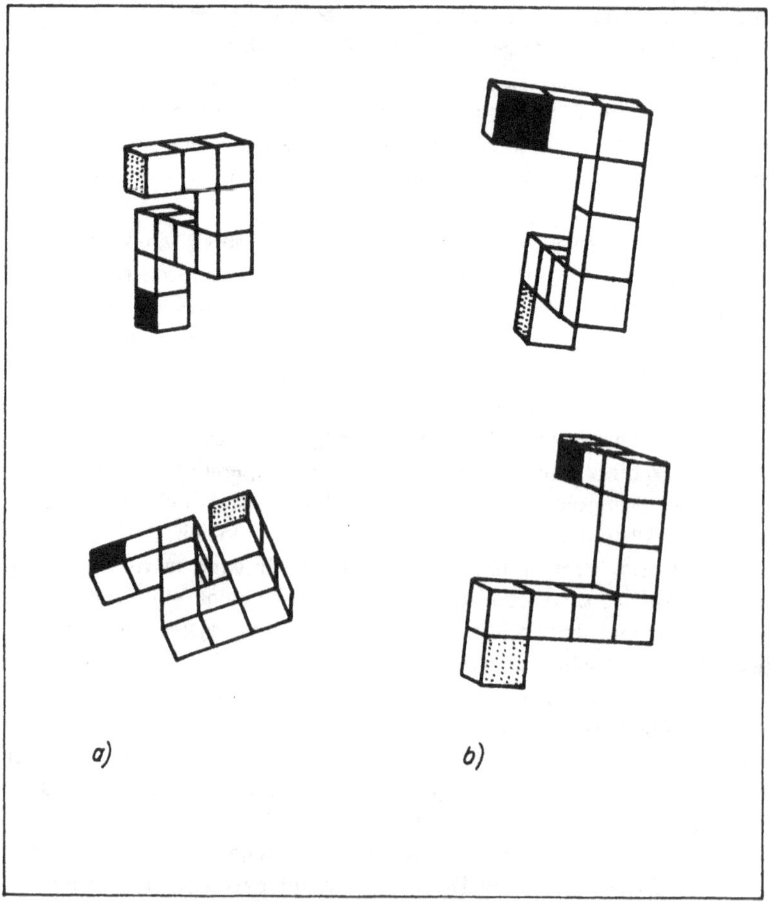

Abb. 5.1. Beispiel für bildhaftes Denken

hirn festgestellt, indem es nicht gelungen ist, den Sitz des Gedächtnisses zu lokalisieren. Es ist irgendwie verteilt vorhanden. DREYFUS weist darauf hin, daß zukünftig möglicherweise ganz andere Prinzipien der Informationsspeicherung und Bildanalyse realisiert werden können, als sie jetzt zur Computerprogrammierung angewendet werden. Noch fehlt jeder Hinweis, wie das menschliche Gehirn auf einen Blick entscheidende Details erkennt, so die Ähnlichkeit von Gesichtern u. a. und ihr Vergleich. Diesem Denken in Bildern gehört die Zukunft der Realisierung von künstlicher Intelligenz, zumindest in Teilbereichen. In [D5] wird dazu ein Hinweis gegeben (Abb. 5.1). Bei der Überprüfung auf Gleichheit oder topologische Ähnlichkeit zweier Gegenstände führt der menschliche Beobachter unbewußt ein Gedankenexperiment aus. Er versucht in seiner Vorstellung, den einen Gegenstand so zu drehen, daß er in die Lage des anderen, ihm ähnlichen Gegenstand gerät. Damit stellt er dann Übereinstimmung (Fall a) oder Nichtübereinstimmung (Fall b) fest.

Zusammenfassend ist also festzustellen, daß die Realisierung der *intuitiven* Intelligenz ein noch völlig ungelöstes Problem ist. Die bisher beschrittenen Wege erscheinen bei kritischer Einstellung als wenig aussichtsreich. Aber es handelt sich hierbei um ein sehr anspruchsvolles Teilgebiet der Stochastik, dessen Weiterentwicklung noch manche Überraschung bescheren wird!

Da in der internationalen Fachsprache die *künstliche* Intelligenz ein fest eingeführter Begriff geworden ist, erscheint es empfehlenswert, sie von einer *echten* Intelligenz sorgfältig zu unterscheiden.

Schlußbemerkung

Die hier vorgelegte Analyse der Methoden der Informationstechnik beweist, welch grundlegenden Einfluß die Störsicherheit als Optimierungskriterium ausübt, sowohl in der Vergangenheit wie in der Gegenwart. Zugleich wurde gezeigt, daß die Meßstochastik die wesentlichen Mittel zur Lösung der auftretenden Probleme der Störsicherheit geliefert hat. Die über 200 Jahre währende Entwicklung der Stochastik zeigt, daß der historische Weg auch der günstigste für das Lehrkonzept der Informationstechnik ist, der stetige Übergang von einfachen zu komplizierteren Methoden. Die Entwicklung ist keineswegs abgeschlossen. Im Gegenteil, der Einsatz der Mikroprozessortechnik eröffnete die volle Ausnutzung der theoretischen Erkenntnisse und bietet zahlreiche neue Anwendungen in Nachbargebieten der Informationstechnik, so z. B. in der Automatisierungstechnik, im Gesundheitswesen und in der Betriebs- und Volkswirtschaft.

6. Literatur

[A1] Ahlberendt, N., Kempe, V., Analyse stochastischer Systeme, Akademie-Verlag, Berlin 1984

[A2] Aisberg, E., Doury, J. P., Farbfernsehen – leicht verständlich, VEB Verlag Technik, Berlin 1972

[A3] Autorenkollektiv, Störfestigkeit von Meßsystemen, Aussprachetag der VDI/VDE-Gesellsch., GMR Meß- und Regelungstechnik, Düsseldorf 1981

[A4] Autorenkollektiv, Elektromagnetische Verträglichkeit, Beuthverlag GmbH, Köln 1978

[A5] Autorenkollektiv, C. F. Gauß-Gedenkband anläßlich des 100. Todestages am 23. Februar 1955, B. G. Teubner, Leipzig 1957

[A6] Apel, R., Untersuchungen zur Erhöhung des Informationsgewinns aus akustischen Bohrlochmessungen, Thesen zur Dissertation, Bergakademie Freiberg 1985

[B1] Baghdady, E. J., Communication System Theory, McGraw-Hill Book, New York–London 1961

[B2] Bakule, L., Lunze, J., Rechnergestützter Entwurf von Regelungssystemen, Zeitschr. msr **29** (1986), 292

[B3] Ball, G. A., Korrelations-Meßgeräte, VEB Verlag Technik, Berlin 1972

[B4] Barkhausen, H., Lehrbuch der Elektronenröhren, 11. Aufl., Verlag Hirzel, Leipzig 1965

[B5] Barnick, W., Wendt, G., Probleme der hydroakustischen Ortung, Dissertation B, Wilhelm-Pieck-Universität, Rostock 1982

[B6] Barnick, W., Jakowlew, A. N., u. a., Determinierte und statistische Eigenschaften des Cepstrum, Wiss. Zeitschr. **29** (1980), 95, Wilhelm-Pieck-Universität, Rostock

[B7] Bartlett, M. S., An Introduction to Stochastic Processes, Univ.-Press, Cambridge 1956

[B8] Beckmann, B., Die Ausbreitung der elektromagnetischen Wellen, Akadem. Verlagsgesellsch., Leipzig 1940

[B9] Bendat, J. S., Principles and Application of Random Noise Theory, J. Wiley, New York 1958

[B10] Bening, F., Parametrische Frequenzwandler, Nachrichtentechnik **11** (1961), 103

[B11] Berg, L., Einführung in die Operatorenrechnung, VEB Deutscher Verlag der Wissenschaften, Berlin 1962

[B12] Berkwitz, R. S., Modern radar analysis, evolution and system design, J. Wiley, New York 1965

[B13] Bogert, B., Healy, M., Tukey, J. W., The Quefrency Analysis of Times Series for Echos, Proc. Symp. on Time Series Analysis, M. Rosenblatt (Ed.), New York 1963, Ch. 15

[B14] Börner, H., Phasenkopplungssysteme, VEB Verlag Technik, Berlin 1976

[B15] Brammer, K., Siffling, G., Kalman-Bucy-Filter, R. Oldenbourg, München–Wien 1975

[B16] Bunke, H., Gewöhnliche Differentialgleichungen mit zufälligen Parametern, Akademie-Verlag, Berlin 1972

[B17] Baldeweg, F., Lindner, A., Rechnergestützte Analyse von Störungen, Beiträge zur Forschungstechnologie, Bd. 14, Akademie-Verlag, Berlin 1986

[B18] Breit, G., Tuve, M. A., Nature **116** (1925), 357 und Phys. Re. **28** (1926), 554–575

[C1] Cauer, W., Theorie linearer Wechselstromschaltungen, Akademie-Verlag, Berlin 1954

[C2] Charkewitsch, A. A., Signale und Störungen (Übersetzung aus dem Russischen), R. Oldenbourg, München–Wien 1968

[C3] Churkin, J. I., Jakowlew, C. P., Wunsch, G., Theorie und Anwendung der Signalabtastung, VEB Verlag Technik, Berlin 1966

[C4] Cotes, R., Aestimatic errorum in mixta mathesi, Cambridge 1722

[C5] Creutzburg, R., Grundmann, H. J., Schnelle digitale Faltung mittels der Fermattransformation, Elektr. Informationsverarbeitung und Kybernetik **21** (1985), 35

[C6] Czuber, E., Wahrscheinlichkeitstheorie, Fehlerausgleichung und Kollektivmaßlehre, Verlag B. G. Teubner, Leipzig 1921

[C7] Cooley, J. W., Tukey, J. W., An Algorithm for Machine Calculation of Complex Fourier Series, Math. of Computation **19** (1965), 297

[D1] Davenport, W. B., An Introduction to the Theory of Random Signals and Noise, MacGraw Hill, Tokio 1958

[D2] Ditl, A., Richtfunkverbindungen, Akadem. Verlagsgesellsch., Geest u. Portig, Leipzig 1960

[D3] Doluchanow, M. P., Die Ausbreitung der Funkwellen, VEB Verlag Technik, Berlin 1956

[D4] Draeger, W., Informationstechnologien, Schlüssel der Erneuerung, Nachrichtentechnik–Elektronik Berlin **36** (1986), 202

[D5] Dreyfus, H., Dreyfus, St., Why Computers May Never Think Like People, Technology Review, MIT (1986), 44

[E1] Einstein, A., Über die von der molekularkinetischen Theorie der Wärme geforderte Bewegung von in ruhenden Flüssigkeiten suspendierten Teilchen, Ann. Phys. **17** (1905), 549

[E2] Ezekiel, M., Methodes of Correlation Analysis, New York 1930

[F1] Fey, P., Informationstheorie, Akademie-Verlag, Berlin 1963

[F2] Findeisen, W., Hierarchische Steuersysteme, VEB Verlag Technik, Berlin 1974

[F3] Fischer, H. J., Radartechnik, Fachbuch-Verlag, Leipzig 1958

[F4] Wahrscheinlichkeitsrechnung und mathematische Statistik, VEB Deutscher Verlag der Wissenschaften, Berlin 1958

[F5] Friedrich, R., Störstabile Identifikation dynamischer Systeme mit Mikrorechner, Dissertation B, Wilhelm-Pieck-Universität, Rostock 1984

[F6] Fritzsche, G., Theoretische Grundlagen der Nachrichtentechnik, VEB Verlag Technik, Berlin 1972

[F7] Fritzsche, G., Informationsübertragung, VEB Verlag Technik, Berlin 1977

[F8] Fritzsche, G., Signale und Funktionstransformationen, VEB Verlag Technik, Berlin 1985

[G1] Giloi, W., Simulation und Analyse stochastischer Vorgänge, R. Oldenbourg, München–Wien 1967

[G2] Girlich, H. J., Diskrete stochastische Entscheidungsprozesse, Verlag B. G. Teubner, Leipzig 1973

[G3] Glaser, W., Mehrkanalübertragung, Akadem. Verlagsgesellsch., Geest u. Portig, Leipzig 1977

[G4] Goff, W. K., The Application of Correlation Techniques to some Acoustic Measurements, Journ. Acoust. Soc. Amer. **27** (1955), 236

[G5] Gola, K., Meßtechnik und allgem. techn. Entwicklung, msr **29** (1986), 266

[G6] Göller, M., Optimaldemodulation, Berichte zur Nachrichtentechnik, Bd. 24, Institut f. Nachrichtentechnik, Berlin 1985

[G7] Grinten, P. M. E. M., van der, Stochastische Prozesse in der Meß- und Regelungstechnik, R. Oldenbourg, München–Wien 1965

[G8] Gurow, W. S., Grundlagen der Datenübertragung, Akadem. Verlagsgesellsch., Geest u. Portig, Leipzig 1969

[H1] Hamming, R. W., Error Detecting and Error Correcting Codes, Bell System Techn. Journ. **29** (1950), 147

[H2] Harmuth, H. F., Sequency Theory, Academic Press, New York 1977

[H3] Harmuth, H. F., Transmission by Orthogonal Functions, Springer Verlag, Berlin–Heidelberg–New York 1972

[H4] Härtler, G., Versuchsplanung und statistische Datenanalyse, Beiträge zur Forschungstechnologie, Bd. 4, Akademie-Verlag, Berlin 1976

[H5] Hertz, H., Über sehr schnelle elektrische Schwingungen, Wiedemanns Annalen 1887, Neuabdruck in der Reihe „Ostwalds Klassiker der exakten Wissenschaften", Band 251, Akadem. Verlagsgesellsch., Geest u. Portig, Leipzig 1971

[H6] Hofmann, D., Kariga, K., Intelligent Measurement, Sympos. Bericht der IMEKO TC 7, Friedrich-Schiller-Universität, Jena 1986

[H7] Hölzler, E., Holzwarth, H., Theorie und Technik der Pulsmodulation, Springer-Verlag, Berlin–Göttingen–Heidelberg 1957

[H8] Huber, P. J., Robust Statistics, J. Wiley, New York 1981

[H9] Humak, K. M. S., Statistische Methoden der Modellierung, Band II, Akademie-Verlag, Berlin 1983

[H10] Hartley, R. V. L., Transmission of Information, Bell Syst. techn. J. **7** (1928), Nr. 3, S. 535–563

[I1] Isermann, P., Prozessidentifikation, Springer-Verlag, Berlin–Heidelberg–New York 1974

[I2] IMEKO, Measurement Theory – Measurement Analysis, Sympos. TC 7, Enschede/Niederlande 1978

[I3] IMEKO, Application of Statistical Methods in Measurements, Sympos. TC 7, Leningrad 1978

[I4] IMEKO, Measurement for Progress in Science and Technology, VIII. IMEKO-Kongreß, Moskau 1979

[J1] Joos, G., Lehrbuch der theoretischen Physik, Akadem. Verlagsgesellsch., Geest u. Portig, Leipzig 1954

[J2] Jaglom, I. M., Wahrscheinlichkeit und Information, VEB Deutscher Verlag der Wissenschaften, Berlin 1960

[K1] Kaden, H., Theoretische Grundlagen der Datenübertragung, R. Oldenbourg, München 1968

[K2] Kempe, V., Theorie stochastischer Systeme, WTB, Bd. 136, Akademie-Verlag, Berlin 1974

[K3] Klaus, G., Liebscher, H., Wörterbuch der Kybernetik, Dietz-Verlag, Berlin 1976

[K4] Klix, F., Kybernetische Analyse geistiger Prozesse, VEB Deutscher Verlag der Wissenschaften, Berlin 1970

[K5] Kolmogorow, A., Grundbegriffe der Wahrscheinlichkeitsrechnung, Berlin 1933

[K6] Kolmogorow, A., Über die analytischen Methoden der Wahrscheinlichkeitsrechnung, Mathem. Ann. **104** (1931), 415

[K7] Kosubowski, S. F., Automatische Korrelations-Geschwindigkeits-Meßgeräte (russ.), Verlag der Ukrain. SSR, Kiew 1963

[K8] Kotelnikow, W. A., Theorie der potentiellen Störfestigkeit, Staatlicher Energie-Verlag, Moskau–Leningrad 1956

[K9] Kowalewski, G., Große Mathematiker, Verlag J. F. Lehmann, München–Berlin 1939

[K10] Krebs, V., Nichtlineare Filterung, R. Oldenbourg, München–Wien 1980

[K11] Kreß, D., Theoretische Grundlagen der Übertragung digitaler Signale, Akademie-Verlag, Berlin 1979

[K12] Krogmann, U., Das Kalmanfilter, Internat. elektron. Runschau **28** (1974), 46

[K13] Küpfmüller, K., Die Systemtheorie der elektrischen Nachrichtentechnik, Verlag S. Hirzel, Stuttgart 1952

[K14] Kushner, H. J., On the dynamical equations of conditional probability density functions, with applications to optimal stochastic control theory, J. Math. Anal. Appl. 8 (1964), S. 332–344

[L1] Lange, F. H., Korrelationselektronik, VEB Verlag Technik, Berlin 1959 u. 1962; russische Ausgabe: Staatlicher Verlag der Schiffbauindustrie, Leningrad 1963

[L2] Lange, F. H., Correlation Techniques, Iliffe Books LTD, London 1967

[L3] Lange, F. H., Signale und Systeme, Band 1–3, 2. Auflage, VEB Verlag Technik, Berlin 1973

[L4] Lange, F. H., Methoden der Meßstochastik, Akademie-Verlag, Berlin 1978

[L5] Lange, F. H., Störfestigkeit in der Nachrichten- und Meßtechnik, Akademie-Verlag, Berlin 1981

[L6] Laux, G., Lexikon der Kybernetik, Akademie-Verlag, Berlin 1981

[L7] Lee, Y. W., Statistical Theory of Communication, J. Wiley, New York 1960

[L8] Lewin, B. P., Theoretische Grundlagen der statistischen Radiotechnik, Sowjet. Radio, Moskau 1977

[L9] Liewers, P., Rauschdiagnostik, Beiträge zur Forschungstechnologie, Bd. 10, Akademie-Verlag, Berlin 1985

[L10] Linnik, J. W., Die Methode der kleinsten Quadrate in moderner Darstellung, VEB Deutscher Verlag der Wissenschaften, Berlin 1961

[L11] Lüke, H. D., Signalübertragung, Springer-Verlag, Berlin 1985

[M1] Massen, R., Störsichere Meßauswertung mit einem neuen digitalen Industriekorrelator, Tagungsbericht des Aussprachetags d. VDI/VDE in Frankfurt/Main 1981

[M2] Mayer, N., Technik des Farbfernsehens in Theorie und Praxis, Verlag f. Radio–Foto–Kino–Technik, Berlin-Borsigwalde 1967

[M3] Merkel, G., Computer und Erneuerung der Produktion, Spektrum **5** (1986)

[M4] Middleton, D., An Introduction to Statistical Communication, McGraw-Hill Book Comp., New York 1960

[M5] Mises, R. von, Wahrscheinlichkeit, Statistik und Wahrheit, 3. Aufl., Springer-Verlag, Wien 1950

[M6] Müller, P. H., Lexikon der Statistik, Akademie-Verlag, Berlin 1975

[M7] Müller, K.-H., Zuverlässigkeit und Funktionseffektivität komplizierter technischer Systeme, Beiträge zur Forschungstechnologie, Bd. 12, Akademie-Verlag, Berlin 1986

[M8] Manley, M., Rowe, H. E., Some general properties of nonlinear elements, Proc. IRE **44** (1956), 904

[N1] Nyquist, H., Thermal Agitation of Electronic Charge in Conductors, Phys. Rev. **32** (1928), 110

[O1] Oppenheim, A. V., Digital Signal Processing, Prentice Hall Inc., Englewood Cliffs/New Jersey 1979

[O2] Ornatzki, P. P., Automatische Messungen und Geräte (russ.), Verlag der Hochschulen, Kiew 1971

[O3] Ott, H., Noise Reduction in Electronic Systems, J. Wiley, New York 1976

[P1] Pali, A. I., Technik und Methoden des funkelektronischen Krieges, Deutscher Militärverlag, Berlin 1968

[P2] Penrose, H. E., Boulding, R. S. H., Grundlagen und Praxis der Radartechnik, Berliner Union, Stuttgart 1958

[P3] Peschel, M., Modellbildung für Signale und Systeme, VEB Verlag Technik, Berlin 1978

[P4] Peschel, M., Riedel, C., Polyoptimierung, VEB Verlag Technik, Berlin 1976

[P5] Peters, J., Einführung in die allgemeine Informationstheorie, Springer-Verlag, Berlin–Heidelberg–New York 1967

[P6] Peterson, W. W., Error Correcting Codes, J. Wiley, New York 1961

[P7] Pfeifer, T., Sensor Interfaces for intelligent Measurement, Vortrag auf IMEKO, TC 7, Friedrich-Schiller-Universität, Jena 1986

[P8] Phillippow, E. (Hrsg.), Taschenbuch der Elektrotechnik, Band 3, Nachrichtentechnik, VEB Verlag Technik, Berlin 1969

[P9] Pichler, F., Mathematische Systemtheorie, Walter de Gruyter, Berlin–New York 1975

[P10] Posthoff, C., Woschni, E. G., Funktionaltransformationen der Informationstechnik, Akademie-Verlag, Berlin 1984

[P11] Purkert, W., Die Bedeutung von A. Einsteins Arbeit über die Brownsche Bewegung für die Entwicklung der modernen Wahrscheinlichkeitstheorie, Mitt. d. mathem. Gesellsch. d. DDR (1983), 41

[R1] Rawer, K., Die Ionosphäre, Verlag P. Nordhoff, Groningen 1953

[R2] Reichardt, H. (Hrsg.), C. F. Gauß-Gedenkband anläßlich des 100. Todestages am 23. Februar 1955, B. G. Teubner-Verlag, Leipzig 1957

[R3] Reinschke, K., Zuverlässigkeit von Systemen, VEB Verlag Technik, Berlin 1973

[R4] Richter, W., Sensoren und intelligente Meßsysteme in der Automatisierungstechnik, Wiss. Beiträge d. IHS Wismar, Heft 3 (1984)

[R5] Rosanow, J. A., Stochastische Prozesse, Akademie-Verlag, Berlin 1975

[S1] Schirman, J. D., Theoretische Grundlagen der Funkortung, Militärverlag d. DDR, Berlin 1977

[S2] Schlitt, H., Stochastische Vorgänge in linearen und nichtlinearen Regelkreisen, Verlag Vieweg, Braunschweig 1968

[S3] Schlitt, H., Systemtheorie regelloser Vorgänge, Springer-Verlag, Berlin 1969

[S4] Schneeweiß, W. G., Zufallsprozesse in dynamischen Systemen, Springer-Verlag, Berlin–Heidelberg–New York 1974

[S5] Schüßler, H. W. (Hrsg.), Signalverarbeitung, Bericht über die NTG-Tagung in Erlangen 1973, Eigenverlag d. NTG, Erlangen

[S6] Schüßler, H. W. (Hrsg.), Digitale Systeme zur Signalverarbeitung, Springer-Verlag, Berlin–Heidelberg–New York 1973

[S7] Shannon, Cl. E., A Mathematical Theory of Communication, Bell System Techn. Journal **27** (1948), 379, 623

[S8] Seidler, J., Optimierung informationsübertragender Systeme, VEB Verlag Technik, Berlin 1969

[S9] Sekowski, B., Stand und Tendenzen bei der Entwicklung von Expertensystemen, Physikinformationen des WIZ d. AdW d. DDR **12** (1967), 9

[S10] Stoll, D., Elektromagnetische Verträglichkeit, Elitera Verlag, Berlin 1976

[S11] Strobel, H., Systemanalyse mit determinierten Testsignalen, VEB Verlag Technik, Berlin 1968

[S12] Steinbuch, K., Rupprecht, W., Nachrichtentechnik, Springer-Verlag, Berlin–Heidelberg–New York 1973

[S13] Stratonovich, R. L., Conditional Markov processes, Theory Prob. Appl. **5** (1960), 156–178

[T1] Tukey, J. W., Cooley, J. W., An Algorithm for Machine Calculation of Complex Fourier Series, Math. of Computation **19** (1965), 297

[U1] Unger, E., Entwurf störfester Meßsysteme, Bericht zum Aussprachetag der NTG, Frankfurt/Main 1981 über die Störfestigkeit von Meßsystemen, VDI und VDE-Verlag, Frankfurt/Main 1981

[V1] Veltmann, B. P., Kwakernaak, H., Theorie und Technik der Polaritätskorrelation für die dynamische Analyse, Regelungstechnik **9** (1961), 357

[V2] Vilbig, F., Lehrbuch der Hochfrequenztechnik, Akadem. Verlagsgesellsch., Geest u. Portig, Leipzig 1953

[V3] Viterbi, A. J., Principles of Coherent Communication, McGraw Hill, New York 1966

[V4] Völz, H., Information, Akademie-Verlag, Berlin 1983

[W1] Wagner, K. W., Operatorenrechnung und Laplacetransformation, Verlag Barth, Leipzig 1954

[W2] Wallot, J., Einführung in die Theorie der Schwachstromtechnik, Springer-Verlag, Berlin–Heidelberg–Göttingen 1948

[W3] Wehrmann, W., Korrelationstechnik, Lexika-Verlag, Grafenau 1977

[W4] Wilfert, H. H., Signal- und Frequenzganganalyse an stark gestörten Systemen, VEB Verlag Technik, Berlin 1969

[W5] Woodward, P. M., Probability and Information Theory with Applications to Radar, Pergamon Press, London 1955

[W6] Woschni, E. G., Frequenzmodulation, VEB Verlag Technik, Berlin 1960

[W7] Woschni, E. G., Meßdynamik, Verlag Hirzel, Leipzig 1972

[W8] Woschni, E. G., Informationstechnik, VEB Verlag Technik, Berlin 1973

[W9] Woschni, E. G., Informationstechnik – Arbeitsbuch, VEB Verlag Technik, Berlin 1976

[W10] Woschni, E. G., Kraus, M., Meßinformationssysteme, VEB Verlag Technik, Berlin 1972

[W11] Wunsch, G., Systemtheorie der Informationstechnik, Akadem. Verlagsgesellsch., Geest u. Portig, Leipzig 1971

[W12] Wunsch, G., Stochastische Systeme, VEB Verlag Technik, Berlin 1986

[W13] Wunsch, G., Geschichte der Systemtheorie, WTB Bd. 296, Akademie-Verlag, Berlin 1985

[W14] Wunsch, G., Laufzeitentzerrer und Verzögerungsschaltung, VEB Verlag Technik, Berlin 1960

[W15] Wunsch, G. (Hrsg.), Handbuch der Systemtheorie, Akademie-Verlag, Berlin 1986

[Z1] Zadeh, L. A., Desoer, Ch. A., Linear System Theory, McGraw-Hill, New York 1968

[Z2] Zecha, M., Echoinformation und Methoden der Zielerkennung in der Hydroortung, Promotion B an der Wilhelm-Pieck-Universität, Rostock 1984

[Z3] Zecha, M., Moldmann, A., Bestimmung der Stoßreaktion hydroakustischer Ortungsziele, Wiss. Zeitschr. d. Wilhelm-Pieck-Universität Rostock 27 (1978), 995

[Z4] Ziel, von der, Noise, Prentice Hall, New York 1954

[Z5] Zypkin, I. S., Theorie linearer Impulssysteme, VEB Verlag Technik, Berlin 1967

[Z6] Zypkin, I. S., Grundlagen der Theorie lernender Systeme, VEB Verlag Technik, Berlin 1972

7 Sachregister

Heinz Bartsch/Jörg Woltersdorf/Hans-Christian Gerstengarbe/
Peter Werner

Elektronenmikroskopische Querschnittsabbildung

von Interfaces und Heterostrukturen in Halbleitern

1987. X, 84 Seiten — 47 Abbildungen — 14,5 × 21,5 cm
DDR 12,— M; Ausland 12,— DM
ISBN 3-05-500233-4
Bestell-Nr. 763 670 0
Bestellwort: Bartsch, u. a. 2167/15

Die elektronenmikroskopische Querschnittsabbildung erweist sich in vielen Fällen der Interface- und Schichtcharakterisierung von Halbleitermaterialien als wesentliches, mitunter sogar als einzig aussagefähiges Untersuchungsverfahren.
Verschiedene systemangepaßte Methoden der Querschnittspräparation und ihre Anwendungen auf zahlreiche Probleme der Struktur von Interfaces und Heterosystemen in Halbleitern werden vorgestellt, wobei sowohl die Querschnittsabbildung ionenimplantierter Siliciumschichten als auch spezielle Fragen der Schichtcharakterisierung (Phasenbildung, Schichtlage, Schichtdimension, Defektanordnung) behandelt werden. Außerdem wird über die Querschnittsabbildung epitaktischer Halbleiterschichten (auch in Verbindung mit in-situ Heizexperimenten) und über Untersuchungen zur Morphologie von Interface-Bereichen in atomarer Größenordnung mittels hochauflösender Elektronenmikroskopie berichtet.

Bestellungen richten Sie bitte an eine Buchhandlung

BEITRÄGE ZUR FORSCHUNGSTECHNOLOGIE

Lieferbare Titel

Band 9 **Forschungstechnologie**
Aufgaben — Probleme — Aktivitäten
Vorträge auf dem Kolloquium anläßlich des Geburtstages von Helmut Faulstich
1983. VII, 196 Seiten — 41 Abbildungen, davon 9 auf 8 Kunstdrucktafeln — 14,5 × 21,5 cm — 28,— M
Bestell-Nr. 763 047 2 (2167/9)

Band 10 *Peter Liewers*
Rauschdiagnostik
1985. XIV, 231 Seiten — 105 Abbildungen — 5 Tabellen — 14,5 × 21,5 cm — 32,— M
Bestell-Nr. 763 389 2 (2167/10)

Band 11 *Reinald Hillebrand u. a.*
Bildinterpretation in der Hochauflösungs-Elektronenmikroskopie
Numerische und optische Verfahren zur Interpretation elektronenmikroskopischer Hochauflösungsabbildungen kristalliner Objekte
1984. XIV, 126 Seiten — 53 Abbildungen, davon 35 auf 22 Kunstdrucktafeln — 4 Tabellen — 14,5 × 21,5 cm — 22,— M
Bestell-Nr. 763 432 6 (2167/11)

Band 13 *Hans-Dietrich Bauer*
Analytische Transmissionselektronenmikroskopie
1986. XII, 60 Seiten — 36 Abbildungen, davon 15 auf Kunstdrucktafeln — 1 Frontispiz — 7 Tabellen — 14,5 × 21,5 cm — 12,— M
Bestell-Nr. 763 572 4 (2167/13)

Band 14 *Frank Baldeweg, Arndt Lindner*
Rechnergestützte Analyse von Störungen
1986. XVI, 152 Seiten — 59 Abbildungen — 18 Tabellen — 14,5 × 21,5 cm — 22,— M
Bestell-Nr. 763 598 6 (2167/14)

Band 15 **siehe Anzeige Seite 264**

Band 16 *Otti Margraf*
Quantitative Analyse hierarchischer Strukturen
1987. XIV, 146 Seiten — 31 Abbildungen, davon 7 als Beilage — 11 Tabellen — 14,5 × 21,5 cm — 20,— M
Bestell-Nr. 763 725 2 (2167/16)

Sonderband 1

Forschen und Nutzen

Wilhelm Ostwald zur wissenschaftlichen Arbeit

Aus seinen Schriften ausgewählt, bearbeitet und zusammengestellt anläßlich seines 125. Geburtstages von *Günter Lotz, Lothar Dunsch, Uta Kring* unter Mitarbeit von *Brigitte Millik*
Mit einem Geleitwort von *Peter Adolf Thiessen* und einer Einleitung von *Günter Lotz* und *Lothar Dunsch*

2., überarbeitete und erweiterte Auflage 1982 L, 372 Seiten — 22 Textillustrationen aus den Originalschriften, 57 Abbildungen, davon 12 farbige, auf 49 Kunstdrucktafeln — 14,5 × 21,5 cm — Leinen 48,— M
Bestell-Nr. 763 049 9 (2167/S1)

Sonderband 3

Petr L. Kapica

Experiment — Theorie — Praxis

Aufsätze und Reden
Übersetzung aus dem Russischen
Bearbeitet und herausgegeben von *Günter Lotz* †, *Dietrich Schulze, Wolfgang Wächter, Christa Winterstein*
1984. XIX, 435 Seiten — 37 Abbildungen, davon 13 auf 4 Kunstdrucktafeln — 1 Frontispiz — 2 Tabellen — 14,5 × 21,5 cm — Leinen 54,— M
Bestell-Nr. 763 276 9 (2167/S3)

Kolibri 360 GmbH
Ferdinand-Jühlke-Straße 7
99095 Erfurt, Deutschland
produktsicherheit@kolibri360.de